环境科学与工程实验教学系列教材

环境化学实验

第二版

主 编　顾雪元　艾弗逊

U0250593

 南京大学出版社

第二版序

　　环境科学与工程是实验性很强的学科,教育部高等学校环境科学与工程教学指导委员会将实验科学作为单独的知识领域列入环境科学知识体系中,并在环境类专业人才培养规范中规定了较多的必修学分数。同时,环境保护和可持续发展是国际社会普遍关注的重大命题,当前我国环境保护形势十分严峻,呈现出发达国家几十年中渐次出现的环境问题在我国有集中爆发的趋势。环境科学与工程创造性人才的社会需求极大,对高等学校环境类学生的培养提出了越来越高的要求。众多高校寄望于通过改革实验教学内容和方式,提高学生的实验技能,培养学生的创新能力。

　　南京大学是国内最早开展环境类实验教学的单位之一,坚持基础性实验与探索性实验相结合,实验技能培养与实验理论分析能力培养相结合的教学模式,积累了丰富的教学经验,形成了鲜明的办学特色,是传统的环境类优秀人才培养基地。

　　南京大学环境科学与工程国家级实验教学示范中心为适应新形势下拔尖创新人才培养的需求,更好地对全国环境科学实验教学的建设发挥示范和辐射作用,决定组织实验教学一线的教师,重新出版环境科学与工程实验系列教材。

　　该套教材在编写的过程中,本着培养具备"扎实的科研创新能力、强烈的社会责任感、宽阔的国际化视野"的环境保护精英人才的宗旨,着力体现"夯实基础、强化专业实验教学、提高应用实践能力、激发创新潜能"的四层次实验教学体系,在实验内容的安排上既贴近实际的环境问题,又结合最新的研究成果,既培养学生扎实的基本功,又激发学生科学研究的兴趣。

　　本套教材的编写和出版是我们建设国家级实验教学示范中心工作的一项尝试,在教材中难免会出现一些疏漏或错误,敬请读者和专家批评指正,以便我们今后修改和订正。

编委会

第二版前言

　　《环境化学实验》是与《环境化学》课程相配套的专业基础实验课,主要针对环境科学专业本科生的教学,也可为研究生相关课程提供参考。环境化学主要研究污染物在各种环境介质中的存在、化学特性、行为与效应,以及污染控制的化学原理与方法。环境化学作为化学的一个分支学科,同时也与地学、生态学、生物化学、毒理学等学科交叉,具有鲜明的交叉性和综合性。环境化学是一门实验学科,尤其是近年来,随着研究手段和分析仪器的进步,环境化学得到了较快发展。掌握环境化学实验技能,是学习环境化学的必要手段。本书的目的是通过教授环境化学所涉及的实验方法、手段和技能,学习各种分析仪器的原理和使用方法,深化《环境化学》课程的基本知识,促进对环境化学领域研究动态及前沿的理解,掌握研究环境化学问题的基本方法和手段。通过实验,使学生得到环境化学研究基本技能的训练,掌握研究问题的基本方法和手段以及相关的数据分析处理能力,同时培养学生理论联系实际的作风、实事求是的科学态度以及严谨细致的工作习惯,为将来从事环境工作打下良好的基础。

　　鉴于部分学生在学习《环境化学实验》之前可能并没有接触到任何化学实验内容,因此本书在前面加入了基础实验技能部分,包括玻璃仪器的清洗、称量、移液、定容、萃取、离心等基本实验操作。本书共包括 36 个实验,分为 23 个"基础性实验"和 13 个"综合设计性实验"两个部分,"基础性实验"主要涵盖了污染物在水、土、气等环境介质中的基本迁移、转化过程,是对学生学习环境化学课程的基本训练;"综合设计性实验"以培养学生的独立科研能力为目标,在"综合设计性实验"环节中,教师可以根据实验的基本内容和本校的仪器设备条件,对学生进行分组,要求学生在查阅文献的基础上,对实验方法进行调整和改进,设计出最佳实验方案。此外,根据南京大学环境化学实验教学过程的经验,将部分实验拍摄成了小视频,读者可以通过扫描实验名称旁的二维码观看实验视频,以增强对实验操作的感性认识。

　　附录中包括环境样品的采集和保存,实验涉及的大型仪器使用方法,国家最新颁布的环境标准和污染物排放标准,以供查阅。

　　本书是在南京大学环境化学教研室编制的 2012 年版的《环境化学实验》一书基础上,增加了一些近年来的研究热点,并对一些实验方法进行了改进。参加本书编写的人员为南京大学环境化学教研室的顾雪元、高士祥、杨绍贵、耿金菊、刘红玲、魏忠波、艾弗逊、鲜啟鸣、万海勤、付翯云、历红波、毛亮、唐玉琼等同志。顾雪元、艾弗逊最后对全稿做了统一修改和审定。限于编者的水平,该书中难免存在缺点和错误,希望读者批评指正。环境化学本科 2012 级至 2017 级的同学对书中大部分实验进行了细致的验证,在此表示感谢。

编　者

2020 年春于南京大学

目　录

第一部分 基础实验技能

一、实验室常用玻璃仪器的清洗方法

1. 新购玻璃仪器的清洗

新购的玻璃仪器,其表面附有碱质,可用肥皂水或洗洁精刷洗,再用流水冲净,后浸泡于 1‰ 的盐酸中 24 小时,取出后用流水冲洗干净,最后用蒸馏水荡洗 3 次,干燥备用。

2. 经常使用的玻璃仪器的清洗

(1) 一般玻璃仪器:如试管、烧杯、锥形瓶等

先用自来水洗刷后,用去污剂刷洗,再用自来水冲洗去尽去污剂,最后用蒸馏水荡洗 3 次,干燥备用。

(2) 容量分析仪器:如移液管、滴定管、容量瓶等

先用自来水冲洗,待晾干后,再用 1∶1 稀硝酸浸泡 5 小时以上,然后用自来水充分冲洗,最后用蒸馏水荡洗 3 次,干燥备用。(注意不能刷洗)

上述所有玻璃器材洗净后(以倒置后器壁不挂水珠为干净标准),根据需要晾干或烘干。

(1) 晾干:不急用的玻璃仪器洗净后,可沥尽水分,倒置于无尘的干燥处,让其自然风干;

(2) 加热烘干:一般玻璃仪器洗净并沥尽水分后,置于 105～110 ℃ 烘箱约 1 小时即可烘干。但带有刻度的量器不宜在高温下烘烤,建议 40 ℃ 左右慢慢烘干,含盖(塞)的玻璃仪器,应去盖(塞)后烘干。

二、称量

称量开始前,应检查所用的天平是否水平放置,如不水平,可通过旋转天平的地脚螺栓调平(观察水平仪气泡是否在中间位置),另天平应定期校准。

以梅特勒 ME104 天平为例(图 0-1),接通天平电源,短按中间的"On/Off"键打开天平,仪器需预热 20 分钟左右进入工作状态,称量时应关好门窗以减少空气流动。

根据个人习惯,打开天平的左门或右门,在称量盘上放入叠好的称量纸或称

量烧杯等,待天平示数稳定后,短按中间的"C"键清零,用药匙向称量纸或称量烧杯中添加实验样品或药品,关上天平的玻璃门,待示数稳定后即可记录数据,缓慢取出称量纸或称量烧杯,将样品或药品转移至目标容器中。

称量结束后,长按天平的"On/Off"键关闭仪器,拔下电源插座,记录使用情况。

图 0-1　电子天平

称量过程中的注意事项:

(1)称量药品时,应遵循逐渐加入的原则,在接近所需质量时,轻拍拿药匙的手腕处,缓慢抖入药品以免过量,如果不小心放入了过量药品,应将多余药品放入废液缸,不得放回药品瓶。

(2)称量质地较轻的样品或药品时,应将两侧的仓门都打开,一手拿好药品瓶或样品瓶,进入天平称量室,一手拿好药匙,向外轻取样品或药品至称量纸,随时观察读数,相近时,关好仓门,待示数稳定。

(3)在倒取已称好的样品后,应将空白称量纸或量杯放回天平,检查纸上是否仍有残余。如称取同一药品或样品,中途无须更换称量纸。

(4)称量易挥发物品时,应应放在密闭的容器中,否则示数无法稳定且结果有偏差。

(5)称量结束后,应及时清理天平内可能洒落的药品或样品。

三、移液

1. 移液管取液

移液管有无分度和有分度两种(图 0-2)。如需吸取 5、10、25 mL 等整数体积时,用相应大小的无分度移液管;量取小体积且不是整数时,用有分度移液管。实验中,有分度移液管使用较多。

使用时,通常吸取溶液使液面高于所需的体积,然后缓慢放至所需体积,再转移至目标容器即可。使用前,依次用洗液、自来水、纯水洗涤移液管,最后再取少量被量液体润洗 3 次,以保证被吸取的溶液浓度不变。

吸取溶液时,通常右手拿洗耳球,左手持移液管上端,留出食指,待吸取溶液后封住移液管口。移液管下端伸入液面 1 厘米左右,不要伸入太多,以免移液管外壁黏附溶液过多,也不能伸入太少,以免液面下降后吸空,如吸取溶液较多,可在吸取溶液的过程中,移液管随液面一起下降。用洗耳球慢慢吸取溶液,此时既要注意正在上升的液面位置,也要注意保持移液管在液面以下。当溶液上升到目标刻度线以上时,迅速用左手食指紧按管口(此时捏住洗耳球的手指切勿快速放松),取出移液管,左手将移液管液面提至与眼睛水平位置,右手拿起下方容器,微微抬起食指,当溶液凹面缓缓下降至与目标刻度线相切时,立即紧按食指,使流体不再流出。将吸取的溶液转移至目标容器中,放液的过程中抬起食指即可,移液管不应接触容器内壁,待溶液流尽后,约等 5 秒,取出移液管。注意,不要把残留在管尖的液体吹出,除非移液管上有注明"吹"字。

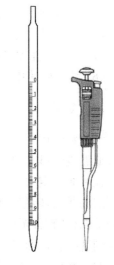

图 0 - 2　移液管与移液枪

2. **移液枪取液**

在量取小体积溶液时,也常使用移液枪(图 0 - 2)。移液枪为较精密的移液工具,使用不慎容易造成损坏,因此需要掌握移液枪的使用方法。首先挑选合适量程的移液枪,常用的有 10～100、100～1 000 μL 移液枪,使用前旋转头部旋钮调整到所需体积的位置,从大体积调整到小体积时,逆时针旋转刻度即可,从小体积到大体积时,可先调至超过设定体积的刻度,再回调至设定体积,以保证最佳的精确度。

然后手持移液枪,将移液器底部垂直插入配套的枪头,左右微微转动,确保上紧。吸液时,先按下按钮到第一挡位置,将吸头尖端垂直浸入液面以下 3 mm,轻轻释放按钮,溶液则吸入枪头;放液时,按动按钮到第二挡位置,将吸头中全部溶液放至目标容器内。移液完成后可以手动拔掉吸头,也可按压边上的除枪头按钮卸掉枪头。

移液枪使用的注意事项:

(1) 调整移液器体积时,不可超出其规定范围,否则极易损坏内部齿轮结构;

(2) 使用移液器移液时,枪头一般不需提前润洗,但如果移取黏稠液体时,可以先预吸 1～2 次,使吸头表面达到饱和;

(3) 装配吸头时,不要用移液枪反复撞击吸头来上紧;

(4) 吸头与移液器需匹配,否则影响准确度;

（5）吸液时不要倾斜；

（6）慢吸慢放；

（7）吸空时溶液易进入枪头内部，损坏内部结构，应严防这种情况出现；

（8）移液枪使用完后，应将量程调至最大体积。

四、定容

实验室常用来定量溶液的玻璃仪器为容量瓶，清洗干净的容量瓶应自然风干或低温烘干，切勿高温烘干。

在配制一定浓度的某溶液时，如果是用固体化合物配制，应先用天平准确称取所需的质量，转移至烧杯中，用适量的纯水溶解，转移至容量瓶中，再用少量的水润洗烧杯，转移至同一容量瓶，3次，然后用滴管加纯水定容，纯水加至溶液凹面与刻度线相切即可。

如果是用已经配制好的母液配制低浓度的溶液时，倒出适量的溶液润洗干净的烧杯和移液管（如果用移液枪，一般不需润洗），润洗液弃至废液缸，然后再倒入适量的溶液至润洗好的烧杯中（请计算好需要的溶液量，切勿倒入过多以免产生过多的废液，也造成不必要的浪费），用移液管或移液枪准确转移所需体积的溶液至容量瓶，然后用纯水或适当的试剂定容即可。

容量瓶的容积并不经常与它所标出的大小完全一致，当对溶液的浓度要求较高时，可用称量法进行定量。进行称量法定量时，要求室内温度波动小于 $1\ ℃/h$，所用器皿和水都应处于同一房间，用分析天平称取容量瓶的质量，加入的少量药品后再次称量容量瓶质量，再加入适量的纯水溶解、定容，冷却至室温后再次用分析天平称量，计算出所加纯水的质量，然后根据该温度下水的密度，计算出纯水的体积，继而可以计算出所配制溶液的浓度。此方法不适用于高浓度溶液的配制。

当配制易挥发性溶液时，通常也是用称量法，且在密闭容器如液相小瓶中进行。首先，称量液相小瓶的质量，然后在液相小瓶中加入适量的溶剂，盖紧盖子，称量，根据该温度下溶剂的密度可计算出溶剂的体积，然后用注射针吸取适量的目标化合物，穿透盖垫注入目标化合物，称量，即可计算出所配制溶液的浓度，晃匀。

五、萃取

萃取是利用物质在两种互不相溶（或微溶）的溶剂中溶解度或分配系数的不同，使溶质物质从一种溶剂中转移到另外一种溶剂中的方法。

液液萃取常用分液漏斗进行，在进行萃取时，首先检查分液漏斗的盖子和旋塞是否严密,是否会漏水;接着将被萃取溶液和萃取剂分别由分液漏斗的上口倒入,盖好盖子;随后,左手握旋塞,右手按盖子,充分振荡分液漏斗,使两相液层充分接触。由于萃取剂一般为有机挥发性溶剂,振荡过程容易由于内部压力过大而漏液,因此振荡几秒钟后,保持漏斗腿朝上的倾斜状态,旋开旋塞,放出蒸气,使内外压力平衡;重复振荡并放气几次后,将分液漏斗放在铁架台的铁环中,静置。

液体分成清晰的两层后,就可进行分离。拨松上口塞子,旋转旋塞使下层溶液缓慢流出,剩余上层液体从上口倒出。

萃取操作的注意事项:

(1) 萃取前,一定要先检验分液漏斗是否漏液;

(2) 振荡时用力振荡,同时及时放气,放气时不能对着人;

(3) 下层液体由旋塞控制从下口放出,上层液体从上口倒出;

(4) 放液时记得松掉或打开上口塞子。

六、离心

离心是环境化学实验中经常使用到的实验步骤,用以将固液浑浊体系分离得到上清液。

以上海安亭的离心机(型号 TDL-5C,图 0-3)为例说明离心的操作步骤。使用时,先插上电源,打开仪器右侧的电源开关。然后在前方面板上按上、下键选择转子参数设定,按"选择"键,首先"设定转速"被选中,按"记忆"键,具体转速被选中,按上、下键加大或减少转速,实验中常用的转速为 4 000 转/分钟或 3 000转/分钟(离心玻璃离心管时一般 3 000 转/分钟,离心塑料离心管时一般 4 000转/分钟),设好所需的转速后,按"记忆键",设好的转速将被保存,转速设好后,"离心力"会相应地变化,无须更改;再按向下键,"加速时间"将被选中,一般为 60 秒,不需要更改,这表示转速从 0 至所设定转速的时间,同样的"减速时间"为 60 秒,也不需要更改;继续按向下键,"设定时间"将被选中,按记忆键,具体时间将被选中,按上、下键增加或减少离心时间,实验中常用的离心时间为 10 分钟,设好所需的时间后,按"记忆键"保存。

设好所需的转速和离心时间后,按"开门"键,打开离心机门盖,取出内置的金属保护盖,将质量一样的离心管以转轴为中心对

图 0-3　离心机(型号 TDL-5C)

称放置在转子的橡胶管套中。样品放好后,检查挂篮卡口卡在正确位置上,盖上金属保护盖,关好离心机门盖,按"离心"按钮开始离心。

离心完成后,离心机会发出"滴滴"的提示音,并听到锁扣打开的声音,这时可以打开离心机门盖,取出金属保护盖,小心取出样品,并进行接下来的操作。

离心机使用的注意事项:

(1) 离心管均需对称放置,且对称放置的两支离心管重量接近。离心管放入离心机前,称量每支离心管的重量并记录,找出质量相近的两支对称放置,如质量相差过大或所需离心的管子为奇数时,可用一支空离心管加上适量的水以配平;

(2) 离心前确保转子安装牢固,金属保护盖必须盖紧;

(3) 离心结束后,取出样品时应小心,避免沉淀重新泛起;

(4) 运行时,如听到异常声音时,请立刻按停止键中止离心,然后及时报告老师;

(5) 使用结束后,应盖好离心机门盖,关闭电源开关,拔下电源插座。

第二部分　基础性实验

实验一　对二甲苯的正辛醇-水分配系数的估算和测定

视频 实验演示

有机物理化学参数的估算一直是环境化学研究的重点和热点课题之一。有机化合物的正辛醇-水分配系数(K_{OW})是指平衡状态下化合物在正辛醇相和水相中浓度的比值。正辛醇是一种长链烷烯烃醇，在结构上与生物体内的碳水化合物和脂肪类似。因此，可以用正辛醇-水分配体系来模拟研究生物-水体系，反映化合物在水相和有机相之间的迁移能力，它是衡量有机物脂溶性大小、描述有机化合物在环境中行为的重要理化性质参数。通过对某一化合物分配系数的测定，可以得到该化合物在环境行为方面许多重要的信息，特别是对有机物在环境中的危险性评价方面，分配系数的研究是不可缺少的。

同时正辛醇-水分配系数 K_{OW} 在定量结构与活性相关(QSAR)研究中是最重要的参数之一。有机物在环境中的行为，诸如水溶性、毒性、土壤沉积物的吸附常数和生物富集因子均与 K_{OW} 密切相关。测定分配系数的方法有振荡法、产生柱法和高效液相色谱法。K_{OW} 的估算法主要有 Leo 碎片常数法、分子连接性指数估算法和溶剂回归方程估算法等。

一、实验目的和要求

（1）了解测定有机化合物的正辛醇-水分配系数 K_{OW} 的意义和方法。

（2）掌握用紫外分光光度法测定分配系数的操作技术。

（3）掌握利用基团贡献法在线估算正辛醇-水分配系数 K_{OW} 的方法。

二、实验原理

有机化合物在辛醇相中的平衡浓度与水相中该化合物非离解形式的平衡浓度的比值，即为该有机化合物的辛醇-水分配系数。

$$K_{OW} = \frac{C_O}{C_W} \tag{1-1}$$

式中:K_{OW}——分配系数;

　　　C_O——平衡时有机化合物在正辛醇相中的浓度;

　　　C_W——平衡时有机化合物在水相中的浓度。

测定分配系数的方法很多,包括振荡法、产生柱法、液-液流萃取法、高效液相色谱法、动电色谱法等。其中,振荡法是通过振荡使得两相达到平衡后确定正辛醇及水相中的浓度,得到正辛醇-水分配系数。它对物质纯度要求很高,测定结果较为准确,最为经典。目前,估算正辛醇-水分配系数 K_{OW} 的方法包括基团贡献法、分子法、分子连接性指数法等。其中,基团贡献法是将化合物的 K_{OW} 值表达为分子各组成原子或原子团独立贡献和分子结构特征贡献的线性加和,估算结果精度较高,既简便又精确,是目前应用较广的一种方法。

本实验中采用一种基团贡献法原理的 Molinspiration 软件,根据化合物的分子结构,估算有机物的正辛醇-水分配系数。再采用振荡法,使有机物在正辛醇相和水相中达到平衡后离心分离,测定水相中有机物浓度,由此测定分配系数。将两种方法结果进行比较,掌握实验测定和估算正辛醇-水分配系数的方法。

三、仪器和试剂

1. 仪器

(1) 紫外分光光度计(带石英比色皿)。

(2) 全温度恒温振荡器。

(3) 离心机。

(4) 吸附平衡瓶+离心套管:30 mL×4。

(5) 胶头滴管:×4。

(6) 移液管:1 mL×1,10 mL×1。

(7) 容量瓶:10 mL×2,25 mL×5,50 mL×1。

2. 试剂

(1) 正辛醇:分析纯。

(2) 乙醇:95%,分析纯。

(3) 对二甲苯:分析纯。

四、实验步骤

1. 对二甲苯正辛醇-水分配系数的估算

(1) 打开网址 http://www.molinspiration.com/cgi-bin/properties,出现绘图框(图 1-1)。

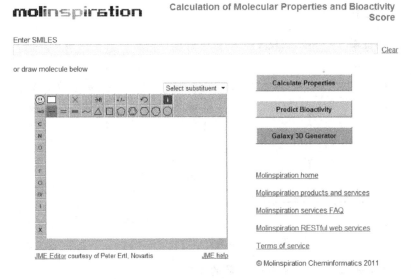

图 1-1　绘图框

（2）在绘图框内绘制对二甲苯化学结构式（在相应位置加化学键的时候要出现蓝色框才能正确连接），如图 1-2 所示。

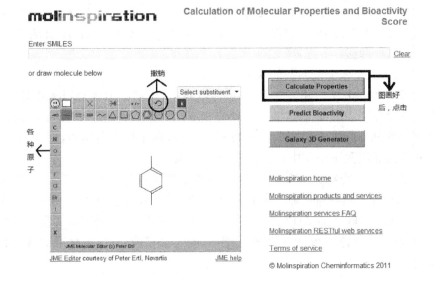

图 1-2　绘制的对二甲苯化学结构式

（3）绘图完毕，点击 Calulate Properties，得到 miLogP 值，即对二甲苯的正辛醇-水分配系数，如图 1-3 所示。

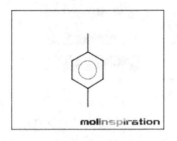

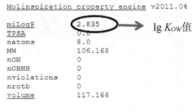
lg K_{OW}值

图 1-3　绘图完毕后获得的 K_{OW}

2. 对二甲苯正辛醇-水分配系数的测定

（1）对二甲苯标准曲线的绘制

移取 1.00 mL 对二甲苯于 10 mL 容量瓶中，用乙醇稀释至刻度线，摇匀。取该溶液 0.20 mL 于 50 mL 容量瓶中，再以乙醇稀释至刻度线，摇匀，此时浓度为 400 μL/L。在 5 只 25 mL 容量瓶中各加入该溶液 1.00，2.00，3.00，4.00，5.00 mL，用水稀释至刻度线，摇匀。在分光光度计上，以水作参比，在波长227 nm 处测定标准系列的吸光度 A。以吸光度 A 对浓度 C 作图，即得标准曲线。

（2）正辛醇-水分配系数的测定

移取 0.40 mL 对二甲苯于 10 mL 容量瓶中，用正辛醇稀释至刻度线，配成浓度为 4.00×10^4 μL/L 的溶液。用移液管取此溶液 1.00 mL 于吸附平衡瓶中，再准确移取 9.00 mL 水。做 3 份平行实验，同时做 1 份空白实验，即加入 1 mL 纯的正辛醇于吸附平衡瓶中，精确加入 9 mL 水。

旋紧盖子(注意特氟龙面朝向溶液)，在全温度恒温振荡机上 25±0.5 ℃振荡 2 h (150 r/min)，然后将吸附平衡瓶放入离心套管中，离心分离(3 000 rpm 离心 5 min)。用滴管取下部水样(滴管取样经过上层溶液时，不断挤出气泡)，在波长 227 nm 处，以空白实验的水相为参比溶液，测定水相吸光度，由标准曲线计算出其浓度。

五、数据处理

（1）估算得到 miLogp 值即为估算的 lgK_{OW}。

（2）测定的分配系数的计算公式如下。

$$\lg K_{OW} = \lg \frac{C_O V_O - C_w V_w}{C_w V_O} \qquad (1-2)$$

式中：C_O，C_w——分别为初始时对二甲苯在正辛醇相和平衡时在水相中的浓度，$\mu L/L$；

　　　　V_O，V_w——分别为正辛醇相和水相的体积，mL。

根据测定结果，按上述公式求 $\log K_{OW}$，取 3 次测定结果的平均值。

六、讨论和注意事项

1. 讨论

正辛醇-水分配系数的测定方法主要为直接法和间接法，直接法主要有摇瓶法、两相滴定法和萃取法；间接法主要有产生柱法和色谱法（包括固相微萃取技术）。它们有不同的使用范围和局限性。辛醇-水分配系数的估算方法按其对溶质的处理方法不同可分为两大类，一类是以整个分子为研究对象的分子法，如摩尔体积法；另一类是根据分子的结构信息进行估算的结构性能法，如分子连接性指数法、基团贡献法。基团贡献法如 Leo 碎片常数法、Meylan 和 Howard 的 AFC 基团贡献法、三水平基团贡献法、基团贡献溶剂化模型法、UNIFAC 基团贡献法等等，其优缺点及使用局限性可查阅相关的资料。以下主要介绍一些常用的方法供参考和学习。

（1）Leo 碎片法估算分配系数的方法

分配系数除以上实验中介绍的基团贡献法外，还可以采用 Leo 碎片法估算。估算公式如下。

$$\lg K_{OW} = \sum_{i=1}^{n} a_i f_i + \sum b_j f_j \qquad (1-3)$$

式中：f_i——化合物中某个部分对分子疏水性的贡献，称为疏水片断常数；

　　　　f_j——分子中的某种结构因素；

　　　　a_i，b_i——分别为某片断和某结构因素在化合物中重复出现的次数，称为数值因子。

某些碳原子的 f 值列于表 1-1 中。

表 1-1　某些碳原子的 f 值

碎片	—C—	H	Ċ	ĊH	Ċ
f	0.20	0.23	0.13	0.355	0.225

表中：—C— 为饱和的带氢碳原子；Ċ 为芳环中无氢碳原子；ĊH 为芳环中

带氢碳原子;$\overset{*}{C}$为芳环中稠合碳原子。

现在以对二甲苯和萘的 $\lg K_{OW}$ 估算为例:

$$\lg K_{OW}(\text{对二甲苯}) = 2f(\ \overset{|}{\underset{|}{-C-}}\ ) + 6f(H) + 2f(\dot{C}z) + 4f(\dot{C}H)$$
$$= 2 \times 0.20 + 6 \times 0.23 + 2 \times 0.13 + 4 \times 0.355$$
$$= 3.46$$

$$\lg K_{OW}(\text{萘}) = 2f(\overset{*}{C}) + 8f(\dot{C}H)$$
$$= 2 \times 0.225 + 8 \times 0.355$$
$$= 3.29$$

(2) 分配系数的间接测定法

测定有机物辛醇-水分配系数的常规方法是摇瓶法,这种方法简便易行,适合学生实验。但其缺点是测定大量的化合物时费时太多,而且对高脂溶性的化合物测定误差大。通常认为摇瓶法只适用测定范围为 $-2 \sim 4$ 的 $\lg K_{OW}$。

反相高效液相色谱法是这几年常用的间接测定有机物正辛醇-水分配系数的方法,适用于 $\lg K_{OW} = 0 \sim 6$,特殊情况下也可扩展至 $\lg K_{OW} = 6 \sim 10$ 的化合物。这种方法是利用反相液相色谱系统来模拟正辛醇-水分配体系,在分析柱上进行分离的过程。化合物进入色谱柱后,随着流动相在溶剂流动相和烃类固定相之间进行分配。化合物在柱中的保留值与其烃-水分配系数成比例,亲水性化合物先洗脱,亲脂性化合物后洗脱。在系统中测量出化合物的容量因子 K(即保留时间),再根据 $\lg K$-$\lg K_{OW}$ 标准曲线计算化合物的 $\lg K_{OW}$。与振荡法相比,色谱法是目前测定正辛醇-水分配系数方法中研究最多的。

2. 实验注意事项

(1) 正辛醇的气味比较大,因此实验时动作要迅速,防止太多的气体溢出。做完实验后,废液要倒入废液瓶中。

(2) 测定水相吸光度时,用滴管吸取上层辛醇,注意要将辛醇吸干净,以防干扰测定。或用长滴管穿过正辛醇相,将水相吸出,注意不要将辛醇吸出。更好的办法是,利用带针头的玻璃注射器移取水样。首先在玻璃注射器内吸入部分空气,当注射器通过正辛醇相时,轻轻排出空气,在水相中吸取足够的溶液时,迅速抽出注射器。卸下针头后,即可获得无正辛醇污染的水相。

(3) 每个样品均需要用不同的吸管或玻璃注射器,以防实验的误差。

(4) 正辛醇最好预饱和,以减小实验误差。将 20 mL 正辛醇与 200 mL 二次蒸馏水在振荡器上振荡 24 h,使二者相互饱和,静止分层后,两相分离,分别保存备用。

（5）比色皿在使用前后，应用乙醇洗干净，以免残存化合物吸附在比色皿上。

七、思考题

（1）空白实验如何做，振荡法测定化合物的正辛醇-水分配系数有哪些优缺点？

（2）如果以环己烷代替正辛醇，试比较对二甲苯的环己烷-水分配系数的大小。

（3）试用 Leo 碎片法和基团贡献法估算 α-甲基萘的辛醇-水分配系数。

（4）简单阐述 K_{OW} 在环境化学中的意义。

参考文献

[1] 陈红萍,刘永新,梁英华.正辛醇-水分配系数的测定及估算方法[J].安全与环境学报,2004,6(4):82-86.

[2] 盛卫心,戎宗明,英徐根.基团贡献法分子设计研究的进展[J].化学工业与工程,2007,24:457.

[3] 侯海锋,等.多氟代、多氯代和多溴代二苯并对二噁英化合物的一些性质的比较研究[J].化学学报,2011,69(6):617-626.

[4] OECD. OECD Guidelines for testing of chemicals 107[S],1992.

[5] 宋斌,张宏哲.反相高效液相色谱法测定酚类化合物的正辛醇-水分配系数[J].山东化工,2011,3:67-71.

（魏钟波　王遵尧　编写）

实验二　土壤活性酸度和潜性酸度的测定

土壤酸度是影响土壤理化性质的重要参数。土壤的酸碱度一般用 pH 表示。土壤酸碱性的来源不仅决定于土壤溶液中 H^+ 的浓度，也取决于土壤胶体上致酸离子（H^+ 和 Al^{3+}）或致碱离子（Na^+）的数量，及土壤中酸性盐类或碱性盐的存在。土壤酸度根据其表现形式可分活性酸度和潜性酸度，前者即为土壤溶液中游离的 H^+ 的浓度反映出来的酸度，常表示为土壤的 pH；后者为致酸离子通过离子交换作用产生 H^+ 才显示的酸性。一般而言，土壤的潜性酸度远大于其活性酸度。

一、实验目的和要求

（1）了解土壤活性酸度和潜性酸度的含义，及其在环境化学研究中的实际意义。

（2）掌握不同土壤酸度的测量方法。

（3）熟练掌握 pH 计的使用方法。

二、实验原理

土壤活性酸度即为测定的土壤 pH，它是土壤溶液中氢离子活度的负对数，是土壤最重要的物理化学性质之一。一般采用在水或一定背景电解质的土壤悬浊液中进行测定，其中酸性土壤常采用 1 mol/L KCl 溶液、中性或碱性土壤常采用 0.01 mol/L $CaCl_2$ 溶液。土壤在 KCl 或者 $CaCl_2$ 溶液中的 pH 较水中低，因此，测定结果应当注明所用盐溶液。测定土壤 pH 时，水土比对测定结果的有较大影响。水土比例越大，pH 升愈高。国际土壤学会规定水土比为 2.5：1，在我国例行分析中以 1：1,2.5：1,5：1 较多，为使测定结果更接近田间的实际情况，水土比以 1：1 或 2.5：1 较好，盐土用 5：1。悬浊液经充分搅拌后，静置一段时间，用 pH 计测定。测定时，常用玻璃电极为指示电极，甘汞电极为参比电极。玻璃电极浸没于下层土壤中，参比电极置于上层清液中。近年来出现的复合 pH 电极使用更为简便，直接将玻璃电极的球泡浸没于下层土壤悬浊液中即可。

潜性酸度是吸附在土壤胶体上的致酸离子（H^+ 和 Al^{3+}）引起的浓度，它只有在 H^+ 和 Al^{3+} 被其他阳离子交换而转入土壤溶液之后，才显示其酸度，一般用 mmol/100 g（或 cmol/kg）表示。潜性酸度又分为代换性酸度和水解性酸度，前者采用中性盐(如 KCl)交换测定,后者采用强碱弱酸盐(如 CH_3COONa)进行测定。其中氯化钾法又可分平衡法和淋洗法两种。平衡法适用于潜性酸度较小的土壤,经实验比较,发现一次平衡法所测得的交换酸仅为淋洗法结果的 45%～81%。

这种结果差异与土壤吸附交换性氢和铝的松紧程度有关,因此本实验中选用淋洗法。土壤胶体上的致酸离子(H^+ 和 Al^{3+})淋洗时被 K^+ 交换而进入溶液,当用 NaOH 标准溶液滴定淋洗液时,不但滴定了土壤中原有的交换性 H^+,也滴定了交换性 Al^{3+} 水解产生的 H^+,所得结果为交换 H^+ 和 Al^{3+} 的总和,称为交换性酸总量。另取一份浸出液,加入足量的 NaF 溶液,F^- 与 Al^{3+} 形成络合离子 $[AlF_6]^{3-}$,从而防止了 Al^{3+} 的水解。再用标准氢氧化钠溶液滴定,所得结果为交换性 H^+,两者之差为交换性 Al^{3+}。

三、仪器和试剂

1. 仪器

(1) 带复合电极的 pH 计。

(2) 研钵。

(3) 2 mm 筛。

(4) 电热板。

(5) 高型烧杯:50 mL×3。

(6) 容量瓶:1 000 mL×1,250 mL×2。

(7) 烧杯:500 mL×3,1 000 mL×1。

(8) 移液管:25 mL×1。

(9) 碱式滴定管:50 mL×1。

(10) 锥形瓶:250 mL×4。

(11) 漏斗×1。

(12) 铁架台×2,铁圈×1,滴定管夹×1。

2. 试剂

(1) 无二氧化碳水:将纯水在电热板上加热煮沸,加盖冷却至室温,即用即配。

(2) pH=4.01 的标准缓冲溶液:10.21 g 在 105 ℃烘过的邻苯二甲酸氢钾($KHC_8H_4O_4$,分析纯),用水溶解后定容至 1 L。

(3) pH=6.87 的标准缓冲溶液:3.39 g 在 50 ℃烘过的磷酸二氢钾(KH_2PO_4,分析纯)和 3.53 g 无水磷酸氢二钠(Na_2HPO_4,分析纯),溶于水后定容至 1 L。

（4）pH＝9.18 的标准缓冲溶液：3.80 g 硼砂（$Na_2B_4O_7 \cdot 10H_2O$，分析纯）溶于无二氧化碳的冷水中，定容至 1 L。

（5）0.01 mol/L 氯化钙溶液：称取 1.470 g 氯化钙（$CaCl_2 \cdot 2H_2O$，分析纯）溶于 800 mL 水中（pH＝7 左右），用少量盐酸或 $Ca(OH)_2$ 调节 pH 至 6 左右，然后定容至 1 L。

（6）1.0 mol/L 氯化钾溶液：称取 74.55 g 氯化钾（KCl，化学纯）溶于水中，然后稀释至 1 L。

（7）酚酞指示剂：1 g 酚酞溶于 100 mL 乙醇（95％）中。

（8）3.5％氟化钠溶液：3.5 g 氟化钠（NaF，化学纯）溶于 80 mL 无二氧化碳水中，以酚酞作指示剂，用稀氢氧化钠或稀盐酸滴至微红色（pH＝8.3），最后稀释至 100 mL，贮于塑料瓶中。

（9）0.020 0 mol/L 氢氧化钠标准溶液：0.8 g 氢氧化钠（NaOH，分析纯）溶于 1 000 mL 无二氧化碳水中，以酚酞作指示剂，用 0.1 g 左右邻苯二甲酸氢钾标定其浓度。

（10）邻苯二甲酸氢钾（分析纯）。

四、实验步骤

1. 土壤活性酸度的测定

（1）待测液的制备：称取通过 2 mm 筛的风干土样 10 g 于 50 mL 高型烧杯中，加入 25 mL 0.01 mol/L 氯化钙溶液。用玻璃棒剧烈搅动 1～2 min，静置 30 min，此时应避免空气中氨或者挥发性酸气体的影响，做 3 个平行样。

（2）pH 仪校正：采用双点法或三点法校正 pH 计，将 pH 电极从饱和 KCl 浸泡液中取出，拔开 pH 复合电极侧面的橡皮塞，用水冲洗电极球泡后，用吸水纸轻轻吸干表面水分。将电极插入第一个缓冲溶液中，按"校正"键开始校正。待稳定后移出电极，用水冲洗净，吸干水分后插入另一标准缓冲溶液中，重复进行校正。最后移出电极，用水冲洗后插入饱和 KCl 溶液中待用。

（3）测定：将 pH 复合电极的球泡浸入待测土样的下部悬浊液中，并轻微摇动以去除玻璃表面的水膜，注意电极不要碰到烧杯壁，待读数稳定后，记录待测液 pH。每个样品测完后，立即用水冲洗电极，并用滤纸将水吸干再测定下一个样品。在较为精确的测定中，每测完 5 个或 6 个样品后，需要将电极在饱和氯化钾溶液中浸泡一下，以保持内部参比液为氯化钾溶液所饱和，然后用 pH 标准缓冲溶液重新校正仪器。测量完毕后将 pH 电极放回电极浸泡液中。

2. 潜性酸度的测定

（1）称取 10.00 g 土壤样品过 2 mm 筛风干土壤，放在已铺好滤纸的漏斗内,用 1 mol/L 氯化钾溶液少量多次地淋洗,滤液承接在 250 mL 容量瓶中,近刻度线时,用氯化钾溶液定容。

（2）准确吸取 50 mL 滤液（取液量可根据土壤性质相应调整）于 250 mL 锥形瓶中,煮沸 5 min,赶走二氧化碳。放置稍凉后,以酚酞作指示剂,趁热用标定后的氢氧化钠溶液滴定至微红色,记下氢氧化钠用量（V_1）。

（3）另取一份 50 mL 滤液于 250 mL 锥形瓶中,煮沸 5 min,赶走二氧化碳,趁热加入过量氟化钠溶液 1 mL,冷却后以酚酞作指示剂,用氢氧化钠标准溶液滴定至微红色,记下氢氧化钠用量（V_2）。

（4）用同样方法做空白实验,分别记下氢氧化钠用量（V_0 和 V_0'）。

五、数据处理

1. 活性酸度

土壤活性酸度即为土壤 pH 的读数,3 个平行样的读数取平均值即为土壤的活性酸度。

2. 潜性酸度

交换性氢酸度：

$$C_{H^+}\,(\text{cmol/kg}) = \frac{(V_2 - V_0') \times C \times a}{M} \times 100 \qquad (2-1)$$

交换性铝酸度：

$$C_{Al^{3+}}\,(\text{cmol/kg}) = \frac{[(V_1 - V_0) - (V_2 - V_0')] \times C \times a}{M} \times 100 \qquad (2-2)$$

式中：V_1——交换性酸总量滴定过程中所消耗氢氧化钠的体积,mL；

V_0——交换性酸总量空白滴定过程中所消耗氢氧化钠的体积,mL；

V_2——交换性氢滴定过程中所消耗氢氧化钠的体积,mL；

V_0'——交换性氢空白滴定过程中所消耗氢氧化钠的体积,mL；

a——分取倍数；

C——氢氧化钠标准溶液的浓度,mol/L；

M——土样的质量,g。

六、讨论

（1）使用玻璃电极的注意事项：干放的电极使用前应在电极浸泡溶液（3 mol/L KCl 溶液）中浸泡 12 h 以上,使之活化。使用前应先轻轻震动电极,使其内部溶液流入球泡部分,防止气泡的存在。电极球泡极易破损,使用时必须仔细谨慎,最好加用套管保护。玻璃电极表面不能沾有油污,忌用硫酸或者铬酸洗液清洗玻璃电极表面。不能在强碱及含氟化物介质中或黏土等胶体体系中停放过久,以免损坏电极或引起电极反应迟钝。

（2）土壤样品宜采用风干样品,且不宜磨得过细,以通过 2 mm 孔径筛为宜。样品不立即测定时,最好贮存于有磨口的标本瓶中,以免大气中氨和其他挥发气体的影响。

（3）加水或氯化钾后的平衡时间对土壤的 pH 是有影响的,这种影响因土壤类型而异。平衡快的,1 min 即达平衡;慢的可长达 1 h。一般来说,平衡30 min 是合适的。pH 玻璃电极插入土壤悬液后应轻微摇动,以除去玻璃表面的水膜,加速平衡,这对缓冲性弱和 pH 较高的土壤尤为重要。饱和甘汞电极最好插在上部清液中,以减少因土壤悬液影响液接电位而造成的误差。

（4）土壤的 pH 取平均值时应先折算为 10^{-pH} 形式,再取平均值。

（5）NaOH 溶液的标定方法:准确称取 0.100 0 g 左右的邻苯二甲酸氢钾于250 mL 锥形瓶中,加入约 50 mL 水溶解,以酚酞为指示剂,用 NaOH 溶液进行滴定,对 0.02 mol/L NaOH 溶液,约需 25 mL,其浓度

$$C_{NaOH} = \frac{m}{204.22 \times V_b} \qquad (2-3)$$

式中:m——邻苯二甲酸氢钾的质量,g;

V_b——消耗 NaOH 溶液的体积,L。

（6）250 mL 淋洗液已可把交换性 H^+ 和 Al^{3+} 基本洗出,若淋洗液体积过大或者淋洗时间过长,有可能把部分水解酸洗出。对不同土壤样品,可事先做预实验以确定合适的淋洗体积。

七、思考题

（1）土壤活性酸度与潜性酸度之间的关系如何?

（2）测定土壤活性酸度和潜性酸度时有哪些注意事项?

（顾雪元　编写）

实验三 Visual MINTEQ 模型计算水体中碳酸盐形态

在天然水环境中,各种溶质的溶解-平衡过程控制了水中离子的浓度和组成,其中碳酸平衡问题是水化学中最重要的平衡之一。它直接影响了总碳酸的浓度、酸碱性、水体的缓冲能力、碱度及硬度等,也间接影响水中其他离子,如重金属离子的溶解度,以及水体的生物生产力等。因此掌握水体中碳酸盐形态计算方法是水环境化学的重点内容之一。本实验将介绍基于体系中物质的质量平衡方程和质量作用方程,采用地球化学平衡计算程序 Visual MINTEQ 来计算不同条件下水中各碳酸盐形态。

一、实验目的与要求

(1) 掌握 Visual MINTEQ 的原理及使用方法。
(2) 掌握计算机软件计算水体中碳酸形态分布的基本方法。

二、实验原理

人们很早就认识到基于溶液中各种组分的化学热力学平衡,计算可以预测溶液中各种形态的浓度,但由于涉及反应众多,在计算机出现以前,大规模化学平衡组成的计算几乎是不可能的。20 世纪 50 年代末至 60 年代初,一系列地球化学热力学平衡模型 MINTEQ 程序以及 MICROQL 等得到建立,使化学平衡模型的计算机化得到了较大发展。近年来由瑞典皇家理工学院 Jon Petter Gustafsson 教授改进的视窗版本 Visual MINTEQ 软件是目前人机界面较为友好的化学平衡软件之一,此软件可以在网络上免费获得(下载网址为:https://vminteq.lwr.kth.se/),在 Windows 下可快速安装。软件含有 3 000 余种离子形态以及 600 余种沉淀的平衡数据库。子程序可以计算气体溶解、沉淀/溶解、氧化/还原、吸附/解吸等过程可以满足常见的离子平衡条件下的形态计算要求。

化学平衡计算软件中涉及两个主要的概念,即"组分(components)"和"形态(species)"。形态为体系中平衡条件下物质的所有化学形态,而组分为能够描述溶液体系中所有形态的最少形态,即组分通过一定的化学反应式可以生成体系中的所有形态,前者为反应物,后者为产物。同一元素有不同的化学形态时,参照地球化学的习惯选取其中的某一种作为组分。因此根据化学平衡反应计量关系,体系中所有形态可以采用组分加反应平衡常数来描述,生成如表 3-1 所示的化学计量关系矩阵表,从而将化学平衡体系转化为非线性方程组,采用数学迭代法进行计算求解。

举例来说,如在一个含有 $NiCl_2$ 的开放溶液体系中,Ni^{2+} 会发生水解反应以及与 Cl^-、CO_3^{2-} 的络合反应,因此有:

组分:Ni^{2+}、Cl^-、CO_3^{2-}、H^+

形态:Ni^{2+}、$Ni(OH)^+$、$Ni(OH)_2$、$Ni(OH)_3^-$、$NiCO_3$、$NiCl^+$、$NiCl_2$、CO_3^{2-}、HCO_3^-、H_2CO_3、Cl^-、OH^-、H^+

表 3-1　化学计量关系表

No.	形态	组　分				$\lg K$
		Ni^{2+}	CO_3^{2-}	Cl^-	H^+	
1	Ni^{2+}	1	0	0	0	0
2	$Ni(OH)^+$	1	0	0	-1	-9.90
3	$Ni(OH)_2$	1	0	0	-2	-18.99
4	$Ni(OH)_3^-$	1	0	0	-3	-29.99
5	$NiCl^+$	1	0	1	0	-0.43
6	$NiCl_2$	1	0	2	0	-1.89
7	$NiHCO_3^+$	1	1	0	1	12.42
8	$NiCO_3$	1	1	0	0	4.57
9	H_2CO_3	0	1	0	2	16.68
10	HCO_3^-	0	1	0	1	10.33
11	CO_3^{2-}	0	1	0	0	0
12	Cl^-	0	0	1	0	0
13	H^+	0	0	0	1	0
14	OH^-	0	0	0	-1	-14.00

通过表 3-1 中的各形态的化学计算关系,每一种形态均可采用组分加上平衡常数的方程加以表达,例如对于表中第三个形态 $Ni(OH)_2$ 而言,代表如下的反应方程:

$$Ni^{2+} + 2H_2O \leftrightarrow Ni(OH)_2 + 2H^+$$

其中 $Ni(OH)_2$ 的浓度可以表达为:

$$\left[\mathrm{Ni(OH)}_2\right]=\frac{\left[\mathrm{Ni}^{2+}\right]}{\left[\mathrm{H}^+\right]^2}K$$

通过以上化学反应平衡方程,再结合软件中的其他控制方程,如质量平衡方程、电荷平衡方程、温度校正方程和活度系数校正方程等,可以迭代求解出一定条件下体系中各个形态的浓度。

Visual MINTEQ 的主界面如图 3－1 所示。主界面上的浓度单位、温度、pH值、离子强度可以根据需要设置。注意浓度单位一旦选定后,所有组分均采用这同一浓度单位。在"Add components"的下拉菜单中用于添加所要计算体系中所有组分的总浓度,选好后点击"Add to list"添加进计算列表,点击"View/edit list"可以查看添加的各个组分及浓度。菜单栏中的各项可以进行更复杂的设置,如沉淀(Solid phases and excluded species)、吸附(Adsorption)、气体(Gases)、氧化还原过程(Redox)。完成对体系中所有组分的设置后点击运行(Run)键,即可完成运算。下面介绍采用 Visual MINTEQ 计算不同条件下各碳酸形态的分布。

图 3－1　visual MINTEQ 主界面

三、仪器

学生自备电脑,预安装 Visual MINTEQ 软件。

四、实验步骤

(1) 试计算封闭体系下 $C_T=0.001$ mol/L 时溶液的 pH 值,并画出各碳酸

形态的 C - pH 图。

　　首先将主界面的"pH"下拉菜单设置为"Calc. from mass & charge balance"，"ionic strength"的下拉菜单设置为"To be calculated"。假设 0.001 mol/L 的总碳是以碳酸 H_2CO_3 的形式加入的，在"Add components"的下拉列表中加入 CO_3^{2-}，设置总浓度为 0.001 mol/L，点击"View/edit list"查看添加的组分，此时组分列表中有 H^+ 和 CO_3^{2-}，修改 H^+ 的浓度为 0.002 mol/L。点击"Run"计算结果显示，此条件下体系的 pH 值为"4.68"，说明此条件下为弱酸性水（图 2）。

(a) 添加组份　　　　　　　　　　　(b) 计算结果

图 3 - 2　计算封闭体系下 C_T = 0.001 mol/L 时溶液的 pH 值界面设置及计算结果

　　在此基础上，进一步绘制不同 pH 条件下各形态的 lgC - pH 分布图，此时需要使用多问题计算功能。如上面的例子中，点击菜单栏中"Multi-problem/Sweep"中进行如图 3 - 3 所示的各项设置：勾选第一栏"Sweep：one parameter is varied"，在要计算的问题数中填入"57"，在变化的组分（Choose sweep component）中选中"pH"，在后面的起始值中设为 0，变化步幅设为 0.25，即从 pH=0 开始，每增加 0.25 个 pH 单位进行一轮运算，共运算 57 轮，使 pH 达到 14。"Choose components/species for sweep output"中选择需要输出的形态或组分，以及相应形式，如浓度、活度、浓度对数、活度对数等。本例题中选择碳酸的三个形态，浓度形式为"Concentration"。

　　运算结束后，可以在弹出的界面中，通过选择运算批次，即看到该轮的运算结果，同时选择"Selected sweep results"，即可看到前期选择的感兴趣的形态或组分的汇总结果，同时该结果可以输出到 Excel 中进行绘图等后期编辑工作。最终可获得如图 3 - 4(a) 中所示的开放体系中各碳酸形态的 C - pH 图。可以看出，由于是开放体系，$H_2CO_3^*$ 在各 pH 条件下浓度保持不变，但 HCO_3^- 和 CO_3^{2-} 的浓度随 pH 增加而增加。

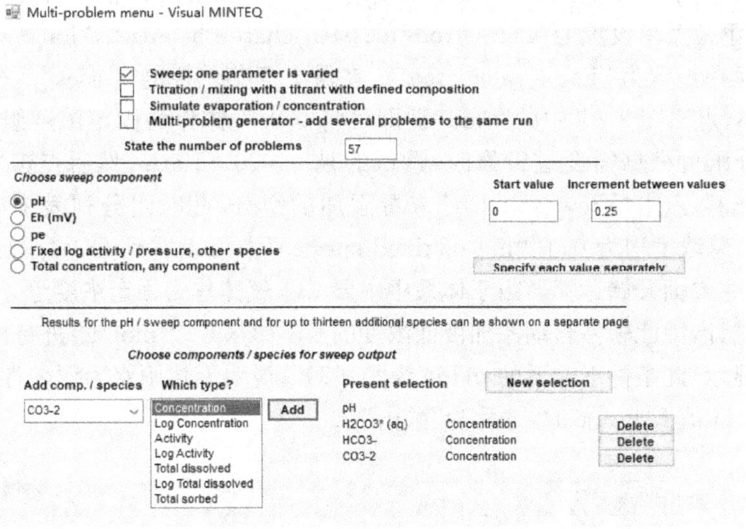

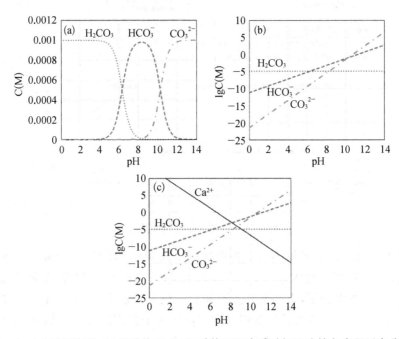

图 3-3　批量计算中的设置界面

图 3-4　(a)封闭体系　(b)开放体系　(c)开放体系下含碳酸钙沉淀的各离子形态分布图

（2）试计算开放体系下溶液的 pH 值，并画出各碳酸形态的 lgC - pH 图。

此体系类似于天然雨水，由于雨水中离子含量较低，主要与大气中 CO_2 存在气/液平衡，因此 CO_2 在水中的溶解和离解影响了水体的 pH 值。首先将主界面的"pH"下拉菜单设置为"Calc. from mass & charge balance"，"ionic strength"的下拉菜单设置为"To be calculated"。在最上面菜单栏的"Gases"一栏中添加 CO_2 气体，点击图 3 - 5 中的"Add"键即可将 CO_2 气体作为固定浓度组分添加，CO_2 的分压可根据需要进行修改，默认的是 0.000 38 atm，然后点击"Back to man menu"，点击"View/edit list"查看添加的组分，此时组分列表中有 H^+ 和 CO_3^{2-}，但总浓度均为 0，在"list of fixed species"中可以看到 CO_2(g) 已在列表中，返回主界面开始运算。由于体系中主要 CO_2 气体作为固定浓度组分，离子强度无法估计，因此软件自动添加极低浓度的 Cl^-（1×10^{-16} mol/L）进行修正。计算结果显示，此条件下体系的 pH 值为"5.620"，说明天然雨水为弱酸性水，只有当雨水 pH 值低于 5.6 时，才称为"酸雨"。

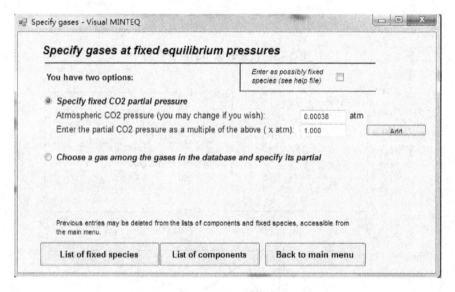

图 3 - 5　气体"Gases"中的界面

在此基础上绘制开放体系下各碳酸的形态分布图（图 3 - 4(b)），多问题计算功能的设置如封闭体系一样，只是输出的三个碳酸浓度形式为浓度对数（lgC）。回到主界面下，需要调整离子强度一栏为固定为 0.01 mol/L，这是由于在碱性条件下，CO_2 的大量溶解将导致溶液中离子强度的极大增加，可能导致运算过程出错。而 pH 一栏设置为"fix at ..."。

（3）试计算开放体系下含有碳酸钙沉淀的 pH 值，并画出各碳酸形态的 $\lg C$-pH 图。

此条件下，存在气-液-固相三者的平衡，因此除按上面添加 CO_2 气体之外，还需要加入 $CaCO_3$ 沉淀，在菜单沉淀栏（Solid phases and excluded species）中，选择"无限多的固相（Specify infinite solid phase）"，在弹出的菜单中添加碳酸钙 Calcite（图 3-6），在"list of fixed species"中可以看到 CO_2(g) 和 calcite 均已在列表中，返回主界面开始运算。最终结果显示，在此条件下的 pH 值为"8.227"，说明碳酸盐存在下，天然水体呈现弱碱性。

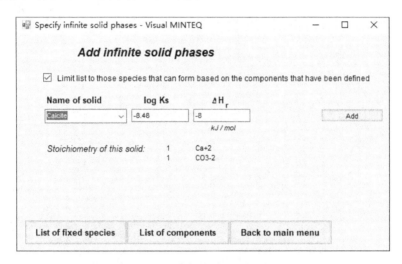

图 3-6 沉淀相中的添加组分界面

在此基础上绘制开放体系下各碳酸的形态分布图，多问题计算功能的设置如封闭体系一样，只是除了输出的三个碳酸浓度形式为浓度对数（$\lg C$）外，还可以选择 Ca^{2+} 的浓度对数，最终绘图结果如图 3-4(c) 所示。可以看出，尽管有 $CaCO_3$ 沉淀存在，开放体系中碳酸的三个形态未保持不变，但 Ca^{2+} 浓度随着 pH 的增加，形成沉淀而下降。

五、数据处理

请根据以上例题的提示，绘制图 3-4 中三种条件下各碳酸形态的分布图。

六、思考题

（1）请讨论封闭和开放体系下碳酸的形态分布特征，以及碳酸钙沉淀存在下钙离子的溶解特征。

(2) 请用此法绘制 0.01 mmol/L Cd(Ⅱ)、Cu(Ⅱ)、Fe(Ⅲ)、Pb(Ⅱ)的水解形态分布图,并讨论各离子间的区别。

参考文献

[1] 顾雪元,艾弗逊,张云燕. Visual_MINTEQ 软件在环境化学教学中的应用[J]. 实验室研究与探索,2018,37:165-167.

[2] 王晓蓉,顾雪元. 环境化学[M],2018,北京:科学出版社.

（顾雪元　编写）

实验四　土壤中阳离子交换量的测定

土壤是环境中污染物迁移转化的重要场所,土壤的吸附和离子交换能力使它成为重金属类污染物的主要归宿。污染物在土壤表面的吸附能力和离子交换能力又与土壤的组成、结构等有关,因此,对土壤性能的测定,有助于了解土壤对污染物质的净化能力及对污染负荷的允许程度。土壤阳离子交换性能,是指土壤溶液中的阳离子与土壤固相表面上的阳离子之间所进行的交换作用,它取决于由土壤胶体的表面性质。胶体表面所能吸附的各种交换性阳离子的总量,称为阳离子交换量(Cation Exchange Capacity,CEC),其数值以每百克土壤中含有交换性阳离子当量数来表示,即 cmol/kg。

不同土壤的阳离子交换量不同,主要影响因素如下。① 土壤胶体类型:不同类型的土壤胶体其阳离子交换量差异较大,例如,有机胶体>蒙脱石>水化云母>高岭石>含水氧化铁、铝。② 土壤质地越细,其阳离子交换量越高。③ 对于实际的土壤而言,土壤黏土矿物的 SiO_2/R_2O_3 比率越高,其交换量就越大。④ 土壤溶液 pH:因为土壤胶体微粒表面的羟基(—OH)的解离受介质 pH 的影响,当介质的 pH 降低时,土壤胶体微粒表面所负电荷也减少,其阳离子交换量也降低;反之就增大。土壤阳离子交换量是土壤的一个很重要的化学性质,它可以直接反映土壤的保肥、供肥性能和缓冲能力,同时也能反映土壤对酸雨的敏感程度。

一、实验目的和要求

(1) 了解土壤阳离子交换量的环境化学意义。
(2) 掌握土壤阳离子交换量的测定原理和方法。

二、实验原理

影响土壤阳离子交换量测定的因素很多,如交换剂的性质、盐溶液的浓度和 pH、淋洗方法等,因此需要严格按照测定方法进行测定才能得到可信的数据。不同性质的土壤,其测定方法具有一定差异性:高度风化的酸性土壤一般用 $BaCl_2$ - $MgSO_4$ 法来测定;石灰性土壤用 NaCl - NH_4Ac 法,此法的测定结果准确、稳定、重现性好;盐碱土壤用 NaAc - 火焰光度法;酸性和中性土壤则采用 NH_4Ac 法,此法也是我国土壤和农化实验室使用的常规分析方法。

各种离子的置换能力为:

$$Al^{3+} > Ba^{2+} > Ga^{2+} > Mg^{2+} > H^+ > NH_4^+ > K^+ > Na^+$$

Fe^{3+}/Fe^{2+} 一般不作为交换性阳离子,因为它们的盐类容易水解生成难溶性的氧化物或者氢氧化物,Al^{3+} 在 pH=4.0、8.0 时容易生成沉淀。本实验采用 Ba^{2+}-NH_4^+ 交换法测定土壤的 CEC 值。

实验时先用过量可溶性钡盐将土壤中其他阳离子交换出来,然后用1 mol/L NH_4Ac 洗涤土壤,NH_4^+ 将土壤中的 Ba^{2+} 置换出来,最后用原子吸收分光光度计测定 Ba^{2+} 的浓度,根据置换出的 Ba^{2+} 的浓度计算土壤 CEC 值。由于土壤的 pH 对 CEC 影响较大,一般采用在 pH=4 及 pH=8 条件下的缓冲溶液中进行测定,测定结果应标出测定时土壤的 pH。

三、仪器和试剂

1. 仪器

(1) 离心机。

(2) 分析天平。

(3) pH 计。

(4) 振荡培养箱。

(5) 原子吸收分光光度计。

(6) 塑料离心管:50 mL×6,5 mL×6。

(7) 10 mL 一次性注射器+0.45 μm 针头滤器×6。

(8) 容量瓶:25 mL×4,50 mL×6,1 000 mL×2。

(9) 移液管:1 mL×1,10 mL×2。

(10) 烧杯:1 000 mL×2。

2. 试剂

(1) pH=4.0 HAc-$BaAc_2$ 缓冲液:称取 1.277 g $BaAc_2$(M=255.43,分析纯)于 1 L 烧杯中,加入 950 mL 超纯水,用 HAc(约 5 mL)调至 pH=4.0,然后转移到 1 L 容量瓶中定容。

(2) pH=8.0 三乙醇胺-$BaCl_2$ 缓冲液:称取 1.22 g $BaCl_2 \cdot 2H_2O$(M=244.264,分析纯)于 1 L 烧杯中,加入 6.6 mL $N(CH_2CH_2OH)_3$ 和 950 mL 超纯水,再用浓 HCl(约 2 mL)调至 pH=8.0,然后转移到 1 L 容量瓶中定容。

(3) 1.00 mol/L NH_4Ac 溶液:称取 77.08 g NH_4Ac(M=77.08,分析纯)于 1 L 烧杯中溶解,然后转移到 1 L 容量瓶中定容。

(4) 1 000 mg/L 钡标准溶液。

(5) 分析纯 KCl。

（6）风干土壤样品。

四、实验步骤

（1）准确称取过 1 mm 筛孔的风干土样 0.10 g（质地轻的土壤称取 0.20 g），放入 50 mL 离心管中，向管内加入 15 mL pH＝4 或 pH＝8 的钡缓冲液，放入恒温振荡培养箱中振荡 2 h（20 ℃，150 rpm），做 3 个平行实验。

（2）将离心管对称地放入离心机中，离心 5 min，转速 4 000 rpm，弃去离心后的上清液。加入超纯水 20 mL，充分振荡后离心，弃去上清液，如此两遍洗去多余的 Ba^{2+}。

（3）向管内加入 15 mL 1.00 mol/L NH_4Ac 溶液，振荡 30 min 后离心。将上清液转移入 50 mL 容量瓶中，加入 15 mL 超纯水，充分振荡后离心，上清液转入同一个容量瓶，加超纯水重复一遍，并向容量瓶中加入 0.1 g KCl（为了抑制 Ba 在测量时离子化），并用超纯水定容，用注射器搭配针头滤器将 4～5 mL 溶液过滤至 5 mL 塑料离心管中，待测。

（4）标准溶液的制备：准确移取 0 mL，0.25 mL，0.50 mL，0.75 mL，1.00 mL 的钡标准溶液（1 000 mg/L）于 25 mL 容量瓶中，并向容量瓶中加入 0.1 g KCl，用水定容，得到 0 mg/L，10 mg/L，20 mg/L，30 mg/L，40 mg/L 钡标准曲线溶液，待测。

（5）钡的测定：采用火焰法测定溶液中 Ba^{2+} 的浓度，测定条件如下：

灵敏线波长：553.6 nm；

灯电流：10 mA；

狭缝宽度：1.3 nm；

燃气：乙炔；

助燃气：一氧化氮；

火焰类型：一氧化氮-乙炔型火焰。

五、数据处理

$$CEC = \frac{CV}{W} \times 1.456 \qquad (3-1)$$

式中：CEC——阳离子交换量，cmol/kg；

　　　C——原子吸收测定的 Ba^{2+} 的浓度，mg/L；

　　　V——置换出 Ba^{2+} 的定容体积，L；

　　　W——土样质量，g。

六、讨论和注意事项

（1）可溶性钡盐有毒，可通过皮肤、呼吸道、消化道进入人体，操作时要小心，不可品尝，尤其是称量样品时不要打喷嚏，经呼吸道吸入，对人体的毒害最大。

（2）乙酸蒸气压较大，挥发性强，对眼有刺激作用，操作时需戴手套，并在通风橱中进行。

（3）三乙醇胺的黏度较大，量取前要先将移液管管壁润湿；三乙醇胺与皮肤接触会引起局部不适或疼痛的严重刺激等毒理学效应，操作者必须戴手套，穿实验服。

（4）振荡前注意将土摇散，振荡时离心管要旋紧、放平。

（5）使用高速离心机前，样品需按质量接近的对称放入。

（6）从离心后的离心管中倾出液体时，土样容易随之而出，操作要小心，不可使土样倒出（特别是倒出超纯水时）。用原子吸收分光光度法测定前的溶液如果比较混浊，可用针式滤器进行过滤，再进行测定，以免堵塞仪器液路。

七、思考题

（1）土壤阳离子交换量的影响因素有哪些？它们是如何影响的？

（2）两种 pH 条件下的 CEC 值各有什么意义？

（3）试述土壤中的离子交换与吸附作用对污染物的迁移转化的影响。

（4）试推导出本实验中计算 CEC 的公式。

（顾雪元　编写）

实验五　重铬酸钾氧化法测定土壤有机质

视频 实验演示

　　土壤有机质(SOM)是土壤中各种有机物质,特别是氮、磷的重要来源。它还含有刺激植物生长的胡敏酸等物质。由于它具有胶体特征,能吸附较多的阳离子,因而使土壤具有保肥性和缓冲性。它还能使土壤疏松和形成结构,从而可改善土壤的物理性状。因此,土壤的有机质含量通常作为土壤肥力水平高低的一个重要指标,对土壤理化性质如结构性、保肥性和缓冲性等有着积极的影响。

一、实验目的和要求

　　(1)掌握土壤有机质的重铬酸钾氧化测定法。
　　(2)了解土壤有机质作为环境监测项目的意义。

二、实验原理

　　土壤有机质作为环境分析测定的基本项目之一,是许多实验室的常规分析项目。测定土壤有机质的方法主要有三种:干烧法、化学氧化法和灼烧法。其中重铬酸钾氧化法是化学氧化法中的一种,包括外加热法和稀释热法[1]。它是用一定浓度的重铬酸钾/硫酸溶液氧化土壤有机质,剩余的重铬酸钾用硫酸亚铁来滴定,通过所消耗的重铬酸钾量,计算有机碳的含量。

　　氧化滴定过程中的化学反应如下。

$$2K_2Cr_2O_7 + 8H_2SO_4 + 3C \Longrightarrow 2K_2SO_4 + 2Cr_2(SO_4)_3 + 3CO_2 + 8H_2O$$
$$K_2Cr_2O_7 + 6FeSO_4 \Longrightarrow K_2SO_4 + Cr_2(SO_4)_3 + 3Fe_2(SO_4)_3 + 7H_2O$$

　　用Fe^{2+}滴定剩余的$Cr_2O_7^{2-}$时,以邻啡罗啉($C_2H_8N_2$)为氧化还原指示剂,在滴定过程中指示剂的变色过程如下:开始时溶液以重铬酸钾的橙色为主,此时指示剂在氧化条件下,呈淡蓝色,被重铬酸钾的橙色掩盖,滴定时溶液逐渐呈绿色(Cr^{3+}),至接近终点时变为灰绿色。当Fe^{2+}过量半滴时,将邻啡罗啉还原成还原态,溶液则变成棕红色,表示颜色已到终点。

　　外加热法是在电沙浴加热条件下,使土壤中的有机碳氧化,剩余的重铬酸钾用硫酸亚铁标准溶液滴定,这是目前国标的方法。稀释热法(水合加热法)是利用浓硫酸和重铬酸钾迅速混合时产生的热来氧化有机质,以代替外加热法中的油浴加热,相对较为方便和安全。但由于是产生的热,温度较外加热法低,有机质氧化程度较低,与外加热法的 99% 相比,它只有 77%,因此,需乘以校正系数来计算有机碳量。此法适用于有机质含量较低的土壤样品(<3%)。本实验采用的方法是重铬酸钾稀释热法。

三、仪器和试剂

1. 仪器

(1) 滴定台。

(2) 酸式滴定管:25 mL×1。

(3) 锥形瓶:250 mL×4,100 mL×4。

(4) 移液管:10 mL×1,25 mL×1。

(5) 容量瓶:250 mL×3,500 mL×1。

(6) 量筒:100 mL×1。

(7) 烧杯:100 mL×1,250 mL×1。

2. 试剂

(1) 0.067 mol/L $K_2Cr_2O_7$ 基准溶液:准确称取 $K_2Cr_2O_7$(分析纯,在 130 ℃烘干)19.612 g 于 500 mL 烧杯中,以少量纯水溶解,缓慢加入浓 H_2SO_4 约 70 mL,冷却后用水定容至 1 000 mL 容量瓶中,充分摇匀备用,其中含浓硫酸约为 1.25 mol/L。

(2) 0.17 mol/L $K_2Cr_2O_7$ 溶液:准确称取 $K_2Cr_2O_7$(分析纯,130 ℃烘干)49.04 g,放入 500 mL 烧杯中,加热或用超声波振荡使其溶于水中,转入 1 000 mL 容量瓶中,纯水定容。

(3) 0.5 mol/L $FeSO_4$ 溶液:称取 $FeSO_4 \cdot 7H_2O$(分析纯)140 g 于 500 mL 烧杯中,加入 400 mL 水溶解后,缓慢加入浓 H_2SO_4 14 mL,冷却后在 1 000 mL 容量瓶中定容,此溶液易受空气氧化,使用前必须用 0.067 mol/L $K_2Cr_2O_7$ 的溶液标定准确浓度。

(4) 邻啡罗啉指示剂:称取邻啡罗啉(分析纯)1.485 g 与 $FeSO_4 \cdot 7H_2O$ 0.695 g 于 100 mL 烧杯中,加约 70 mL 纯水溶解,如不易溶解,可加热,冷却后定容于 100 mL 容量瓶,装入棕色瓶中备用。此指示剂易变质,需现用现配。

(5) 土样:土样应风干过 100 目筛,备用。

(6) 浓硫酸:分析纯。

四、实验步骤

1. 硫酸亚铁溶液浓度的标定

用移液管准确移取 15.00 mL 0.067 mol/L $K_2Cr_2O_7$ 的基准溶液于 100 mL 锥

形瓶中,加入邻啡罗啉指示剂 3～4 滴,然后用 0.5 mol/L FeSO₄ 溶液滴定至溶液从砖红色变成泛棕红色,即为终点,做 3 次平行实验,计算出 FeSO₄ 溶液的准确浓度。

2. 有机质含量的测定

准确称取土样约 2.000 g,于 250 mL 锥形瓶中,用移液管准确加入 0.17 mol/L K₂Cr₂O₇ 溶液 10 mL 于土样中,用量筒缓慢加入 20 mL 浓硫酸,转动瓶子使之混匀。同时做空白样品(即不加土样)。将锥形瓶缓缓转动 1 min,每间隔 10 min 缓慢转动一次(1 min),共反应约 30 min。待锥形瓶冷却到室温后,用量筒向其中加纯水稀释至约 80 mL,加 3～4 滴邻啡罗啉指示剂,用 FeSO₄ 溶液滴定至终点(近终点时溶液颜色由绿变为暗绿色,逐渐加入 FeSO₄,直至生成棕红色即为终点)。

做 3 次平行实验。

五、数据处理

测定土壤有机质的计算公式如下:

$$土壤有机碳 = \frac{C(V_0 - V)}{W} \times 3.0 \times 1.33 \times 1.724$$

式中:3.0——$\frac{1}{4}$碳原子的摩尔质量,g/mol;

1.33——氧化校正系数;

1.724——Van Bemmelen 因数(有机质中含碳量比例因数);

C——FeSO₄ 标准溶液的浓度,mol/L;

V_0——空白滴定所消耗的 FeSO₄ 的体积,mL;

V——样品滴定所消耗的 FeSO₄ 的体积,mL;

W——土壤质量,g。

六、讨论与注意事项

(1) 如果样品滴定所用硫酸亚铁标准溶液的毫升数不到空白标定所耗硫酸亚铁标准溶液体积的 $\frac{1}{3}$ 时,则应减少土壤称样量,重新测定。

(2) 因为氯化物也能被重铬酸钾所氧化,土壤中氯化物的存在可使结果偏高。因此,盐土中有机质的测定必须防止氯化物的干扰,如土壤中含有少量氯可加少量 Ag₂SO₄[2]。

(3) 对于水稻土、沼泽土和长期渍水的土壤,由于土壤中含有较多的 Fe^{2+},

Mn²⁺及其他还原性物质，它们也能消耗 $K_2Cr_2O_7$，可使结果偏高，因此必须将此类样品充分风干，使还原物质充分氧化后再进行测定。

（4）实验中使用的重铬酸钾以及产生的废液中的铬离子对环境的危害很大，应加以回收。

（5）对于有机质含量较高的土壤样品，可适当减少样品的称样量。

（6）硫酸亚铁标准溶液浓度的测定中，溶液的颜色随着滴定的进行，变化过程为砖红色→深绿色→墨绿色→泛棕红色。

（7）滴定过程中，邻啡罗啉指示剂要加够。

（8）实验中要使用大量浓硫酸，应注意安全，只能将浓硫酸缓慢加入水中，切不可将水加入浓硫酸中，测定土壤有机质样品时，加入浓硫酸以后有大量酸雾生成，且放出大量热，应在通风橱中进行。

（9）由于实验未采用外加热，土粒大小将影响实验结果。土粒太大会导致氧化不充分，实验结果偏小。实验中应采用至少过 80 目筛土样为宜。

七、思考题

（1）为什么在滴定时，消耗的硫酸亚铁量小于空白 $\frac{1}{3}$ 时要弃去重做？

（2）目前测定土壤有机质的方法除重铬酸钾氧化法外还有哪些方法？试比较其优缺点。

参考文献

［1］中国科学院南京土壤研究所.土壤理化分析［M］.上海：上海科学技术出版社，1978.
［2］安徽水文工程勘察研究院试验检测中心.土壤理化分析实验指导书，2010.
［3］李天委.重铬酸钾容量法中不同加热方式测定土壤有机质的比较研究［J］.浙江农业学报，2005，17(5)：311－313.

（王遵尧　编写）

实验六　土壤有机质的分离与分级

　　进入土壤中的动植物残体是土壤有机质的来源,其中高等绿色植物是最主要来源,它们残体的转化靠土壤动物和微生物进行。土壤有机质包括两大类:第一类为非特殊性的土壤有机质,包括动植物残体的组成部分以及有机质分解的中间产物,例如蛋白质、树脂、糖类、有机酸等,这类物质占土壤有机质总量的10%～15%;第二类为土壤腐殖质,这是土壤特有的有机物质,不属于有机化学中现有的任何一类,占土壤有机质总量的85%～90%,主要是动植物残体通过微生物作用,发生复杂转化而成。

一、实验目的和要求

　　(1)了解土壤有机质分离的基本方法。
　　(2)练习分离土壤有机质的技术。

二、实验原理

　　土壤有机质是泛指土壤中来源于生命的物质。土壤有机质是土壤固相部分的重要组成成分,是植物营养的主要来源之一,能促进植物的生长发育,改善土壤的物理性质,促进微生物和土壤生物的活动,促进土壤中营养元素的分解,提高土壤的保肥性和缓冲性的作用。它与土壤的结构性、通气性、渗透性和吸附性、缓冲性有密切的关系,通常在其他条件相同或相近的情况下,在一定含量范围内,有机质的含量与土壤肥力水平呈正相关。

　　腐殖物质是土壤腐殖质的主体,约占土壤腐殖质总量的70%～80%,土壤胡敏酸(Humic Acid,HA)、富里酸(Fulvic Acid,FA)是土壤腐殖物质的最重要组分,腐黑物(Humin)是被黏粒固定,一般条件下不能被碱液提取。

　　经典的腐殖质分离方法是利用其在酸碱溶液或有机溶剂(如乙醇)中的溶解特性来进行分组。方法比较粗略,但较迅速和容易操作。

　　0.1 mol/L 焦磷酸钠和 0.1 mol/L 氢氧化钠混合液具有极强的配合能力,能将土壤中难溶于水和易溶于水的配合态的腐殖酸(含 HA 和 FA)一次配合成易溶于水的腐殖酸钠盐,被提取到溶液中,然后根据胡敏酸和富里酸在酸中的溶解特性将他们分离。胡敏酸可进一步分离。

三、仪器和试剂

1. 仪器

(1) 振荡器。

(2) 恒温水浴锅。

(3) 离心机。

(4) 200 mL 三角瓶。

2. 试剂

(1) 0.1 mol/L 焦磷酸钠和 0.1 mol/L 氢氧化钠混合提取剂：称取 44.6 g 分析纯焦磷酸钠($NaP_2O_7 \cdot 10H_2O$)和 4.0 g 分析纯氢氧化钠，加蒸馏水溶解后定容到 1 L 容量瓶中。

(2) 0.5 mol/L NaOH 溶液：称取 20.0 g NaOH 溶解于蒸馏水，定容于 1 L 容量瓶中。

(3) 0.025 mol/L 硫酸溶液：取 2.8 mL 1:1 硫酸溶于 800 mL 左右水，定容于 1 L 容量瓶中。

(4) 0.5 mol/L 硫酸溶液：取 56 mL 1:1 硫酸溶于 200 mL 左右水中，定容于 1 L 容量瓶中。

(5) Na_2SO_4(分析纯)。

(6) KCl(分析纯)。

(7) 乙醇(分析纯)。

(8) 0.45 μm 滤纸、pH 试纸。

四、实验步骤

1. 用焦磷酸钠和氢氧化钠混合液提取土壤中的腐殖酸

称取处理好的土壤样品(按狭义土壤有机质定义处理)5.00 g 于 200 mL 三角瓶中，加 100 mL 焦磷酸钠和氢氧化钠混合提取剂，塞紧橡皮塞，在振荡机上振荡 30 min，取出，静置 13～14 h(20 ℃)。以 4 500 rpm 转速离心 15 min(如果不清，可加入少量粉状结晶硫酸钠，搅拌使其溶解后再离心)，将上层清液倒入 200 mL 三角瓶中。

沉淀物质主要是腐黑物(胡敏素)，清液中主要是腐殖酸。

2. 分离腐殖酸

用 0.5 mol/L 硫酸调节清液的 pH 至 3 以下(用试纸检测)，此时应出现 HA 絮状沉淀。将此溶液 80 ℃ 水浴保温半小时，然后静置过夜使 HA 完全沉淀。细孔滤纸过滤，用 0.025 mol/L 硫酸洗涤沉淀三次。沉淀物质主要是 HA，FA 主要溶于溶液中。

3. 分离胡敏酸

将滤纸上的沉淀刮入三角瓶中(滤纸可用乙醇冲洗),加入约50 mL乙醇,搅拌溶解,置于振荡机中振荡30 min,静置,以4 500 rpm转速离心15 min,吉马多美朗酸溶于上清液中。将沉淀溶于0.5 mol/L NaOH溶液中,加入少量氯化钾,搅拌溶解,振荡30 min,静置,离心分离。沉淀物质为灰色胡敏酸,溶液中为棕色胡敏酸。

五、讨论

(1) 理论上,非腐殖物质是腐殖质中除去腐殖物质后剩余的部分,即腐殖质中不具备腐殖特点的化合物。尽管非腐殖物质种类很多,但在腐殖质中含量一般不超过30%,且多以聚合态和黏粒相结合而存在,并相互转化。游离的非腐殖物质的含量一般不超过腐殖质的5%。因此,把非腐殖物质与腐殖物质完全分开在实际方法上极难,所以将腐殖质划分为腐殖物质和非腐殖物质主要是理论上和研究上的需要。

(2) 其他常用的分离方法如下。

① 按照分子大小分组,主要包括凝胶层析和超滤法。离心法应用较少,但也是较有用的分组技术。

② 按照电荷特性分组,主要为应用电泳技术。如聚丙烯酰胺凝胶电泳、等电聚焦和等速电泳,应用离子交换介质也有较好效果。

③ 按吸附特性分组,主要应用于FA组分。先将FA组分吸附于活性炭、氧化铝、凝胶或不带电荷的大孔网状树脂(如XDA-8)上,再用不同的溶剂洗脱。

(3) HA中的有机杂质主要是酸性条件下与HA共沉淀或共同吸附的非腐殖物质,例如蛋白质和碳水化合物等。将其完全除去十分困难。目前采用的主要方法有:乙醚或苯-醇等除去HA中的酯类(脂肪、蜡和树脂等);普通用酸-碱溶液反复溶解-沉淀,以除去HA中的碳水化合物和某些有机混合物;还有人用酸水解、酶水解、水解、凝胶过滤和酚浸提等方法。

(4) FA中最主要的有机杂质是糖类(单糖和多糖),其次为一些含氮化合物和相对分子质量较小的有机酸等。除去它们的方法有以下几种。

① 活性炭吸附法。将FA的酸性溶液通过活性炭柱或层,大部分糖和含氮化合物等不被吸附而被除去。活性炭对FA的吸附率很高,但解吸率较低,有一些FA被不可逆地吸附在活性炭上。

② XDA-8能克服活性炭解吸率低的问题,并能最大限度地除去FA中的糖类,被广泛应用。一般认为,只有经过XDA-8处理的FA才能称作真正意义

上的 FA,否则只能叫作 FA 组分(FA fraction)。

③ 采用聚丙烯吡咯烷酮(简称 PVP)或聚酰胺,也可以除去 FA 中大量的糖类和含氮化合物。

(5)可参照测定土壤中的有机质的方法测定各组分的含量。

六、思考题

我国土壤由北向南,FA/HA 比值的变化如何? 为什么?

参考文献

[1]瑞恩·P.施瓦茨巴赫,菲利普·M.施格文,迪特尔·M.英博登.环境有机化学[M].王连生,等,译.北京:化学工业出版社,2004.

[2]王晓蓉.环境化学[M].南京:南京大学出版社,1993.

[3]梁重山,党志.土壤有机质提取方法的研究进展[J].矿物岩石地球化学通报,2001(1).

[4]李学垣.土壤化学及实验指导[M].北京:中国农业出版社,1997.

(艾弗逊　编写)

实验七 水体氮形态的测定

氮是蛋白质、核酸、酶、维生素等有机物中的重要组分,各种形态的氮相互转化和氮循环的平衡变化是环境化学和生态系统研究的重要内容之一(图7-1)。

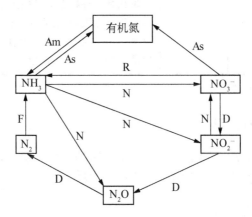

图7-1 自然界中的氮素循环

Am—氨化作用;As—同化作用;D—反硝化作用;
F—生物固氮;N—硝化作用;R—异化性硝酸(盐)还原作用

洁净天然水体中的含氮物质浓度很低,水体中含氮物质的主要来源是污水和废水的排放、地表径流、水生生物的代谢和微生物的分解作用。当水体受到含氮有机物污染时,其中的含氮化合物由于水中微生物和氧的作用,可以逐步分解氧化为氨(NH_3)或铵(NH_4^+)、亚硝酸盐(NO_2^-)、硝酸盐(NO_3^-)等简单的无机氮化物。氨和铵中的氮称为氨氮($NH_4^+ - N$),两者的组成和比例取决于水温和pH,亚硝酸盐中的氮称为亚硝酸盐氮($NO_2^- - N$),硝酸盐中的氮称为硝酸盐氮($NO_3^- - N$),通常把氨氮、亚硝酸盐氮和硝酸盐氮称为三氮。这三种形态氮的含量都可以作为水质指标,分别代表有机氮转化为无机氮的各个不同阶段。

水体中有机氮、氨氮、亚硝酸盐氮和硝酸盐氮的相对含量,在一定程度上可以反映含氮有机物污染的时间长短,对了解水体污染历史、分解趋势、水体自净状况及健康危险度评价等均有一定的参考价值(见表7-1)。水中亚硝酸盐氮过高可导致高铁血红蛋白症,长期饮用对儿童的危害很大。由于在酸性溶液中,亚硝酸可与仲氨类生成强致癌物亚硝氨,因而水中三氮含量与人们的健康息息相关。

表 7-1　水体中三氮检出的环境化学意义

NH$_4^+$-N	NO$_2^-$-N	NO$_3^-$-N	三氮检出的环境化学意义
－	－	－	洁净水
＋	－	－	水体新近受到污染
＋	＋	－	受到污染不久,且污染物正在分解中
－	＋	－	污染物已分解,但未完全自净
－	＋	＋	污染物基本分解完毕,但未完全自净
－	－	＋	污染物已无机化,水体基本自净
＋	－	＋	有新的污染,在此之前的污染已基本自净
＋	＋	＋	以前受到污染,正在自净过程中,且又有新的污染

注:表中"＋"表示检出,"－"表示未检出。

一、实验目的和要求

(1) 了解水体氮形态测定对环境化学研究的作用和意义。

(2) 掌握水体氮形态测定的基本原理和方法。

二、实验原理

1. 氨氮的测定——水杨酸-次氯酸盐光度法

在亚硝酸基铁氰化钠存在的情况下,铵与水杨酸盐和 ClO^- 反应生成蓝色化合物,在波长 697 nm 处具有最大吸收。对于 Mg^{2+},Ca^{2+} 等阳离子的干扰,可加酒石酸掩蔽。

本法最低检出浓度为 0.01 mg/L,测定上限为 1.00 mg/L,适用于饮用水、生活污水和大部分工业废水中氨氮的测定。

2. 亚硝酸盐氮的测定——盐酸萘乙二胺光度法

水中亚硝酸盐的测定方法通常采用重氮-偶联反应,生成紫红色染料。该方法灵敏、选择性强。所用重氮和偶联试剂种类较多,最常用的重氮试剂为对氨基苯磺酰胺和对氨基苯磺酰酸,偶联试剂为 N-(1-萘基)-乙二胺和 α-萘胺。

在 pH＝2.0～2.5 时,水中亚硝酸盐与对氨基苯磺酸生成重氮盐,再与盐酸萘乙二胺偶联生成红色染料,最大吸收波长为 543 nm,其色度深浅与亚硝酸盐含量成正比。可用比色法测定,检出下限为 0.005 mg/L,测定上限为 0.1 mg/L。

亚硝酸盐是含氮化合物分解过程中的中间产物,很不稳定,采样后的水样应尽快分析,必要时冷藏以抑制微生物的影响。

3. 硝酸盐氮的测定——紫外分光光度法

利用 NO_3^- 在 220 nm 波长处有吸收测定硝酸盐氮。溶解性有机物在

220 nm 处存在干扰吸收,而 NO_3^- 在 275 nm 处没有吸收,因此,在 275 nm 处再进行一次测量,以校正硝酸盐氮值。

溶解的有机物、表面活性剂、亚硝酸盐六价铬、溴化物、碳酸氢盐和碳酸盐等会干扰测定,需进行适当预处理。本法适用于清洁地表水和未受明显污染的地下水中硝酸盐氮的测定,其最低检出浓度为 0.08 mg/L,测量上限为 4.00 mg/L。

三、仪器和试剂

1. 仪器

(1) 紫外可见光分光光度计,带 10 mm 石英比色皿。

(2) 带 0.45 μm 滤膜的真空抽滤装置。

(3) 容量瓶:100 mL×1,250 mL×1,1 000 mL×1。

(4) 比色管:10 mL×27。

(5) 比色管架×3。

(6) 移液管:1 mL×2,2 mL×2,5 mL×1,10 mL×1。

2. 试剂

(1) 氨氮

① 氨氮标准贮备溶液:称取 3.819 g 经 100 ℃ 干燥过的氯化铵(优级纯)溶于水中,移入 1 000 mL 容量瓶中,稀释至标线。此溶液每毫升含 1.00 mg 氨氮。

② 氨氮标准使用液:用 1 000 mL 容量瓶将氨氮标准溶液稀释 1 000 倍,含量为 1.00 mg/L,此溶液用时由学生现配。

③ 2 mol/L NaOH 溶液:称取 20 g NaOH 溶于 250 mL 水中。

④ 显色液:50 g 水杨酸加约 100 mL 水,加 160 mL 2 mol/L NaOH,搅拌使之完全溶解;另取 50 g 酒石酸钾钠溶于水中,与前一溶液混合,定容至 1 000 mL。冰箱避光保存,可稳定一个月。注:若水杨酸未能全部溶解,可再加入数毫升氢氧化钠溶液,直至完全溶解为止,最后溶液的 pH=6.0~6.5。

⑤ 次氯酸钠溶液:次氯酸钠溶液与水按 23:77 混合,另加 5 g NaOH 配制 250 mL。有效氯度 0.35%,游离碱浓度 0.75 mol/L。棕色瓶保存,可稳定 1 周。

⑥ 亚硝基铁氰化钠溶液:0.1 g 亚硝基铁氰化钠定容于 10 mL 容量瓶中,当天配制。

⑦ 氢氧化铝悬浮液:溶解 125 g 硫酸铝钾[KAl(SO₄)₂·12H₂O]或硫酸铝铵[NH₄Al(SO₄)₂·12H₂O]于 1 L 水中,加热到 60 ℃,在不断搅拌下慢慢加入 55 mL 浓氨水,放置约 1 h,转入试剂瓶内,用水反复洗涤沉淀,至洗液中不含氨、氯化物、硝酸盐和亚硝酸盐为止。澄清后,把上层清液尽量全部倾出,只留浓的悬浮物,最后加 100 mL 水。使用前应振荡均匀。

（2）亚硝酸盐氮：N-（1-萘基）-乙二胺光度法

① 亚硝酸盐氮标准溶液：取亚硝酸钠（优级纯）1.232 g 定容 1 000 mL，每毫升含亚硝酸盐氮 250 μg，亚硝酸盐氮易被氧化，尽量当天使用，否则在使用前需要对含量进行标定。标定具体步骤见讨论。

② 亚硝酸盐氮使用液：用 250 mL 容量瓶将标准溶液稀释 250 倍，浓度为 1 mg/L，此溶液由学生用时现配。

③ 显色液：于 500 mL 烧杯，加入 250 mL 水和 50 mL 磷酸（密度为 1.70 g/mL），加入 20 g 对氨基苯磺酰胺，加 1.00 g N-（1-萘基）-乙二胺二盐酸盐，定容至 500 mL，置于棕色瓶中，2 ℃～5 ℃下可保存 1 个月。

（3）硝酸盐氮：紫外分光法

① 硝酸盐氮标准贮备液：准确称取 0.721 8 g 经 105 ℃～110 ℃干燥 2 h 的优级纯硝酸钾溶于水，移入 1 000 mL 容量瓶中，稀释至标线，加 2 mL 三氯甲烷作保存剂，混匀，至少可稳定 6 个月。该标准贮备液每毫升含 0.100 mg 硝酸盐氮。

② 硝酸盐氮标准使用液：用 100 mL 容量瓶将标准贮备液稀释 10 倍，浓度为 10 mg/L，此溶液学生用时现配。

③ 0.08%氨基磺酸溶液：氨基磺酸 0.8 g 定容于 1 000 mL 容量瓶中，避光冰箱保存。

④ 1∶9 盐酸溶液：10 mL 浓 HCl 稀释至 1 000 mL。

以上所有试剂除特别说明外，均使用分析纯，所用水均为不含氮的蒸馏水或超纯水。

四、实验步骤

1. 水样的处理

水样经 0.45 μm 滤膜在真空抽滤泵下抽滤除去悬浮物后，放至 4 ℃冰箱冷藏保存。

2. 氨氮：水杨酸-次氯酸盐光度法

（1）标准曲线的绘制：准确移取 0.00 mL，1.00 mL，2.00 mL，4.00 mL，6.00 mL，8.00 mL 铵标准使用液于 10 mL 比色管，稀释至约 8 mL。加入 1 mL 显色液和 0.1 mL 亚硝基铁氰化钠溶液，混匀，再加 0.1 mL 次氯酸钠溶液，稀释至标线，充分混匀。静置 1 h 后用 10 mm 比色皿，测量 697 nm 处吸光度。

（2）较清洁水样可直接测定，如水样受污染，则一般按下列步骤进行。

水样蒸馏：为保证蒸馏装置不含氨，需先在蒸馏瓶中加 200 mL 无氨水，加 10 mL 磷酸盐缓冲溶液、数粒玻璃珠，加热蒸馏至流出液中不含氨为止（用纳氏试剂检验),冷却。然后将此蒸馏瓶中的蒸馏液倒出(但仍留下玻璃珠),量取水样 200 mL,放入此蒸馏瓶中(如预先实验水样含氨量较大,则取适量的水样,用无氨水稀释至 200 mL,然后加入 10 mL 磷酸盐缓冲液)。另准备一只 250 mL 的容量瓶,移入 50 mL 吸收液(吸收液为 0.01 mol/L 硫酸或 2% 硼酸溶液),然后将导管末端浸入吸收液中,加热蒸馏,蒸馏速度为 6～8 mL/min,至少收集 150 mL 馏出液,蒸馏至最后 1～2 min 时,把容量瓶放低,使吸收液的液面脱离冷凝管出口。再蒸馏几分钟以洗净冷凝管和导管,用无氨水稀释至 250 mL,混匀,以备比色测定。

(3) 水样的测定:取适量水样(氨氮含量不超过 8 μg)置于 10 mL 比色管中,稀释至约 8 mL,与标准曲线相同操作,进行显色和吸光度测定。做两个平行实验,一个空白实验,即用超纯水代替水样,其余步骤同上。最终吸光度为测得吸光度减去空白吸光度。

3. 亚硝酸盐氮的测定

(1) 标准曲线的绘制:移取 0.00 mL,0.20 mL,0.60 mL,1.00 mL,1.40 mL,2.00 mL 亚硝酸盐使用液置于 10 mL 比色管中,加入 0.2 mL 显色液,稀释至标线,充分混匀。显色 20 min 后(2 h 以内均可),用 10 mm 比色皿测 540 nm 处吸光度。

(2) 水样如有颜色和悬浮物,可在每 100 mL 水样中加入 2 mL $Al(OH)_3$ 悬浮液,搅拌后,静置过滤,弃去 25 mL 初滤液。

(3) 水样的测定:取 10 mL 水样置于 10 mL 比色管中(如亚硝酸盐氮含量高,可酌情少取水样,用超纯水稀释至刻度),其余与标准曲线相同操作,进行显色和吸光度测定。做两个平行实验,一个空白实验,即用超纯水代替水样,其余步骤同上。最终吸光度为测得吸光度减去空白吸光度。

4. 硝酸盐氮的测定

(1) 标准曲线的绘制:准确移取硝酸盐氮使用液 0.00 mL,1.00 mL,2.00 mL,3.00 mL,4.00 mL,5.00 mL 于 10 mL 比色管中,加入 0.2 mL 0.08% 氨基磺酸溶液和 0.2 mL 1∶9 盐酸,定容。充分混匀后,用 5 mm 石英比色皿测量其在 220 nm 和 275 nm 波长处的吸光度,并以 $A = A_{220 nm} - 2A_{275 nm}$ 计量,绘制出硝酸盐氮的标准曲线。

(2) 较清洁水样可直接测定,如水样受污染,则一般按下列步骤进行。

脱色:污染严重或色泽较深的水样(即色度超过 10 度),可在 100 mL 水样中加入 2 mL $Al(OH)_3$ 悬浮液。摇匀后,静置数分钟,澄清后过滤,弃去 20 mL 初滤液。

Cl^- 的去除:先用 $AgNO_3$ 滴定水样中 Cl^- 的含量,据此加入相当量的

Ag_2SO_4 溶液。当 Cl^- 的含量小于 50 mg/L 时，加入固体 Ag_2SO_4。1 mg Cl^- 可与 4.4 mg Ag_2SO_4 作用。取 50 mL 水样，加入一定量的硫酸银溶液或固体，充分搅拌后。再通过离心或过滤除去 AgCl 沉淀，滤液转移至 100 mL 容量瓶中定容至刻度。也可在 80 ℃ 水浴中加热水样，摇动三角烧瓶，使 AgCl 沉淀凝聚，冷却后用多层慢速滤纸过滤至 100 mL 容量瓶，定容至刻度。

亚硝酸盐的干扰：如水样中亚硝酸盐氮含量超过 0.2 mg/L，可事先将其氧化为硝酸盐氮。具体方法如下：在已除去 Cl^- 的 100 mL 容量瓶中加入 1 mL 0.5 mol/L 硫酸溶液，混合均匀后滴加 0.100 mol/L 高锰酸钾溶液，至淡红色出现并保持 15 min 不褪色，以使亚硝酸盐完全转变为硝酸盐，最后从测定结果中减去亚硝酸盐含量。

(3) 水样的测定：取 5 mL 水样置于 10 mL 比色管中，如硝酸盐氮的含量高，可酌情少取水样，用超纯水稀释至刻度，其余与绘制标准曲线相同操作，进行显色和吸光度测定。做两个平行实验，一个空白实验，即用超纯水代替水样，其余步骤同上。最终吸光度为测得的吸光度减去空白吸光度。

五、数据处理

水样中氨氮（或亚硝酸盐氮、硝酸盐氮）浓度（以 N 计）：

$$C_{水样} = C_{测定} \times b \tag{7-1}$$

式中：b——稀释倍数；
　　　C——氨氮浓度，mg/L。

六、讨论

(1) 富营养化的指标主要有营养因子、环境因子和生物因子三大类，其中营养因子是富营养化的主要原因。在营养因子中，一般认为氮、磷最为关键。氮、磷的浓度、N∶P 和形态都会影响藻类生长。通常认为如果湖库水中总磷浓度超过 0.02 mg/L、总氮浓度超过 0.1 mg/L，会使藻类过度增殖。由于藻类体内 C∶N∶P 原子比为 106∶16∶1，$m(N)∶m(P)$ 为 7.2∶1，理论认为 $m(N)∶m(P)<7∶1$，N 成为限制因子；反之，P 成为限制因子。不同氮形态被藻类吸收利用的速度也不同，通常认为氨氮是藻类吸收的直接形式，但亦有研究表明藻类优先利用硝态氮。

(2) 亚硝酸盐不稳定，使用前需对亚硝态氮标准溶液进行标定。具体标定方法为：吸取 50.00 mL 为 0.050 mol/L 高锰酸钾溶液，加 5 mL 浓硫酸及 50.00 mL 亚硝酸钠储备液于 300 mL 具塞锥形瓶中（加亚硝酸钠贮备液时需将吸管插入高锰酸钾溶液液面以下），混合均匀，置于水浴中加热至 70 ℃～80 ℃，按每次 10.00 mL 的量加入足够的 0.050 mol/L 草酸钠标准溶液，使高锰酸钾溶液褪色并过量，记录草酸钠标准溶液用量（V_2）。用高锰酸钾溶液滴定过量的草酸钠溶液至呈微红色，记录高锰酸钾溶液用量（V_1）。再用 50 mL 不含亚硝酸盐的水代替亚硝酸钠贮备液，如上操作，用草酸钠标准溶液标定高锰酸钾溶的浓度，按下式计算高锰酸钾溶液浓度（mol/L）：

$$C\left(\frac{1}{5}KMnO_4\right) = \frac{0.050\,0 \times V_4}{V_3} \tag{7-2}$$

按下式计算亚硝酸盐氮标准储备液的浓度：

$$\rho(亚硝酸盐氮) = \left[V_1 \times C\left(\frac{1}{5}KMnO_4\right) - 0.050\,0 \times V_2\right] \times 7.00 \times 1\,000/50.00$$

$$= 149V_1 C\left(\frac{1}{5}KMnO_4\right) - 7.00V_2 \tag{7-3}$$

式中：$C\left(\frac{1}{5}KMnO_4\right)$——经标定的高锰酸钾标准溶液的浓度，mol/L；

　　　　V_1——滴定标准储备液时，加入高锰酸钾标准溶液总量，mL；

　　　　V_2——滴定亚硝酸盐氮标准储备液时，加入草酸钠标准溶液总量，mL；

　　　　V_3——滴定水时，加入的高锰酸钾标准溶液总量，mL；

　　　　V_4——滴定水时，加入的草酸钠标准溶液总量，mL；

　　　　7.00——亚硝酸盐氮$\left(\frac{1}{2}N\right)$的摩尔质量，g/mol；

　　　　50.00——亚硝酸盐标准储备液取用量，mL；

　　　　0.050 0——草酸钠标准溶液浓度$\left(\frac{1}{2}Na_2C_2O_4,0.050\,0\ mol/L\right)$。

（3）配制测定氨氮的显色剂时，需使水杨酸与氢氧化钠最后的 pH＝6.0～6.5，这一点不好掌握。可把水杨酸改为水杨酸钠，取水杨酸钠 58 g，加入100 mL 水溶解，另取 50 g 酒石酸钾钠溶于水，与上述溶液合并稀释至 1 000 mL，此时 pH 在 6.0～6.5 之间。

七、思考题

（1）根据氮形态测定结果说明被测水体污染和自净状况如何？

（2）在氮形态测定时，要求蒸馏水不含 NH_3，NO_2^-，NO_3^-，如何快速检验蒸馏水中是否含有 NH_3，NO_2^-，NO_3^-？

（3）在亚硝酸盐氮分析过程中,水中的强氧化性物质会干扰测定,如何确定并消除干扰?

（4）在氮形态测定时,如何去除样品中的干扰物质,保证实验的精度?

参考文献

［1］孔令仁.环境化学实验［M］.南京:南京大学出版社,1990.

［2］董德明,朱利中.环境化学实验［M］.北京:高等教育出版社,2002.

［3］国家环境保护总局《水与废水监测分析方法》编委会.水和废水监测分析方法［M］.4版.北京:中国环境科学出版社,2002.

［4］陈琼.氮、磷对水华发生的影响[J].生物学通报,2006,41(5):12 - 14.

（耿金菊　编写）

实验八　底泥对菲的吸附

视频 实验演示

当有机污染物进入水体环境中,其迁移转化方式包括:吸附-解吸、生物或化学降解、挥发-溶解、在生物体及食物链中富集等。底泥是污染物在水体环境中迁移转化的源和汇,污染物在底泥上的吸附-解吸过程在某种程度上控制了有机污染在水体中的溶解度,对水体质量有着重要的影响。底泥对有机物的吸附作用包括表面吸附和分配作用。

多环芳烃(PAHs)由于具有致癌、致畸、致突变和难以被生物降解的特性,在环境中危害极大,是许多国家的优先控制污染物。由于疏水性强,PAHs 进入水体后,容易通过吸附作用固定在固体颗粒上,随颗粒物的沉积作用进入底泥。

菲(phenanphrene)是多环芳烃中的代表物质,分子式为 $C_{14}H_{10}$,分子式如图 8-1 所示。

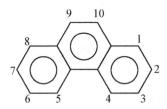

图 8-1　菲的分子结构图

菲主要从煤焦油中的蒽油中分离制取,可用于合成树脂、植物生长激素、还原染料、鞣料等方面。属微毒类,对动物有致癌作用,对皮肤有刺激作用和致敏作用。如实验中皮肤或眼睛溅到菲,应立即用自来水冲洗。

一、实验目的和要求

(1) 掌握制作底泥对菲的吸附等温线,并求得 Freundlich 方程中 k,n 的值。
(2) 掌握高效液相色谱仪的原理及使用方法。
(3) 了解河流水体中沉积物的环境化学意义及其在水体自净中的作用。

二、实验原理

试验底泥对多环芳烃菲的吸附情况,计算平衡浓度和相应的吸附量,通过绘制等温吸附曲线,分析底泥的吸附性能和机理。

水体中颗粒物对溶质的吸附是一个动态平衡的过程,在固定的温度条件下,当吸附达到平衡时,颗粒物表面的吸附量(x)与溶液中溶质平衡浓度(C_e)之间的关系,可用吸附等温线来表达。水体中常见的吸附等温线有三类,即 Henry 型、Freundlich 型、Langmuir 型,简称为 H 型、F 型、L 型。

H 型等温线为直线型,其等温式为

$$x = kC_e \tag{8-1}$$

式中:k——分配系数,无量纲。

该式表明溶质在吸附剂与溶液之间按固定比值分配。

F 型等温线为

$$x = kC_e^{1/n} \tag{8-2}$$

式中:k,n——经验常数。若两侧取对数,则有

$$\lg x = \lg k + \frac{1}{n}\lg C_e \tag{8-3}$$

以 $\lg x$ - $\lg C$ 作图可得一直线,$\lg k$ 为截距,$1/n$ 为斜率。F 型等温线不能给出饱和吸附量。

L 型等温线为

$$x = \frac{C_e C_{\max}}{1 + kC_e} \tag{8-4}$$

式中:$C_{\max}$——最大吸附量。

上式可转化为:

$$\frac{1}{x} = \frac{k}{C_{\max}} + \frac{1}{C_{\max}} \cdot \frac{1}{C_e} \tag{8-5}$$

以 $1/x$ - $1/C_e$ 作图同样可得一直线。

一般条件下 Freundlich 等温线可以较好地描述有机物在底泥上的吸附现象。

三、仪器和试剂

1. 仪器

(1)高效液相色谱仪。

(2)恒温振荡器。

(3)离心机。

(4)酸度计。

(5)电子天平。

（6）吸附平衡瓶（＋离心套管）：30 mL×12。

（7）0.45 μm 亲水性 PTFE 滤膜及针式滤器×12。

（8）玻璃注射器。

（9）移液管：1 mL×1,2 mL×1,10 mL×1。

（10）移液枪：100～1 000 μL。

（11）容量瓶：10 mL×6。

2．试剂

（1）菲（分析纯）储备液：准确称取 0.025 g 菲溶于甲醇（色谱纯）中，转移至 500 mL 容量瓶中，以甲醇稀释至标线，即得 50 mg/L 菲储备液。

（2）电解液：0.001 mol/L $CaCl_2$ 和 0.2 g/L NaN_3。

准确称取 0.111 g $CaCl_2$（分析纯），0.2 g NaN_3（分析纯）溶于水中，转移至 1 000 mL 容量瓶，以蒸馏水定容，得到使用液。NaN_3 作为抑菌剂。用0.01 mol/L HNO_3 或 0.01 mol/L NaOH 调节使用液 pH 至与底泥 pH 相同。

（3）底泥样品：采集两种不同性质的底泥，以比较菲在不同底泥上的吸附性能。

底泥采集后，去除碎石、败叶等杂物，自然风干，用研钵捣碎研细，过 80 目孔径筛，冰箱保存备用。同时测定底泥水分含量、pH 和有机质含量。

四、实验步骤

1．标准曲线的绘制

吸取 50 mg/L 菲的储备液 1.00 mL 于 10 mL 容量瓶中，用甲醇稀释至刻度，此溶液中菲浓度为 5 mg/L。分别吸取 5 mg/L 的菲溶液 0 mL、0.2 mL、0.6 mL、1.2 mL、2.0 mL 于 10 mL 容量瓶中，用纯水稀释至刻度，此时溶液中的菲浓度分别为 0 mg/L、0.1 mg/L、0.3 mg/L、0.6 mg/L、1.0 mg/L，分别转移约 1 mL 溶液至液相进样小瓶中，然后在高效液相色谱仪上测定各溶液的峰面积，并以菲浓度为横坐标，以峰面积为纵坐标绘制菲标准曲线。

高效液相色谱法测定菲工作条件：色谱柱为 ODS C18 反相色谱柱，紫外检测器，测定波长为 252 nm，流动相为甲醇：水（85：15，体积比），流速1.00 mL/min，柱温30 ℃，进样量10 μL。

2．吸附实验

取 12 只干净的吸附平衡瓶，分为 A,B 两组。称取一种底泥在 A 组平衡瓶中，另一种底泥在 B 组平衡瓶中，称样量均为 0.02 g，精确到 0.000 1 g。然后按表8-1 的比例加入使用电解液和菲储备液（先加电解液，菲储备液用移液枪在通风橱中添加）。加盖后将溶液摇匀，放入振荡器中，25 ℃条件下避光振荡 2 h。取出平衡瓶后放入离心套管中,对称地放入离心机中,以 3 000 rpm 的速度离心 10 min,用玻璃注射器吸取适量的上清液过 PTFE 针式滤器后转移至进样小瓶,高效滤相色谱仪测定菲的浓度。

表 8-1　菲加入浓度系列

序　号	1	2	3	4	5	6
菲储备液/mL	0	0.1	0.2	0.4	0.6	0.8
电解液/mL	10.0	9.9	9.8	9.6	9.4	9.2
起始菲浓度/(mg/L)	0	0.5	1.0	2.0	3.0	4.0

五、数据处理

1. 底泥对菲的吸附量

根据以下方程计算出不同初始浓度下底泥对菲的吸附量:

$$x = \frac{(C_0 - C_e) \times V}{W} \tag{8-6}$$

式中:x——底泥对菲的吸附量,$\mu g/g$;

　　　C_0——菲的起始浓度,mg/L;

　　　C_e——菲的平衡浓度,mg/L;

　　　V——悬浮液的体积,mL;

　　　W——底泥干重,g。

2. 底泥对菲的吸附等温线

以吸附量 x 对平衡浓度 C_e 作图,即可得 25 ℃ 条件下底泥对菲的吸附等温线。比较菲在两种底泥上的吸附能力,根据两种底泥的性质(pH、有机质含量),讨论影响菲在底泥上吸附量的主要影响因素。

3. Freundlich 方程拟合实验结果

根据测定的吸附量和 Freundlich 等温线方程

$$\lg x = \lg k + \frac{1}{n} \lg C_e \tag{8-7}$$

以 $\lg x$ 对 $\lg C_e$ 作图,拟合出一条直线,直线的截距是 $\lg k$,斜率为 $1/n$,即可求得 Freundlich 方程中的吸附常数 k 和 n 的值。

六、讨论和注意事项

(1) 有机物在底泥上的吸附一般可用 F 型吸附等温线描述,如有兴趣,也可用 H 型或 L 型等温线进行拟合,以选择最佳的吸附等温线。

（2）为减少菲的挥发效应，振荡应在避光条件下进行。

（3）为避免菲在实验管壁上的吸附，所有实验物品应尽量使用玻璃器皿，玻璃器皿使用前应用铬酸洗液去除表面有机物，于 300 ℃ 马弗炉中灼烧 40 min。

（4）离心后移取上清液时动作应轻柔，以免下层底泥重新泛起，如离心后上清液不够澄清，进样前应用 0.45 μm 滤膜过滤，以免悬浮颗粒物堵塞液相色谱管道。但过滤可能导致菲在滤膜上的吸附损失，故需做空白实验进行校正。

（5）由于不同底泥对菲的吸附能力不同，实验前应进行预实验，以选择适当的水土比和菲的初始浓度。

（6）菲在纯水中的溶解度很低，但由于天然水体中存在许多可溶性有机物（DOM）等，因而菲在天然水体中的溶解度比在纯水中高。研究发现，添加不同来源的 DOM 均会显著抑制菲在土壤上的吸附，说明 DOM 会增加菲在水中的溶解度。

（7）菲为非离子型非极性有机物，它在土壤或底泥上的吸附机制主要包括疏水分配、氢键、范德华力等。除此之外，还存在老化效应，即随着时间增加，有机物在土壤或底泥上的吸附量增加，这可能是由于土壤或底泥对有机物的锁定作用。菲在土壤或底泥上的吸附主要与土壤或底泥中的有机物质有关，有机物质含量越高，对菲的吸附量越大。而对于离子型有机物，表面络合作用也是其吸附的重要机制之一。

七、思考题

（1）影响底泥对菲吸附系数大小的因素有哪些？如果是苯酚，则影响因素有哪些？

（2）哪种吸附方程更能准确描述底泥对菲的吸附等温线？

参考文献

［1］戴树桂. 环境化学［M］. 2 版. 北京：高等教育出版社，2006.

［2］王晓蓉. 环境化学［M］. 南京：南京大学出版社，1993.

［3］吴文铸，占新华，周立祥. 水溶性有机物对土壤吸附-解吸菲的影响［J］. 环境科学，2007，28：267－270.

［4］许端平，等. 多环芳烃菲在不同土壤及其组分中的吸附特征研究［J］. 农业环境科学学报，2005，24：625－629.

（顾雪元　编写）

实验九　腐殖酸对铜的络合

腐殖酸是动植物(特别是植物)残体经过微生物的分解和转化,以及一系列的生物地球化学过程形成和积累的一类特殊有机聚合物,是决定土壤性状的重要组分。在特定的条件下,它是一种带电荷的有机胶体,含有多种功能团,如羧基、酚羟基等,具有很高的反应活性,对环境中的金属离子具有强烈的结合能力,对金属离子在环境中的迁移、转化和保持生物有效性起着十分重要的作用。

一、实验目的和要求

(1) 练习土壤前处理技术。
(2) 练习提取土壤腐殖酸的技术。
(3) 掌握腐殖酸对铜络合的机制。

二、实验原理

吸附和解吸是重金属元素在腐殖酸上必然发生的反应过程,研究铜在腐殖酸上的吸附和解吸行为,对于了解铜的生物有效性以及腐殖酸结合铜的化学和生物活性机理具有重要意义。虽然腐殖酸对金属离子有较高的吸附能力,但是腐殖酸与金属离子络合物的稳定性却有很大差异。不同来源的腐殖酸,其组成和性质一般不同,因此与金属离子络合的能力和容量有所不同。

腐殖酸在结构上的显著特点是除含大量苯环外,还含有大量的羧基、醇基和酚基。腐殖酸与金属离子生成配合物是它们最重要的环境性质之一,金属离子能在羧基及羟基间螯合成键,或者在两个羧基之间螯合,或者与一个羧基形成配合物。

本实验提取不同来源土壤中的腐殖酸,比较不同来源腐殖酸对铜的络合能力与机制。CH_3COONH_4 分子的 NH_4^+ 具有较强的代换能力,所以用 CH_3COONH_4 作解吸剂,解吸被腐殖酸通过离子交换作用吸附的 Cu^{2+}。EDTA 是一种有机络合剂,因为其具有较强的金属络合能力而被用作有机络合态金属的提取剂,用 EDTA 作解吸剂,解吸腐殖酸通过离子交换和络合作用吸附的 Cu^{2+} 的总量。

三、仪器和试剂

1. 仪器
(1) 原子吸收分光光度计。

（2）pH 计。

（3）摇床。

（4）离心机。

（5）15 mL 10KD 的超滤离心管。

2. 试剂

（1）$CaCl_2$（分析纯）。

（2）$Cu(NO_3)_2$（分析纯）。

（3）HCl（分析纯）。

（4）NaOH（分析纯）。

（5）95％乙醇（分析纯）。

（6）CH_3COONH_4（分析纯）。

（7）乙二胺四乙酸钠 EDTA（分析纯）。

其他土壤有机质的分离所需的仪器和试剂，见"实验六　土壤有机质的分离与分级"。

四、实验步骤

1. 土壤前处理

采集 3 个不同来源的土壤（有条件的话，可以分别采集性质差异较大的土壤，如黑土、灰土、红壤），前处理参考"实验二十八　重金属污染土壤的化学修复"。

2. 腐殖酸的提取和纯化

参考"实验六　土壤有机质的分离与分级"。为实验方便，也可购买商品化的腐殖的样品。

3. 腐殖酸对铜的吸附

（1）每种来源的腐殖酸各取 6 份（每份做 3 个平行实验）于 50 mL 带刻度的离心管中，使腐殖酸的最后浓度为 3 g/L。加 $CaCl_2$ 作电解质，使电解质的最后浓度为 0.01 mol/L。再分别加入 $Cu(NO_3)_2$ 溶液，使溶液中 Cu^{2+} 的浓度分别为 1.0×10^{-5} mol/L，2.0×10^{-5} mol/L，4.0×10^{-5} mol/L，6.0×10^{-5} mol/L，8.0×10^{-5} mol/L，1.0×10^{-4} mol/L。调节各溶液的 pH 为 5.5，使体系最后的体积为 30 mL。置于摇床中振摇 3 h，然后部分转入超滤离心管，以 4 000 rpm 转速离心 15 min，收集约 5 mL 滤液，用原子吸收分光光度计测定滤液中 Cu^{2+} 的浓度。

（2）步骤（1）中的沉淀用 95％乙醇洗涤，以 4 000 rpm 转速离心 5 min，弃去上清液，重复 3 次。然后加 $CaCl_2$ 作电解质，使电解质的最后浓度为 0.01 mol/L。再加 CH_3COONH_4，使其最后浓度为 1.0 mol/L。调节溶液的 pH 为 5.5，使最后的体积为 30 mL。按步骤（1）中的方法进行解吸，用原子吸收分光光度计测定

滤液中 Cu^{2+} 的浓度。

（3）步骤（1）中的沉淀用 95％乙醇洗涤，以 4 000 rpm 的转速离心 5 min，弃去上清液，重复 3 次，然后加 $CaCl_2$ 作电解质，使电解质的最后浓度为 0.01 mol/L。再加 EDTA，使其最后浓度为 0.01 mol/L。调节溶液的 pH 至 5.5，使最后的体积为 30 mL。按步骤（1）中的方法解吸，用原子吸收分光光度计测定滤液中 Cu^{2+} 浓度。

五、数据处理

1. 计算各类腐殖酸在各 Cu^{2+} 浓度组的吸附率

$$吸附率 = \frac{[Cu^{2+}]_T - [Cu^{2+}]_L}{[Cu^{2+}]_T} \times 100\% \qquad (9-1)$$

式中：$[Cu^{2+}]_T$——各浓度组 Cu^{2+} 的总浓度；

$\quad\quad$ $[Cu^{2+}]_L$——滤液中 Cu^{2+} 的浓度。

解析不同腐殖酸在各 Cu^{2+} 浓度组的吸附规律及差异性。

2. 计算 CH_3COONH_4 对 Cu^{2+} 的解吸率

$$解吸率 = \frac{解吸量}{吸附量} \times 100\% \qquad (9-2)$$

3. 计算 EDTA 对 Cu^{2+} 的解吸率

计算公式为（9-2），解吸量应为步骤（2）的解吸量和步骤（3）解吸量的和。

根据计算的 CH_3COONH_4 对 Cu^{2+} 的解吸率和 EDTA 对 Cu^{2+} 的解吸率，简要说明各腐殖酸出现这种差异的原因。

六、讨论

（1）各文献关于腐殖质的分类并不完全相同，本实验中，腐殖酸的范畴包括胡敏酸（HA）和富里酸（FA）。

（2）在实验过程中，我们先用 CH_3COONH_4 解吸，再用 EDTA 解吸，CH_3COONH_4 解吸的是离子交换作用吸附的 Cu^{2+}，EDTA 的解吸的是络合吸附的 Cu^{2+}，EDTA 的解吸能力远强于 CH_3COONH_4（只能解吸离子交换作用的吸附形态），所以在计算 EDTA 的解吸率时，应加上 CH_3COONH_4 的解吸量，这和实验的设计有关。实际上，我们可以在吸附步骤结束后，直接加入 EDTA 以判别其解吸能力。但是，如果这样操作的话，我们需要做更多的吸附样品，相应地，会增加一些工作量。

（3）关于 Cu^{2+} 浓度的测定，也可以选择其他的方法，如离子选择电极法。

七、思考题

试分析不能被 EDTA 解吸的 Cu^{2+} 与腐殖酸结合的方式。

参考文献

［1］瑞恩·P. 施瓦茨巴赫,菲利普·M. 施格文,迪特尔·M. 英博登. 环境有机化学［M］. 王连生,等,译. 化学工业出版社,2004.

［2］王晓蓉. 环境化学［M］. 南京:南京大学出版社,1993.

［3］陈盈,颜丽,等. 不同来源腐殖酸对铜吸附量和吸附机制的研究［J］. 土壤通报, 2006,6.

［4］G. Arslan, E. Pehlivan. Uptake of Cr^{3+} from aqueous solution by lignite-based humic acids［J］. Bioresource Technology,2008,11.

［5］Kenji Furukawa, Yoshio Takahashi. Effect of complexation with humic substances on diffusion of metal ions in water［J］. Chemosphere,2008,11.

（艾弗逊　编写）

实验十　土壤对铜的吸附

视频 实验演示

土壤是一个复杂体系,本身含有一定量的重金属元素。重金属元素中有许多是植物生长所需要的微量元素,如 Cu,Zn,Fe,Mn 等。由于重金属不能被土壤微生物降解,因此可在土壤中不断地积累和迁移。进入土壤的重金属元素积累的浓度超过了植物所需要或忍受的程度,会引起植物的生理功能紊乱、营养失调,进而植物会表现出受毒害的症状或在其体内富集,并通过食物链而最终在人体内积累,危害人体的健康。

土壤一旦受到重金属污染,就很难予以彻底消除,最后向地表水或地下水中迁移,加重了水体的污染,应特别注意防止重金属对土壤的污染,因此重金属在土壤中累积和迁移过程的研究就显得特别重要。

重金属在土壤中的迁移转化主要包括吸附作用、配合作用、沉淀作用和氧化还原作用,其中以吸附作用最为重要。研究土壤对重金属吸附过程是研究土壤对重金属累积和迁移过程的重要步骤。

一、实验目的和要求

(1)掌握制作土壤对铜的吸附等温线的方法,并求得 Freundlich 方程中的 k,n 值。

(2)了解 pH 和腐殖质对土壤吸附铜作用的影响。

二、实验原理

铜是植物生长所必不可少的微量营养元素,但含量过多也会造成植物中毒。土壤中铜含量一般为 3~100 mg/kg,当有效态铜含量低于 1 mg/kg 时会影响植物的生长。土壤中的铜污染主要来自利用有色金属冶炼、电镀、印染等行业的工业废水灌溉农田,以及农药、大气降尘、铜矿开采等过程。进入土壤中的铜会被土壤中的黏土矿物微粒和有机质所吸附,其吸附能力的大小将影响铜在土壤中的迁移转化。因此,研究土壤对铜的吸附作用及其影响因素,有助于了解铜进入土壤后的变化规律,从而为合理施用铜肥及处理土壤的铜污染提供理论依据。

不同土壤对铜的吸附能力不同,同一种土壤在不同条件下对铜的吸附能力也有很大差别。而对吸附影响比较大的两种因素是土壤的组成和 pH。因此,本实验通过向土壤中添加一定数量的腐殖质和调节待吸附铜溶液的 pH,分别测定上述两种因素对土壤吸附铜的影响。

土壤对铜的吸附可采用 Freundlich 和 Langmuir 方程描述土壤体系中的吸附现象。本实验采用 Freundlich 方程来描述不同条件下土壤对铜的吸附,以比较 pH 等变化对铜吸附的影响。Freundlich 方程的一般形式为:

$$Q = kC^{1/n} \qquad (10-1)$$

式中:Q——土壤对铜的吸附量,mg/g;

　　　C——吸附达平衡时溶液中铜的浓度,mg/L;

　　　k,n——经验常数,其数值与离子种类,吸附剂性质、pH、土壤有机质及温度等有关。

将 Freundlich 吸附等温式两边取对数,可得直线形方程:

$$\lg Q = \lg k + (1/n)\lg C \qquad (10-2)$$

以 $\lg Q$ 对 $\lg C$ 作图可求得常数 k 和 n,将 k, n 代入 Freundlich 吸附等温式,便可确定该条件下的 Freundlich 吸附等温式方程,由此可确定吸附量(Q)和平衡浓度(C)之间的函数关系。通常情况下,该方程能较好地描述土壤体系中的吸附现象。

三、仪器和试剂

1. 仪器

(1) 原子吸收分光光度计。

(2) 全温度恒温振荡器。

(3) 离心机。

(4) 带复合电极的 pH 计。

(5) 容量瓶:50 mL×7,250 mL×7,500 mL×1,1 000 mL×2。

(6) 塑料离心管:50 mL×14。

(7) 一次性塑料离心管:5 mL×14。

(8) 带 0.45 μm 滤膜的针头滤器和 5 mL 一次性塑料注射器:×14。

(9) 离心管架×1。

2. 试剂

(1) 0.01 mol/L $CaCl_2$ 溶液:称取 1.5 g $CaCl_2 \cdot 2H_2O$(分析纯)溶于 1 000 mL 水中。

(2) 1 000 mg/L 铜标准溶液:将 0.500 0 g 金属铜(99.9%)溶解于 30 mL 1:1HNO_3中,用水定容至 500 mL。

（3）50 mg/L 铜标准溶液：吸取 50 mL 1 000 mg/L 铜标准溶液于 1 000 mL 容量瓶中，加水定容至刻度线。

（4）1 mol/L 硝酸溶液：1 滴瓶，移取 13.3 mL 浓硝酸（分析纯）稀释至 200 mL。

（5）1 mol/L 氢氧化钠溶液：1 滴瓶，称取 8.00 g NaOH（分析纯）稀释至 200 mL。

（6）铜标准系列溶液（pH＝2.5）：分别吸取 1.00 mL，2.50 mL，5.00 mL，7.50 mL，10.00 mL，12.50 mL，15.00 mL 1 000 mg/L 铜标准溶液于 250 mL 烧杯中，加 0.01 mol/L CaCl₂ 溶液，稀释至 240 mL。先用 1.0 mol/L HNO₃ 调节 pH 至 2，再以 1 mol/L NaOH 溶液调节 pH 至 2.5。将此溶液移入 250 mL 容量瓶中，用 0.01 mol/L CaCl₂ 溶液定容。该溶液标准系列浓度为 4.00 mg/L，10.00 mg/L，20.00 mg/L，30.00 mg/L，40.00 mg/L，50.00 mg/L，60.00 mg/L。其中 30.00 mg/L 铜溶液另配制 2 L 用于动力学实验。

按同样方法，配制 pH＝5.5 的铜标准系列溶液。

（7）土壤样品

将新采集的土壤样品风干，磨碎，过 0.15 mm（100 目）筛后装瓶备用。

四、实验步骤

1. 标准曲线的绘制

吸取 50 mg/L 的铜标准溶液 0.00 mL，0.50 mL，2.00 mL，6.00 mL，10.00 mL，20.00 mL，30.00 mL 分别置于 50 mL 容量瓶中，加 2 滴 1.0 mol/L HNO₃，用水定容，其浓度分别为 0 mg/L，0.50 mg/L，2.00 mg/L，6.00 mg/L，10.00 mg/L，20.00 mg/L，30.00 mg/L。然后用原子吸收分光光度计测定其吸光度。以吸光度为纵坐标，以浓度为横坐标绘制标准曲线。

原子吸收测定条件如下：

波长：324.7 nm　　　灯电流：1 mA　　　光谱通带：0.25A　　　增益粗调：0

燃气：乙炔　　　　　助燃气：空气　　　火焰类型：氧化型

2. 土壤对铜的吸附平衡时间的测定

（1）分别称取土壤样品各 7 份，每份 0.500 g 于干净的 50 mL 聚乙烯离心管中。

（2）向每份样品中各加入 30 mg/L 铜标准溶液 20.00 mL。

（3）将上述样品拧紧瓶盖后置于全温度恒温振荡器中，在 25 ℃下进行恒温振荡（150 rpm），分别在振荡 5 min，10 min，20 min，40 min，60 min，90 min，120 min 后，取一支离心管，离心分离（4 000 rpm，5 min）。用注射器迅速吸取上层清液约 5 mL，过 0.45 μm 滤膜的针头滤器，滤液保存在 5 mL 一次性塑料离心管中，加 1 滴 1.0 mol/L HNO₃ 溶液，用原子吸收分光光度计测定吸光度。以上内容分别用 pH＝2.5 和 5.5 的 30 mg/L 铜标准溶液平行操作。根据实验数据绘制溶液中铜浓度对反应时间的关系曲线,以确定吸附平衡所需时间。

3. 土壤对铜的吸附量的测定

(1) 称取土壤样品各 7 份,每份 0.500 g,分别置于 50 mL 聚乙烯离心管中。

(2) 依次加入 20.00 mL pH＝2.5 和 5.5 的 4.00 mg/L,10.00 mg/L, 20.00 mg/L,30.00 mg/L,40.00 mg/L,50.00 mg/L,60.00 mg/L 铜标准系列溶液,盖上瓶塞后置于全温度恒温振荡器上,在 25 ℃下恒温振荡 90 min(可根据第 2 步的平衡时间)。

(3) 振荡到达平衡后,离心分离(4 000 rpm,5 min),用注射器迅速吸取约 5 mL 上层清液过 0.45 μm 针头滤器,滤液保存在 5 mL 一次性塑料离心管中。加 1 滴 1.0 mol/L HNO₃ 溶液,用原子吸收分光光度计测定吸光度。

(4) 剩余土壤浑浊液用酸度计测定 pH。

五、数据处理

1. 土壤对铜的吸附量

土壤对铜的吸附量可通过下式计算:

$$Q = \frac{(C_0 - C) \times V}{W} \times \frac{1}{1\,000} \qquad (10-3)$$

式中:Q——土壤对铜的吸附量,mg/g;

　　　C_0——土壤溶液中铜的起始浓度,mg/L;

　　　C——土壤溶液中铜的平衡浓度,mg/L;

　　　V——土壤溶液的体积,mL;

　　　W——风干土样的重量,g。

由此方程可计算出不同平衡液浓度下土壤对铜的吸附量。

2. 铜的动力学吸附曲线

以吸附时间(t)对吸附量(Q)作图,制得不同 pH 下,土壤对铜的吸附动力学曲线图。根据曲线,选择合适的平衡时间。

3. 建立土壤对铜的吸附等温线。

以吸附量(Q)对浓度(C)作图即可制得 25 ℃时,不同 pH 下,土壤对铜的吸附等温线。

4. 建立 Freundlich 方程

以 lg Q 对 lg C 作图,根据所得直线的斜率和截距可求得两个常数 k 和 n,由此可确定 25 ℃时不同 pH、不同土壤样品对铜吸附的 Freundlich 方程。

六、讨论和注意事项

1. 讨论

（1）pH 越低，土壤溶液中 $C(H^+)$ 越高。一方面 H^+ 可与土壤中吸附的 Cu^{2+} 进行离子交换，如腐殖酸等分子中的—COOH，—OH 等基团结合 H^+，从而使土壤对 Cu^{2+} 的吸附降低。另一方面，pH 不同，Cu^{2+} 的存在形态不同。pH 过高，Cu^{2+} 会生成沉淀。同时 pH 也会影响土壤腐殖酸吸附位点的活性，进而影响 Cu^{2+} 的吸附。

随着 pH 的升高，土壤表面负电荷增加，导致吸附点位增加，从而提高了 Cu^{2+} 的吸附率；同时，pH 升高，Cu^{2+} 水解形成羟基离子时，离子的平均电荷减少，溶剂化作用能降低，离子的吸附作用能升高。总之，pH 的升高有利于土壤对铜的吸附，但一定的酸度有利于抑制 Cu^{2+} 的水解，铜的吸附量随 pH 呈 S 型变化。

（2）土壤中铜形态一般被划分为六种，即水溶态铜，交换态铜，铁、锰氧化物结合态铜，有机质结合态铜，碳酸盐结合态铜和残渣态铜。而能被植物吸收利用的有效态铜一般认为是水溶态铜和交换态铜。

土壤对铜的吸附分为专性吸附和非专性吸附。非专性吸附是由土壤胶体通过静电引力的吸附，这种吸附占据着土壤的阳离子交换点，故也称为交换吸附，而专性吸附是由胶体表面与被吸附离子间通过共价键产生的。

影响土壤对铜的吸附量的因素有 pH、土壤黏度组成、有机配体、离子强度、可变电荷量、比表面积等。土壤对铜的吸附量随着铜离子浓度的增加而增加，但当铜的浓度达到一定值时，吸附量不再随之变化。

污染土壤的铜主要在表层积累，并沿土壤的纵深垂直分布递减，这是由于进入土壤的铜被表层土壤持留；此外，表层土壤的有机质多与铜结合成螯合物，使铜不易向下层移动。但在酸性土壤中，由于土壤对铜的吸附减弱，被土壤固定的铜易被解吸出来，因而使铜容易淋溶迁移。所以酸雨的作用会增大铜的迁移，加剧污染扩散。由于有机质的作用，相比而言，沙质土对铜的吸附固定能力较弱，也容易使铜从土壤中淋失。所以取地不同的土壤其土壤成分不同，对铜的吸附作用也不同。

实验得到的吸附量为表观吸附量，包括了铜在土壤表面上的吸附（静电作用、离子交换作用等）、配合（铜离子与土壤中的无机配体如 OH^-，以及有机配体如腐殖质上的—COOH，—OH 等配合）、沉淀（包括形成有机态、无机态的沉淀）。

（3）有机质对铜等金属离子的吸附，受离子强度的影响。离子强度的增大将使土壤溶液中的有机质凝聚，从而使其比表面积变小，对铜的吸附自然变小。若没有 $CaCl_2$ 的存在，溶液中的离子强度随 Cu^{2+} 含量的变化而变化，各样之间就没有了可比性。

离子强度的增加会降低 Cu^{2+} 的吸附量。一方面，Ca^{2+} 占据了部分土壤胶体表面的负电荷位点，从而降低了电性吸附。另一方面，离子间相互作用的增强，使离子浓度系数降低，活度减少，吸附量下降。同时离子强度升高导致的离子对形成也会使离子的有效浓度和吸附量减少。因此实验在 0.01 mol/L 的 $CaCl_2$ 介质中进行，是为了维持恒定的离子强度，使实验条件与实际土壤环境中的离子强度接近。

在恒电荷土壤胶体中，离子强度越小，表面电位越高，土壤对 Cu^{2+} 的吸附量越大，当离子强度大于 1.0 mol/kg 后，土壤胶体对 Cu^{2+} 的吸附受专性吸附控制。

2. 注意事项

（1）不同土壤对铜吸附到达平衡所需的时间不同，因此，对实验中所用的土壤需测定吸附铜的平衡时间。如果学生实验时间有限，带实验的老师一定要提前做土壤对铜吸附的平衡时间。

（2）由于土壤的缓冲作用，加入 pH＝2.5 和 5.5 的铜标准系列溶液后，需用酸度计测定平衡液的 pH。

（3）在配置铜标准系列溶液时，加入 $CaCl_2$ 溶液稀释至 240 mL 时要控制好体积，以稀释至 230 mL 为宜，否则调节 pH 时体积容易超出 250 mL。

（4）配置铜标准溶液如没有金属铜，可称取 2.635 g $CuCl_2 \cdot 2H_2O$ 溶解于 1 000 mL 容量瓶中，此溶液含 1 000 mg/L Cu^{2+}。

七、思考题

（1）土壤的组成和溶液的 pH 对铜的吸附量有何影响？为什么？

（2）本实验得到的土壤对铜的吸附量应为表观吸附量，它应当包括铜在土壤表面上哪些作用的结果？

（3）实验过程中应注意哪些关键问题？为什么用 $CaCl_2$ 作载体？

参考文献

[1] 孔令仁. 环境化学实验[M]. 南京：南京大学出版社，1992.

[2] 王晓蓉. 环境化学[M]. 南京：南京大学出版社，2003.

[3] 鲍士旦. 土壤农化分析[M]. 3 版. 北京：中国农业出版社，2000.

[4] 胡红青，刘华良，等. 几种有机酸对恒电荷和可变电荷土壤吸附 Cu^{2+} 的影响[J]. 土壤学报，2005，42(12).

（魏忠波　编写）

实验十一 表面活性剂对萘在水溶液中的增溶

　　表面活性剂和污染物的相互作用分为物理相互作用和相迁移相互作用。这些相互作用包括:特定污染物-表面活性剂单体在水中的相互作用;表面活性剂胶束对污染物的增溶作用;由于表面活性剂的存在形成的水-油乳化作用对污染物的增溶及表面活性剂单分子层在油水界面上的分布等。人们早已知道表面活性剂可以提高疏水性有机污染物在水中的表观溶解度。已有很多研究报道了表面活性剂对疏水性有机污染物的增溶作用,利用表面活性剂的增溶作用可以提高疏水性有机污染物的生物有效性,促进土壤中有机污染物的生物降解及从土壤中的去除。

一、实验目的和要求

　　本实验的目的是在了解表面活性剂增溶作用的基础上,掌握用表面活性剂增加有机物表观水溶解度及评价表面活性剂增溶能力的方法。

二、实验原理

　　(1) 表面活性剂分子的特性

　　表面活性剂分子一般由非极性亲油基团和极性亲水基团组成,两部分分别位于分子的两端,形成不对称结构,属于双亲媒性物质。各种表面活性剂分子的亲油基团性能差别较小,亲水部分则差别较大,因而表面活性剂的分类一般以亲水基团的结构为依据。按亲水基团类型的不同,一般将表面活性剂分为四种,分别为阴离子表面活性剂、阳离子表面活性剂、两性离子表面活性剂和非离子表面活性剂。

　　由于表面活性剂具有亲油和亲水双重特性,所以在低浓度时它处于单分子或离子的分散状态,也有一部分聚集在系统界面上,降低溶液的表面张力。但当其浓度达到一定的值时,表面活性剂单体开始聚集成胶态有序的分子或离子集合体,即所谓的胶束(micelle),这一浓度称为临界胶束浓度(Critical Micelle Concentration, CMC)。

　　在胶束化过程中,表面活性剂的非极性基团彼此相连,形成有序的、对称的动态化学结构。胶束中每个分子的疏水部分朝向内部的集合中心,与其他疏水基团形成一个液态核心。胶束中心区构成了一个性质上不同于极性溶剂的疏水假相。一般认为在 CMC 以上时,胶束与单体是共存的,胶束中的分子以半衰期为几毫秒的速度一边不断反复地离合集散，一边和单体保持平衡。溶液中胶束的数目随表面活性剂浓度的增加而提高，而溶液中单体的浓度始终保持不变。胶束的形成是表面活性剂对有机污染物产生增溶作用的基础。

除了形成胶束外，表面活性剂溶液的另一个重要性质是形成乳状液，即乳化作用。通过表面活性剂的乳化作用，不溶于水的有机物可形成微小的颗粒物悬浮在水溶液中。

在用表面活性剂溶液进行土壤和地下水修复的过程中，表面活性剂胶束对污染物的增溶作用和乳化作用是促进污染物从土壤中向水中迁移的主要因素。同时表面张力的降低也有利于加快污染物向溶液中的移动。

（2）表面活性剂对疏水有机化合物（HOC）的增溶作用

在水溶液中，表面活性剂的胶束内部由非极性基团构成的疏水假相能使水中的有机污染物向其集中。当水中有过量的疏水性有机物存在时，疏水有机物在水中的表观溶解度大大增加，这就是增溶现象。增溶现象的本质是疏水有机物在水相和表面活性剂胶束假相中的分配平衡过程。增溶作用与溶液中胶束的形成有密切关系，在达到临界胶束浓度以前，没有明显增溶作用，只有在达到CMC以后，增溶作用才表现出来。一般情况下当表面活性剂浓度高于CMC时，疏水有机物在溶液中的表观溶解度随着表面活性剂浓度的提高呈线性增加。

增溶作用与乳化作用不同，后者是不溶液体分散于水中或另一液体中，形成热力学上不稳定的多相分散体系，而增溶作用所形成的体系则是热力学上稳定的均相体系。

根据疏水有机物结构和表面活性剂类型的不同，疏水有机物在表面活性剂溶液中的增溶方式也不一样。一般认为增溶可发生于：① 胶束的内核；② 胶束定向排列的表面活性剂分子之间，形成"栅栏"结构；③ 胶束的表面，即胶束-溶剂交界处；④ 亲水基团之间。饱和脂肪烃、环烷烃以及其他不易极化的化合物一般是被增溶于胶束的内核中，就像溶于非极性碳氢化合物液体中一样。对于较易极化的化合物如短链芳香烃类，开始增溶时可能吸附于胶束-水的界面处，增溶量增多后，则可能插入表面活性剂分子"栅栏"中，甚至可能更深地进入胶束的内核。某些小的极性分子及一些染料增溶时吸附于胶束的表面区域或分子栅栏靠近胶束表面的区域。在非离子表面活性剂溶液中，此类物质则增溶于聚氧乙烯胶束外壳中。较长的极性分子，如长链醇、胺等则增溶于胶束栅栏之间，非极性碳氢链插入胶束内部，而极性头则混合于表面活性剂极性基之间，通过氢键或偶极相互作用联系起来。

表面活性剂对有机物的增溶能力可以用摩尔增溶比率（Molar Solubility Ratio, MSR）表示。它表示加入水溶液中每摩尔表面活性剂所能增溶的有机物的物质的量。每增加单位胶束表面活性剂浓度引起的被增溶物质浓度的增加等于 MSR。

$$MSR = \frac{C_0 - C_{0,\text{CMC}}}{C_{\text{surf}} - C_{\text{surf CMC}}} \tag{11-1}$$

式中：C_0——有机物在水中的浓度；

　　　$C_{0,\text{CMC}}$——有机物在 CMC 时的浓度；

　　　C_{surf}——表面活性剂在溶液中的浓度；

　　　$C_{\text{surf,CMC}}$——表面活性剂在 CMC 时的浓度。

尽管 $C_{0,\text{CMC}}$ 和 $C_{\text{surf,CMC}}$ 的值是未知的，MSR 的值可通过在有足够多的疏水有机物存在时，将被增溶物质的浓度与表面活性剂的浓度绘制成曲线，从曲线的斜率求得。摩尔增溶比率 MSR 被广泛用来表征疏水有机物在胶束溶液中的溶解度及表面活性剂对特定有机物增溶能力的大小。

另一种表征表面活性剂增溶能力的参数是有机化合物在胶束相和水相的分配系数 K_m。K_m 是化合物在胶束假相的摩尔分数 X_m 和在水假相中摩尔分数 X_a 之比。K_m 的大小与表面活性剂的化学性质、溶质的化学性质及温度有关。K_m 的值可以通过下式从实验数据中求得。

$$K_m = X_m / X_a \tag{11-2}$$

根据摩尔增溶比率 MSR 和分配系数 K_m 的定义可以推导出两者之间的关系为

$$K_m = \frac{MSR}{C_{0,\text{CMC}} V_W (1 + MSR)} \tag{11-3}$$

式中：V_W——水的摩尔体积。

三、仪器和试剂

1. 仪器

(1) 高效液相色谱仪，配紫外检测器。

(2) 电子天平。

(3) 恒温振荡器。

(4) 离心管：50 mL×10。

(5) 容量瓶：10 mL×7, 50 mL×1, 250 mL×1。

(6) 移液管：2 mL×1, 10 mL×1。

2. 试剂

(1) 甲醇(分析纯)。

(2) 萘(分析纯)。

(3) 十二烷基苯磺酸钠(化学纯)。

四、实验步骤

(1) 标准曲线绘制

用差减法准确称取约 25 mg 的萘于 50 mL 容量瓶中,用甲醇溶解,并定容,制成标准溶液,分别吸取 0.10 mL,0.20 mL,0.40 mL,0.80 mL,1.20 mL,1.60 mL,2.0 mL 标准溶液于 10 mL 容量瓶中,以 1∶1 甲醇-水溶液定容,在液相色谱仪上测定标准系列的峰面积,以峰面积对浓度作图,得标准曲线。

液相色谱条件:

色谱柱:C-18 柱　　　流动相:70%甲醇水溶液　　　流速:1.0 mL/min

进样量:10 μL　　　紫外检测波长:278 nm

(2) 十二烷基苯磺酸钠储备液的配制

准确称取十二烷基苯磺酸钠粉末 1.25 g,定量转移入 250 mL 容量瓶中,加入蒸馏水至约 150 mL,缓缓振摇约 5 min,防止溶液产生大量泡沫。放置 1 天后至泡沫消失,用蒸馏水定容至刻度,得 5.0 g/L 表面活性剂储备液。

(3) 增溶实验方法

摇瓶法是测定有机污染物在水中溶解度的经典方法,该方法所需仪器设备较少,操作简便,适用于在水中的溶解度比较适中的有机物,这些有机物在水中容易通过振摇达到溶解平衡。因此本实验采用摇瓶法在恒温振荡器中进行。

将分别取十二烷基苯磺酸钠储备液 0.0 mL,1.0 mL,2.5 mL,4.0 mL,6.0 mL,7.5 mL,9.0 mL,10.5 mL,12.5 mL,15.0 mL 于 10 支 50 mL 离心管中,用蒸馏水补齐至 25.00 mL,得到浓度为 0.0 g/L,0.2 g/L,0.5 g/L,0.8 g/L,1.2 g/L,1.5 g/L,1.8 g/L,2.1 g/L,2.5 g/L,3.0 g/L 的表面活性剂溶液,在每支离心管中加入足够量(约 5 mg)的萘,离心管密封后放入恒温振荡器中,于 25 ℃下振荡一天。取出离心管,放入离心机中 3 500 rpm 离心沉降 20 min。分别取上清液 1～5 mL,用等体积甲醇定容至 10 mL。用液相色谱测定溶液中萘的峰面积,并根据标准曲线计算溶液中萘的浓度。

五、数据处理

疏水有机物在表面活性剂胶束中的增溶可以看做一个分配过程,类似于疏水有机物与溶解有机质的结合反应。

　　假设化合物在表面活性剂溶液中的总浓度为 S_t，在有过量有机物存在时，有机物在水相的浓度应始终等于其水溶解度 S_o，则化合物在胶束相的浓度为：

$$C_{mic} = S_t - S_o \qquad\qquad (11-4)$$

　　由于在临界胶束浓度以上时，表面活性剂单体的浓度始终等于临界胶束浓度 CMC。若以 C_{surf} 代表表面活性剂在水相的总浓度，则以胶束形式存在的表面活性剂浓度 S_{mic} 为：

$$S_{mic} = C_{surf} - \text{CMC} \qquad\qquad (11-5)$$

　　将式(11-4)和式(11-5)代入式(11-3)则得

$$K_m = \frac{S_t - S_o}{S_o(C_{surf} - \text{CMC})} \qquad\qquad (11-6)$$

　　整理得

$$S_t/S_o = K_m C_{surf} - K_m \text{CMC} + 1 \qquad\qquad (11-7)$$

　　对于特定的化合物和特定的表面活性剂 K_m 和 CMC 为常数，则有

$$S_t/S_o = K_m C_{surf} + A \qquad\qquad (11-8)$$

　　实验数据以表面活性剂浓度大于 CMC 时的浓度 C_{surf} 对有机污染物增溶倍数作图，应得一直线，直线的斜率即为分配系数 K_m，而截距 $A = 1 - K_m \text{CMC}$，据此可求出 CMC。

六、讨论

　　(1) 表面活性剂对有机化合物的增溶能力主要受表面活性剂的结构、缔合数、胶束形状，被增溶物质的化学结构和大小，离子强度，温度等多种因素的影响。表面活性剂的结构决定了其类型，由于不同类型的表面活性剂形成的胶束结构不完全一样，因此表面活性剂分子的结构对其增溶能力有决定性影响。具有相同亲油基的表面活性剂一般对烃类及极性有机物的增溶作用大小顺序是：非离子表面活性剂＞阳离子表面活性剂＞阴离子表面活性剂。在表面活性剂同系物中，形成的胶束大小随碳原子数增加而增加，因而增溶作用亦随之增强。离子型表面活性剂的 CMC 决定于其疏水基的长度，疏水基碳链越长，CMC 越低；疏水基中引入双键或支链一般会使 CMC 变大。亲水基的种类对离子表面活性剂的影响较小，但对非离子表面活性剂的 CMC 影响较大。Fountain 等研究了表面活性剂的亲油亲水平衡值(HLB)对四氯乙烯(PCE)和三氯乙烯(TCE)增溶能力的影响。当 HLB＝14～15 时，PCE 和 TCE 在水溶液中的溶解度最大。

Diallo 报道了乙氧基数为 $6\sim13$ 的一系列聚氧乙烯基醚表面活性剂对 11 种非水相液体(NAPL)增溶的 MSR 数据。通过 HLB 的比较,作者认为 MSR 的大小与胶束核的体积和乙氧基端基团与可极化的烷基的潜在相互作用有关。Pennell 等指出在 HLB 相近时,非离子表面活性剂的烷基链越长,对特定有机物的增溶能力越大。这主要是由于长烷基链形成的胶束核体积较大,能溶解更多的疏水有机物。Jafvert 等的研究表明烷基相同的非离子表面活性剂中,乙氧基链增加,则增溶能力下降。

由于不同极性的有机化合物在表面活性剂胶束中的增溶方式不同,有机化合物本身的性质对表面活性剂的增溶能力有很大影响。例如,脂肪烃和烷基芳烃增溶程度随被增溶物链长的增加而减小,随其不饱和度及环化程度的增加而增加。多环芳烃增溶程度随分子大小的增加而下降。

许多研究者报道了有机物辛醇水分配系数 $\lg K_{OW}$ 与有机物在表面活性剂溶液中在胶束假相和水假相之间的分配系数 K_m 存在线性关系。Jafvert 仔细研究了弱极性化合物在非离子表面活性剂溶液中的增溶现象,提出了一个简单的半经验公式,将 K_m 和 K_{OW} 及表面活性剂的性质相互关联。

$$K_m = K_{OW}(0.031y_1 - 0.0058y_2) \tag{11-9}$$

式中:y_1——表面活性剂中疏水性碳的数目;

　　　y_2——表面活性剂分子中亲水基团的数目(如乙氧基数)。

溶液中其他有机物的存在对表面活性剂的增溶能力有一定的影响,Guha 等研究了非离子表面活性剂对萘、菲、芘三个多环芳烃二元和三元体系中 PAH 的增溶。菲的存在使萘的溶解度稍有下降;菲的溶解度在萘-芘存在的二元体系和萘、芘同时存在的三元体系中均有明显的增加;芘的溶解度不受菲单独存在的影响,但在三元体系中也有显著增加。作者认为产生这一现象的原因是溶质的存在改变了界面自由能,并有效地增加胶束体积,从而提高了表面活性剂的增溶能力。

少量无机盐加到离子表面活性剂溶液中可增加烃类的增溶程度,但会降低极性有机物的增溶程度。温度对增溶作用的影响因表面活性剂及被增溶物质的不同而异。对于离子表面活性剂,增加温度会引起极性与非极性有机物增溶程度增加,其原因可能是热运动使胶束中能发生增溶的空间加大。对于有聚氧乙烯链的非离子表面活性剂,温度增高时聚氧乙烯基的水化作用减小,胶束较易形成。特别是当温度升至接近表面活性剂的浊点时,胶束聚集数剧增,这样就使非极性碳氢化合物以及卤代烷烃类的增溶程度大大提高。

(2) 配制表面活性剂系列浓度溶液时,由于该溶液比较容易起泡,在移液、定容时要让移液管贴着瓶壁,让溶液顺壁流下,速度不应太快,否则会导致大量泡沫的生成,影响定容时的判断。

(3) 配制表面活性剂储备液时,由于十二烷基苯磺酸钠较难溶解。持续不断搅拌可加快其溶解。但搅拌时在液面表层容易生成大量泡沫,泡沫会夹带未溶解的颗粒。泡沫太多时要静置,待泡沫消失后再轻微搅拌,所以此溶液要提前配制。

(4) 振荡离心后,离心管液面上会堆积一层泡沫。由于萘的比重比水小,泡沫中极易夹带未溶解的细小萘颗粒,所以移液时一定要保证移液管伸入液体内部,且不触碰管底萘晶体。移完放液之前,用吸水纸擦拭移液管外部沾有的萘颗粒。

(5) 萘的溶解性小,离心后移液过程中易将萘晶体带出,堵塞 HPLC 管路,因此进液相前最好过 $0.45~\mu m$ 滤膜。

七、思考题

(1) 测定溶液中萘的浓度时为何要用 1:1 甲醇水溶液稀释?

(2) 在四种不同类型的表面活性剂中,你估计哪一种表面活性剂对非离子有机污染物的增溶能力最强? 为什么?

(3) 在用表面活性剂土壤修复有机物污染的过程,需要注意哪些问题?

参考文献

[1] P. T. Imhoff, M. H. Arthur, C. T. Miller. Complete dissolution of trichloroethylene in saturated porous media. *Environ. Sci. Techno.* 1998,32(16):2417.

[2] R. R. Kommalapati, K. T. Valsaraj, *et al.* Aqueous solubility enhancement and desorption of hexachlorobenzene from soil using a plant-based surfactant. *Wat. Res.* 1996, 31(9):2161.

[3] S. J. Grimberg, C. T. Miller, M. D. Aitken. Surfactant-enhanced dissolution of phenanthrene into water for laminar flow conditions. *Environ. Sci. Technol.* 1996, 30(10):2967.

[4] D. Sahoo, J. A. Smith, *et al.* Surfactant-enhanced remediation of a trichloroethene-contaminated aquifer. 2. Transport of TCE. *Environ. Sci. Technol.* 1998,32(11):1686.

[5] I. Okuda, J. F. McBride, *et al.* Physicochemical transport processes affecting the removal of residual DNAPL by nonionic surfactant solutions. *Environ. Sci. Technol.* 1996, 30(6):1852.

(高士祥　编写)

实验十二　对硝基苯甲腈水解速率常数的测定

视频 实验演示

水解是指化合物与水发生的分解作用。进入环境的有毒有机物往往因水解而发生降解，从而改变原有活性，因此水解反应是评价有机污染物在环境中持久性的重要反应之一。水解过程可用如下通式表示：

$$RX + H_2O \rightleftharpoons ROH + HX \qquad (12-1)$$

水解作用可改变反应分子，但并不总是生成低毒产物。水解产物有可能比原来的化合物更易或更难挥发，与 pH 有关的离子化合物水解产物的挥发性可能是零，而且水解产物一般比原来的化合物更易为生物降解（虽然有少数例外）。实验室测出的水解速率常数将其引入野外实际环境，进行计算预测时，许多报道表明没有引起很大的困难，可以直接引用。

一、实验目的和要求

（1）加深对有机污染物在环境中迁移、转化规律的认识，理解水解是有机污染物转化的重要途径。

（2）学习测定有机污染物水解速率常数的方法，了解有机污染物在环境中的动力学行为。

（3）研究水体 pH 对有机污染物水解速率的影响。

二、实验原理

水解过程是指有机毒物与水发生的反应。本实验以对硝基苯甲腈为例，介绍有机污染物水解速率常数的测定方法。

实际上，在任何 pH 溶液中都存在水分子、H^+ 和 OH^-，对硝基苯甲腈的水解反应速率是下列三个平行水解反应的速率总和。

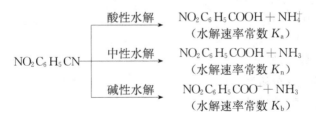

图 12-1　对硝基苯甲腈的水解途径

$$-\frac{dC}{dt} = (K_n + K_a[H^+] + K_b[OH^-]) \times C = K_h \times C \qquad (12-2)$$

式中：$K_h = K_n + K_a[H^+] + K_b[OH^-]$。

如果在一定温度下保持 pH 恒定，则 $[H^+]$ 和 $[OH^-]$ 可视为常数并入速率常数中，这样苯甲腈的水解反应可简化为一级反应：

$$-\frac{dC}{dt} = K_h \times C \qquad (12-3)$$

其积分结果用一级反应通式表示：

$$\ln\frac{C}{C_0} = -K \cdot t \qquad (12-4)$$

式中：C——水解某一时刻苯甲腈的浓度；

　　　C_0——苯甲腈水解初始浓度；

　　　t——水解时间；

　　　k——水解速率常数。

测定水解不同时刻苯甲腈的浓度即可求出其水解速率常数。

有机污染物的水解速度与水体的温度、pH 及盐度有关，水中悬浮物、底泥对水解反应有吸附催化作用。本实验通过测定对硝基苯甲腈在 pH＝7 和 12 时的水解速率常数，来比较水体 pH 对水解常数的影响。

三、仪器和试剂

1. 仪器

(1) 高效液相色谱仪，配有紫外检测器。

(2) 超级恒温水浴锅。

(3) pH 计。

(4) 分液漏斗：30 mL×1。

(5) 具塞三角瓶：100 mL×1。

(6) 容量瓶：10 mL×16。

(7) 液相进样小瓶×16。

(8) 量筒：100 mL×2。

2. 试剂

(1) 甲醇(分析纯)。

(2) 二氯甲烷(分析纯)。

(3) 无水乙醇(分析纯)。

(4) 0.2 mol/L NaOH 储备液：称取 8.0 g NaOH 溶解于水中，在 1 000 mL

容量瓶中稀释到刻度。

（5）0.1 mol/L KH$_2$PO$_4$ 备液：称取 13.616 g KH$_2$PO$_4$ 溶解于水中，在 1 000 mL 容量瓶中稀释到刻度。

（6）0.2 mol/L KCl 储备液：称取 14.912 g KCl 溶解于水中，在 1 000 mL 容量瓶中稀释到刻度。

（7）pH＝7 的缓冲溶液：取 145.5 mL 0.2 mol/L NaOH 储备液和 500 mL 0.1 mol/L KH$_2$PO$_4$ 储备液混合，在 1 000 mL 容量瓶中用水稀释到刻度。用酸度计测量其 pH。

（8）pH＝12 的缓冲溶液：取 250 mL 0.2 mol/L KCl 储备液和 600 mL 0.2 mol/L NaOH 储备液混合，在 1 000 mL 容量瓶中用水稀释到刻度。用酸度计测量其 pH。或称取 3.727 5 g KCl 和 4.8 g NaOH，溶解，定容至 1 000 mL。

（9）2.5 g/L 对硝基苯甲腈溶液：称取 0.250 g 对硝基苯甲腈溶解于无水乙醇，在 100 mL 容量瓶中稀释至刻度。

四、实验步骤

（1）用量筒量取 80 mL pH＝12 的缓冲溶液，移入 100 mL 具塞锥形瓶中，塞上瓶塞，置于 35 ℃超级恒温水浴中恒温 30 min。

（2）加入对硝基苯甲腈溶液 0.8 mL，摇匀，立即吸取 5.00 mL 水解液置于已加有 2.00 mL 二氯甲烷的 10 mL 分液漏斗中，振摇萃取 2 min，静止分层后将下层二氯甲烷移入 10 mL 容量瓶中，用甲醇稀释至刻度，摇匀。

（3）在水解进行到 10 min，20 min，30 min，50 min，70 min，90 min，110 min 时，从锥形瓶中各取样一次，操作如上所述。所有定容后样品各取约 1 mL 溶液至液相进样小瓶，待测。

（4）在完成 pH＝12 的水解实验后，同时做 pH＝7 条件下的水解实验，方法同上。

（5）高效液相色谱测定的条件如下。色谱柱：C-18；柱温：25 ℃；流动相：甲醇∶水＝7∶3；流速：1.0 mL/min；进样量：10 μL；波长：254 nm。

五、数据处理

1. 绘制水解曲线

由于 $\ln\dfrac{h}{h_0}=\ln\dfrac{C}{C_0}$，所以 $\ln\dfrac{C}{C_0}=-kt$ 可以变换成 $\ln\dfrac{h}{h_0}=-kt$，以 $\ln\dfrac{h}{h_0}$ 为纵坐标，水解时间为横坐标作，绘制水解曲线。比较不同 pH 的水解曲线。

2. 由水解曲线求出水解速率常数 k

水解曲线呈直线,则直线斜率的绝对值即为水解速率常数。

3. 计算水解半衰期 $t_{1/2}$

水解半衰期是指有机物水解了一半所需要的时间。计算公式为:

$$t_{1/2} = \frac{0.693}{k} \qquad (12-5)$$

六、讨论和注意事项

1. 讨论

(1) pH 的误差是测定水解速率常数的误差来源,必须严格控制 pH。

(2) 要严格控制温度。温度有 ±0.2 ℃ 的误差将导致 k 有 2% 的误差,温度有 ±1 ℃ 的误差将导致 k 有 10% 的误差,所以我们选用了超级恒温水浴来严格控制温度。

(3) 缓冲液的量与加入的苯甲腈溶液的量控制在 100∶1 之内,溶剂效应可忽略不计。

2. 注意事项

(1) 每次取水解液后应立即将锥形瓶放入超级恒温水浴中,以确保水解条件的一致性。在超级恒温水浴中的水不应低于锥形瓶中溶液的高度,同时要注意锥形瓶的稳定。

(2) 分液时,应控制好流速,以便分液准确,下层液体放出后,上层液体从分液漏斗上端倒出。萃取较高温度的水解溶液时,要防止水解溶液温度过高,导致二氯甲烷挥发引起的漏液。

七、思考题

(1) 水解实验为何要在缓冲溶液中进行?

(2) 推导水解半衰期的计算公式。

(3) 推测苯甲腈与对硝基苯甲腈相比,水解能力的大小以及原因。

参考文献

[1] 孔令仁. 环境化学实验[M]. 南京:南京大学出版社,1992.

[2] 王晓溶. 环境化学[M]. 南京:南京大学出版社,2003.

[3] 鲍士旦. 土壤农化分析[M]. 3 版. 北京:中国农业出版社,2000.

[4] 王连生. 有机污染化学[M]. 北京:高等教育出版社,2004:25-26.

（魏钟波　编写）

实验十三 萘在水溶液中的光化学氧化

视频 实验演示

光解(Photolysis)是指化合物由于光的作用而分解的过程。光解作用是有机污染物真正的分解过程,强烈地影响水环境中某些污染物的归趋,许多研究证明光反应是水体中有机物降解的主要途径之一。光解过程可分为三类:第一类称为直接光解,这是化合物本身直接吸收了光能而进行分解反应,根据 Grothus-Draper 定律,只有吸收辐射(以光子的形式)的那些分子才会进行光化学转化;第二类称为敏化光解,一个光吸收分子可能将它的过剩能量转移到一个接受体分子,导致接受体的分解反应;第三类是氧化反应,有机毒物在水环境中常遇见的氧化剂有单重态氧($1O_2$)、烷基过氧自由基($RO_2\cdot$)、烷氧自由基($RO\cdot$)或羟自由基($HO\cdot$),这些氧化剂与化合物作用而发生氧化分解。

水体中有机污染物光化学降解规律的研究主要包括两方面的内容。一是研究其降解速率及影响因素;二是研究有机污染物降解产物,包括中间产物的毒性大小。需要注意的是,有机污染物的光化学降解产物可能还是有毒的,甚至比母体化合物毒性更大,因而有机污染物的分解并不意味着毒性的消失。

稠环芳烃(PAHs)是陆源和水体生态系统中的普遍污染物,其中含有很多致癌性和变异性的成分,对生物体具有很大的毒性和危害。因此,人们对多环芳烃 PAHs 在水体中的存在及其迁移变化十分关注。萘是 PAHs 中最简单的一种,具有一定的代表性。

一、实验目的和要求

(1) 了解萘在溶液中的光化学反应机理,分析其反应动力学。
(2) 掌握井式光解仪的操作和利用质谱仪测定萘的光氧化产物。

二、实验原理

萘在紫外光照射下发生光化学反应,其反应历程可能如下。

$$\text{(萘)} \xrightarrow[\text{[O]}]{312nm} \text{(CO-O-CO)} + CO_2 \qquad (13-1)$$

$$\text{(CO-O-CO)} + H_2O \longrightarrow \text{(COOH, COOH)} \qquad (13-2)$$

　　萘的浓度测定由高效液相色谱仪完成。高效液相色谱是在经典液相色谱的基础上发展起来的。高效液相色谱在技术上采用了高压泵、高效固定相、高灵敏度检测器、柱前(后)衍生化技术和计算机联用,从而实现分析速度快、分离效率高和操作自动化,现已成为检测环境中微量有机污染物的重要方法。

　　萘光化学反应产物是由气相色谱-质谱联用仪完成。首先利用萘的化学性质,通过有机溶剂萃取,再经过纯化浓缩。采用气相色谱-质谱联用仪,样品首先经过气相色谱柱分离成单一组分,再进入质谱计的离子源,在离子源样品分子被电离成离子,离子经过质量分析器之后按 m/Z 顺序排列成谱。经过检测器检测后得到质谱,计算机采集并储存质谱,经过适当处理后即可得到样品的色谱图、质谱图等。经过计算机检索后可得到化合物的定性结果,由色谱图还可以进行各组分的定量分析。

　　本实验以高压汞灯为光源照射萘的甲醇-水溶液。利用高效液相色谱法测定不同时间照射的溶液以确定萘含量的变化,得到萘的光氧化速率常数和其他动力学常数。

三、仪器和试剂

　　1. 仪器

　　(1) 500 W 高压汞灯。

　　(2) 光化学反应器。

　　(3) 超声清洗仪。

　　(4) 高效液相色谱仪。

　　(5) 气相色谱-质谱联用仪。

　　(6) 旋转蒸发仪。

　　(7) 空气钢瓶及表头。

　　(8) 容量瓶:1 000 mL×1。

　　(9) 亲水性 PTFE 针头滤器:0.45 μm×8。

　　(10) 玻璃针管:20 mL×1。

　　(11) HPLC 自动进样器小瓶。

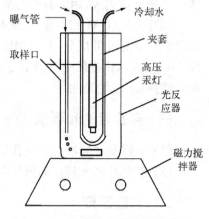

图 13-1　光催化反应装置示意图

　　2. 试剂

　　(1) 萘:色谱纯。

　　(2) 甲醇:色谱纯。

　　(3) 环己烷:色谱纯。

　　(4) 无水硫酸钠:在 300 ℃下烘 2 h,置于干燥器中待用。

四、实验步骤

1. 配制 50 mg/L 萘的甲醇-水溶液

称取 0.05 g 萘于 500 mL 烧杯中,加入 300 mL 甲醇搅拌完全溶解(在通风橱中进行),转入 1 000 mL 容量瓶中,缓慢加入纯水至约 950 mL,摇匀。置容量瓶于超声波清洗器水槽内 15 min,使萘在超声波作用下完全溶解,纯水定容后再次摇匀,然后向此溶液中通空气 10 min。

2. 光化学氧化

依次开启光化学反应仪的冷却水和高压汞灯,预热 20 min。

向反应器内加入约 500 mL 萘的甲醇-水溶液,同时开启空气钢瓶阀,向溶液中通入空气。空气流量约每秒钟出现 2~3 个气泡。开启磁力搅拌器,并在不同时间间隔用玻璃注射器通过特氟龙小管吸取 3~5 mL 溶液,过 0.45 μm 针头滤器(前 2~3 mL 溶液弃置),滤液存于高效液相色谱自动进样小瓶中,待上机测定。取样时间分别为 0 min,5 min,10 min,20 min,30 min,40 min,50 min,60 min(共 8 个点)。光照结束后,先关灯,15 min 后方可关闭冷却水。

3. 高效液相色谱测定

将光照系列溶液进行高效液相色谱测定,测定条件如下(供参考,可根据仪器及柱型选用最适合的条件)。

仪器型号:L-2000 日立高效液相色谱仪;色谱柱:C-18;波长:254 nm;流动相:甲醇:水=9:1;流速:1 mL/min;进样量:5~10 μL;柱温:30 ℃。

4. 质谱鉴定反应产物

将反应器内剩余溶液转入 100 mL 分液漏斗内,加入 60 mL 环己烷萃取 10 min,待静止 1 h 分层后,分出有机相。加 5 g 无水硫酸钠至有机相中,待 1 h 后转移有机相至旋转蒸发仪中,浓缩到 1 mL。取该溶液于具塞试管内作质谱测定。Thermo Trace GC ultraDSQ Ⅱ 质谱仪的操作条件如下。

DB-5 MS 型色谱柱,30 m×0.25 mm×0.25 μm,柱温为 70 ℃,10 min 后升高到 230 ℃;样品以正己烷萃取,进样温度为 250 ℃;质谱扫描范围为 30~400 amu;EI 式离化方式;分流延迟 0.10 min;质谱接口温度为 260 ℃,载气为氦气;SCAN 式采集进样方式;离化能量 70 eV;分流比为 50:1。

五、数据处理

1. 反应动力学

(1) 反应速率常数 k

$t=0$ 时,萘的浓度为 100 mg/L,即 $7.8×10^{-4}$ mol/L。根据该点在高效液相

色谱仪上得到峰高或峰面积,可求出其他峰高或峰面积对应的萘浓度 C。在了解了萘在光解反应中浓度变化的基础上,就可以计算各种动力学参数。萘在光反应初期、分解缓慢阶段的速率是不断增大的,直到它开始迅速降解,反应速率常数(k)逐渐维持恒定,并表现出一级动力学反应。

根据一级动力学反应方程式:

$$\ln(C_t/C_0) = -k \times t \tag{13-3}$$

式中:C_0——初始浓度;

C_t——一定照射时间后浓度;

k——反应速率常数,$\min^{-1}$;

t——照射时间,$\min$。

将 $\ln(C_t/C_0)$ 对时间 t 作图,便可以得到一条直线,这条直线的斜率就是一级光反应速率常数 k。

以 $\ln C$ 为纵坐标,t 为横坐标作图,得到直线的斜率,其绝对值为 k,同时表明反应为一级反应。

(2)半衰期 $t_{1/2}$

在此条件下,萘在甲醇-水溶液中半衰期 $t_{1/2}$ 为

$$t_{1/2} = 0.693/k \tag{13-4}$$

(3)不同 t 时刻萘的浓度 C 可由下列公式计算:

$$C = C_o \exp(-kt) \tag{13-5}$$

2. 根据质谱图推测反应产物的结构

根据质谱图结果,与标准质谱图库比对,或根据质荷比,推测降解产物的结构。

六、注意事项和讨论

(1)光强是影响光化学反应速度的主要因素,在其他条件相同时,不同光强下反应物的反应速率常数不同。

(2)高压汞灯发出的紫外线对眼睛和皮肤有刺激,操作时需要戴墨镜,反应器要用铝箔包裹。

(3)主波长不同的光源是影响反应物光化学反应速率的重要因素,甚至是关键因素。在其他条件相同时,不同主波长光源下,反应物的反应速率常数不同。

(4)进行 GC-MS 分析时,其进样量和样品浓度要掌握好,进样量一般为 $1~\mu L$,因此样品最后的浓缩体积要求能满足仪器的最低检测限。

（5）根据鉴定的反应中间产物推测光化学反应机理。

七、思考题

（1）NDC-3 型光化学反应器中为什么采用石英冷阱而不是普通玻璃冷阱？

（2）研究多环芳烃的光化学降解有何实际意义？

（3）光强是如何影响光化学反应速率的？

（4）说明紫外吸收检测器的工作原理。

（杨绍贵　编写）

实验十四　紫外光光照下 TiO₂ 催化还原水中六价铬

视频 实验演示

铬广泛存在于自然界中，主要以六价铬 Cr(Ⅵ)和三价铬 Cr(Ⅲ)的形式存在。六价铬具有较强的致癌性，毒性比三价铬高出 100 多倍，且更易被人体吸收，对人体的危害更大。六价铬是电镀、制革和印染行业废水中的常见污染组分，国家明文规定，在排放的工业废水中 Cr(Ⅵ)的最高允许量不超过0.5 mg/L。常用的六价铬处理方法包括吸附法、还原法、离子交换法、电解法和化学沉淀法。近年来，光催化还原法具有常温常压下进行，易操作，无二次污染的特点，成为处理六价铬最具潜力的技术之一。

一、实验目的和要求

（1）掌握液相光催化反应的反应过程和反应机理。

（2）学习光催化反应器的构造、原理和使用方法，学习反应器正常操作和安装。

（3）掌握光催化剂评价的一般方法。

（4）学习紫外分光光度计测定反应速率的原理和使用方法。

二、实验原理

1. 光催化原理

半导体的光催化特性与其自身的光电特性有关。半导体是介于导体和绝缘体之间，电导率在 $10^{-10} \sim 10^4 \, \Omega^{-1} \cdot cm^{-1}$ 之间的物质。半导体的能带是由一个充满电子的低能价带（Valence-band, VB）和一个空的高能导带（Conduction-band, CB）构成，它们之间由禁带分开。当用能量等于或大于禁带宽度的光照射半导体时，其价带上的电子被激发，越过禁带进入导带，同时在价带上产生相应的空穴即光致空穴。光致空穴有极强的捕获电子的能力，可夺取半导体颗粒表面或溶剂中的电子，使原本不吸收光的物质被活化氧化，而电子受体则可以通过接受半导体表面的电子而被还原，从而发生氧化还原反应。半导体光催化机理如图 14-1 所示。

2. TiO₂ 光催化还原六价铬反应原理

TiO₂ 的禁带宽度（Eg）为 3.2 eV，当波长小于 387 nm 的光照射 TiO₂ 时，由于光子的能量大于禁带宽度，其价带上的电子被激发，跃过禁带进入导带，同时

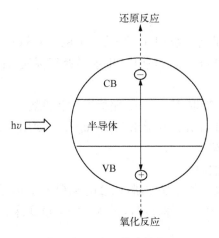

图 14 - 1 半导体光催化机理

在价带上形成相应的空穴。光致空穴 h⁺ 具有很强的捕获电子的能力,而导带上的光致电子 e⁻ 又具有很高的还原活性。e⁻ 与 Cr(Ⅵ)发生还原反应,生成Cr(Ⅲ)。

$$TiO_2 \xrightarrow{h\upsilon} e^- + h^+$$

$$4\,h^+ + 2H_2O \longrightarrow O_2 + 4H^+$$

$$Cr_2O_7^{2-} + 14H^+ + e^- \longrightarrow 2Cr^{3+} + 7H_2O$$

利用上述反应可以还原六价铬。

三、仪器和试剂

1. 仪器

(1) 高压汞灯 500 W 的光化学反应器。

(2) 紫外分光光度计。

(3) 分析天平。

(4) pH 计。

(5) 0.45 μm 水相针头滤器+5 mL 注射器:×10。

(6) 移液管:1 mL×1,2 mL×1,5 mL×1,10 mL×1。

(7) 容量瓶:100 mL×3,500 mL×2,1 000 mL×1。

(8) 比色管:25 mL×7。

2. 试剂

(1) 丙酮。

(2) H₂SO₄:配制 H₂SO₄ 与水体积比 1:1 的 H₂SO₄ 溶液 100 mL。

(3) H₃PO₄:配制 H₃PO₄ 与水体积比 1:1 的 H₃PO₄ 溶液 100 mL。

(4) $K_2Cr_2O_7$。

(5) 铬标准贮备液：称取与 110 ℃ 干燥 2 h 的 $K_2Cr_2O_7$($M=294.18$)0.282 9 g，用水溶解后，移入 1 000 mL 容量瓶中，用水稀释至标线，摇匀。此溶液含 Cr(Ⅵ) 100 mg/L。

(6) 铬标准溶液：吸取 25.00 mL 铬标准贮备液置于 500 mL 容量瓶中，用水稀释至标线，摇匀。此溶液含六价铬 5.00 mg/L。使用当天配制此溶液。

(7) 二氧化钛 P25。

(8) 二苯碳酰二肼。

(9) 显色剂：称取二苯碳酰二肼($C_{13}H_{14}N_4O$)0.2 g，溶于 50 mL 丙酮中，加水稀释至 100 mL，摇匀，贮于棕色瓶，置冰箱中。色变深后，不能使用。

四、实验步骤

1. 光催化还原六价铬动力学研究

称取 0.056 6 g 的 $K_2Cr_2O_7$，加入预先用 H_2SO_4 将 pH 调节至 2.5 的蒸馏水中溶解并稀释至 500 mL，摇匀，所得溶液中六价铬浓度为 40 mg/L。

首先取 40 mg/L $K_2Cr_2O_7$ 溶液 250 mL，加入光化学反应器，加入 0.25 g P25 催化剂，通氮气 30 min 以排除 O_2 干扰，开始光照前先搅拌 30 min，使其混合均匀并达到吸附平衡，然后停止通气打开紫外灯并开始计时。分别在反应进行 0 min，5 min，10 min，15 min，20 min，40 min，60 min 时各取一次样，每次取样 2 mL，共反应 1 h。将取出液经 0.45 μm 滤器过滤后保存于 5 mL 塑料离心管中。

再用上述方法配制其他浓度，如 5 mg/L，10 mg/L，20 mg/L，60 mg/L Cr(Ⅵ) 溶液，对它们分别重复上述步骤。

2. 重铬酸钾标准曲线的测定

向系列 25 mL 比色管中分别加入 0 mL，1.00 mL，2.00 mL，3.00 mL，4.00 mL，5.00 mL 铬标准液，加入 0.5 mL 1∶1 硫酸溶液和 0.5 mL 1∶1 磷酸溶液，加入 1.0 mL 显色剂，稀释至刻度，摇匀，所得溶液中含 Cr(Ⅵ) 的浓度分别为 0 mg/L，0.2 mg/L，0.4 mg/L，0.6 mg/L，0.8 mg/L，1.0 mg/L，静置 10 min。在 540 nm 波长处，测定吸光度。扣除空白实验测得的吸光度后，绘制以 Cr(Ⅵ) 的浓度对吸光度的曲线。

3. 光催化反应后，六价铬浓度测试

量取 1.0 mL 滤液，按测量标准曲线的方法测试，以水做参比，测定吸光度，扣除空白实验测得的吸光度后，从标准曲线上查得 Cr(Ⅵ) 的浓度。

五、实验数据记录及处理

1. 绘制标准曲线

记录不同浓度 Cr(Ⅵ)的吸光度,并对 Cr(Ⅵ)的浓度作图。

2. Cr(Ⅵ)还原动力学研究

记录不同初始浓度 Cr(Ⅵ)在反应不同时间后溶液中 Cr(Ⅵ)的吸光度,做出 Cr(Ⅵ)浓度随时间变化的曲线。

3. 计算初始速率值

选取反应 10 min,15 min,20 min 时 Cr(Ⅵ)的浓度,作浓度随时间变化的曲线,斜率即为初始速率值,以初始速率对初始浓度作图。

六、讨论

(1) 反应 1 h 后,催化剂对不同初始浓度 Cr(Ⅵ)的去除率分别是多少?

(2) 对反应活性结果进行动力学拟合,试求其反应级数。

(3) 吸附过程对反应速率具有促进作用还是抑制作用? 为什么?

七、思考题

(1) 光催化转化速率受哪些因素影响? 为什么?

(2) 计算初始速率值选取 10 min,15 min,20 min 的六价铬浓度的原因是什么?

(3) 从半导体光催化原理出发,列举几种提高催化剂活性的方法。

参考文献

[1] 国家环境保护总局. 污水综合排放标准[S]. 北京:中国标准出版社,1998.

[2] 高濂,郑珊,张青红. 纳米氧化钛光催化材料及应用[M]. 北京:化学工业出版社,2002.

[3] 刘守新,刘鸿. 光催化及光电催化基础与应用[M]. 北京:化学工业出版社,2006.

[4] J. J. Testa, M. A. Grela, M. I. Litter. Heterogeneous Photocatalytic Reduction of Chromium(Ⅵ)over TiO₂ Particles in the Presence of Oxalate:Involvement of Cr(Ⅴ)Species [J]. *Environment Science Technology*,2004,38:1589 - 1594.

[5] R. X. Mu, Z. Y. Xu, *et al*. On the photocatalytic properties of elongated TiO₂ nanoparticles for phenol degradation and Cr(Ⅵ) reduction [J]. *Journal of Hazardous Materials*,2010,176:495 - 502.

[6] 国家环境保护局规划标准处. GB7467 - 87 水质　六价铬的测定　二苯碳酰二肼分光光度法[S]. 北京:中国标准出版社,1987.

(万海勤　编写)

实验十五　土壤中铜、锌的形态分析

视频 实验演示

近年来,由于人类活动的原因,土壤重金属污染问题已日益引起人们的关注。据统计,我国受污染的耕地约 1.5 亿亩,约占全部耕地面积的 1/10 以上,每年受金属污染的粮食达 1 200 万吨,造成的直接经济损失超过 200 亿元。土壤重金属污染来源广泛,主要包括有大气降尘、污水灌溉、工业固体废弃物的不当堆置、采矿冶炼、农药化肥等。土壤中重金属元素的迁移、转化及其生物可利性,除了与土壤中重金属的总量有关外,更与重金属元素在土壤中的赋存形态有很大关系。土壤中重金属的赋存形态不同,其活性、生物毒性及迁移特征也不同。

一、实验目的和要求

（1）了解土壤中重金属形态分析的方法和意义。
（2）掌握原子吸收分光光度计的原理和使用方法。
（3）了解土壤中重金属赋存形态对其生物可利用性的影响和环境化学意义。

二、实验原理

土壤金属形态测定方法的重点在于测定与土壤固相或者液相结合的金属含量,而形态测定的难点在于由于目前技术水平所限,实际测量金属的真实形态非常困难。人们通常采用土壤连续提取方法来表征金属形态。土壤连续提取方法指的是采用不同的试剂,选择性地溶解特定固相并释放出与此结合的金属,从最易提取的与固相结合的金属到最难提取的与固相结合的金属,使用越来越强的试剂逐步分离。这样的提取方法能够分析出来与各个固相结合的金属含量。

Tessier 等人在 1979 年提出的连续提取法是形态提取法中最具代表性的。他将土壤中金属形态分为水溶态、可交换态、碳酸盐结合态、铁锰氧化物结合态、有机结合态和残渣态。水溶态是指土壤溶液中的金属离子,直接用蒸馏水提取;可交换态指可被中性盐替换的土壤胶体表面非专性吸附的金属离子;碳酸盐结合态是石灰性土壤中的重要形态;铁锰氧化态是被土壤中铁锰氧化物专性吸附的部分,只能被亲和力相似或更强的金属离子置换;有机结合态是金属与土壤有机质结合的部分;残渣态是指结合在矿物晶格中的金属离子。后来许多有关金属形态的研究都是在此基础上对方法进行调整和改动。

Tessier 的连续提取法操作较为烦琐费时,本实验采用的是 1993 欧盟标准物质局(BCR)提出的三步提取法,分别为:① 水溶态、可交换态和碳酸盐结合态;② 铁锰氧化物结合态;③ 有机物及硫化物结合态。

三、仪器和试剂

1. 仪器

(1) 原子吸收分光光度计。

(2) 电子天平。

(3) 振荡器。

(4) 恒温水浴锅。

(5) 离心机。

(6) 酸度计。

(7) 聚乙烯离心管:50 mL×3。

(8) 0.45 μm 水相针头滤器+5 mL 注射器:×18。

(9) 容量瓶:25 mL×15,100 mL×1,500 mL×3。

(10) 移液管:1 mL×1,5 mL×1。

2. 试剂

(1) 0.1 mol/L CH_3COOH 溶液:准确吸取 2.87 mL 冰醋酸(分析纯)于 500 mL 容量瓶中,以蒸馏水定容。

(2) 0.1 mol/L 盐酸羟胺(pH=2):准确称取 3.475 g 盐酸羟胺(分析纯)溶于约 450 mL 蒸馏水中,用 2 mol/L HNO_3 调节 pH 至 2.0,再转入 500 mL 容量瓶,以蒸馏水定容。

(3) 1 mol/L CH_3COONH_4(pH=2):准确称取 38.5 g 醋酸铵(分析纯)溶于约 450 mL 蒸馏水中,用 2 mol/L HNO_3 调节 pH 至 2.0,再转入 500 mL 容量瓶中,以蒸馏水定容。

(4) 30% H_2O_2(分析纯)。

(5) 浓硝酸(分析纯)。

(6) 1 000 mg/L 铜、锌储备液。

(7) 土壤样品的准备:将采集的 0~5 cm 表层土倒入预先洗净的塑料盘中,拣出石块、草根等杂物,在通风处自然风干,用玛瑙研钵研磨过 80 目筛,所得样品在 105 ℃下烘干约 4 h,装入广口玻璃瓶中,置于干燥器中备用。

四、实验步骤

1. 样品形态的提取

第一态：准确称取 1.000 g 土样（三个平行），记录下质量，置于 50 mL 聚乙烯离心管中。每只离心管中加入 15 mL 0.1 mol/L CH_3COOH，于室温下震荡 24 h。取出离心管后称重，选取重量相等或相近的对称地放入离心机中，如无重量对应的，取空白离心管注水至相同重量。以 4 000 rpm 的转速离心 10 min，上清液转入 25 mL 容量瓶中，沉淀加 5 mL 蒸馏水，手动振摇 30 s，离心，合并上清液，滴入 1 滴浓硝酸后定容，用一次性注射器吸取适量溶液，用 0.45 μm 滤器过滤至 5 mL 聚乙烯离心管中，待测。

第二态：于上一级沉淀中加入 15 mL 0.1 mol/L 盐酸羟胺（pH=2），室温下振荡 24 h。分离方法同第一态。

第三态：于上一级沉淀中加入 5 mL 30% H_2O_2，室温下敞口放置 1 h，间断振摇，置于 85 ℃水浴中放置 1 h。再加入 5 mL 30% H_2O_2 于 85 ℃水浴中放置 1 h，然后置于 95 ℃烘箱中至近干。然后向残留物中加入 15 mL 1 mol/L CH_3COONH_4（pH=2），闭口室温下振荡 24 h，然后分离方法同第一态。

2. 样品测定

（1）标准溶液的配制

分别准确吸取 1.00 mL 1 000 mg/L 铜、锌标液于 100 mL 容量瓶中，用 1% 硝酸稀释至刻度，得到 10 mg/L 储备液。取 6 只 25 mL 容量瓶，依次加入 0 mL，0.5 mL，1.0 mL，1.5 mL，2.0 mL，2.5 mL 浓度为 10 mg/L 铜、锌储备液，滴入 1 滴浓硝酸后纯水定容摇匀，即得到 0 mg/L，0.20 mg/L，0.40 mg/L，0.60 mg/L，0.80 mg/L，1.00 mg/L 铜、锌标准系列溶液。

（2）标样及样品溶液的测定

将标准溶液与待测溶液，在相同条件下以火焰法在原子吸收分光光度计上分别进行测定，将所得的吸光值对浓度作图，制作工作曲线。从该曲线上求出待测元素的浓度。

原子吸收测定条件如下。

表 15-1　原子吸收测定条件

元素	铜	锌
波长/Å	3 248	2 139
灯电流/mA	2	4
燃气	乙炔	乙炔
助燃气	空气	空气
火焰类型	氧化型	氧化型

五、数据处理

土壤中铜、锌的各形态浓度按以下公式计算：

$$C = \frac{MV}{W} \tag{15-1}$$

式中：C——土壤中铜、锌的各形态浓度，mg/kg；

M——测定的溶液浓度，mg/L；

V——定容体积，mL；

W——称取土壤样品的质量，g。

各形态浓度取三个平行实验的平均值。各形态浓度之和为土壤中除残渣态外的土壤重金属含量。计算各形态占土壤金属含量的百分数，并绘制如下形态分布图，分析土壤中铜、锌的主要赋存形态。

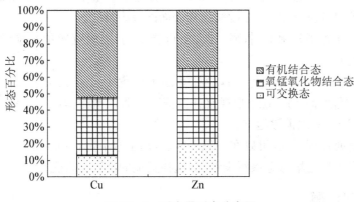

图 15-1 重金属形态分布图

六、讨论和注意事项

（1）连续分级提取方法中使用的试剂不能真正确定完全提取土壤各个固相结合的金属含量，所以仅仅是操作上的定义，而无法与真实的土壤金属生物有效性完全等同。

（2）本方法主要适用于土壤或沉积物中的 Cu，Cd，Pb，Zn，Ni 的形态分析，而不适用于 Hg，As，Cr。如砷一般分为吸附态砷（1 mol/L NH_4Cl 提取）、铝型砷（0.5 mol/L NH_4F 提取）、铁型砷（0.1 mol/L NaOH 提取）、钙型砷（0.25 mol/L H_2SO_4 提取）和闭蓄态砷。而 Cr 的操作定义有其特殊性，一般分为水溶态、交换态（1 mol/L CH_3COONH_4 提取）、沉淀态（2 mol/L HCl 提取）、有机结合态(5% H_2O_2- 2 mol/L HCl 提取)、残渣态等。

　　(3) 植物受重金属危害主要与土壤中可溶态和交换态重金属的含量有关。不同的土壤条件,包括土壤类型、土地利用方式、阳离子交换量(CEC)、土壤 pH 和 Eh、土壤胶体种类和含量等因素,都可引起土壤中重金属元素存在形态的转化,从而影响其生物可利用性。如田间施用有机肥,可能会引起水溶性有机物浓度增加,从而增加交换态金属含量及金属在植物体内的累积。

　　(4) 近年来,一些光谱技术的发展为研究土壤中金属形态提供了基础。如 X 射线广延精细结构(Extended X-ray Absorption Fine Structure,EXAFS)、X 射线近边结构光谱等(X-ray Absorption Near Edge Structure,XANES)。前者可以了解吸收原子的配位数、与周围原子的键长以及与周围原子的配位状况,后者可以反映吸收原子的氧化态及原子与周边配合物的对称性等。目前北京中国科学院高能物理研究所同步辐射实验室(BSRF)具有相应的设备,可进行相关 XAS 光谱研究。如黄泽春等应用 EXAFS 研究了蜈蚣草富集砷的形态变化;潘纲等用 EXAFS 研究了 Zn 在锰氧化物表面的吸附特征。

　　(5) 由于土壤来源不同,铜、锌含量可能不同,因而应做预实验确定标准曲线的配制范围。

　　(6) 初次加入 H_2O_2 溶液后,应在室温下放置 1 h,若土壤中有机质含量较高,会有大量泡沫产生,应经常观察并振摇离心管以消除泡沫。若泡沫过多,可加入几滴 2-辛醇以消除泡沫。

　　(7) 有时根据需要,可以在三态提取后,用王水消化,得到残渣态。

　　(8) 可根据土壤重金属污染情况,选择其他的金属元素进行实验。

七、思考题

　　(1) 为什么要对土壤中重金属进行形态分析?

　　(2) 为什么要重视提取剂的 pH?

　　(3) 本实验有哪些地方需要特别注意?

参考文献

　　[1] 国家环境保护部. 先要查清家底——全国土壤现状调查情况综述. http://www. sepa. gov. cn/natu/yjsp/qgtrxzdc/200612/t20061231_99195. htm.

　　[2] A. Tessier, P. G. C. Campbell, M. Bisson, Sequential extraction procedure for the speciation of particulace trace metals. *Anal. Chem.* 1979,51:844 - 851.

　　[3] P. Quevauviller, G. Rauret, B. Griepink. Single and sequential extraction in sediments

and soils. *International Journal of Environmental Analytical Chemistry*. 1993,51:231-235.

[4] 陈英旭,何增耀,吴建平. 土壤中铬的形态及其转化[J]. 环境科学,1994,15(3):53-56

[5] 潘逸,周立祥. 施用有机物料对土壤中 Cu,Cd 形态及小麦吸收的影响:田间微区试验[J]. 南京农业大学学报. 2007,30(2):142-146.

[6] 黄泽春,等. 超富集植物蜈蚣草中砷化学形态的 EXAFS 研究[J]. 植物学报:英文版. 2004,46:46-50.

[7] 朱孟强,等. EXAFS 研究不同酸度下 Zn^{2+} 在水锰矿表面的吸附和沉淀[J]. 物理化学学报,2005,21:1169-1173.

[8] 李贤良,潘纲,朱孟强,等. 用 EXAFS 研究 pH 对水溶液中 Zn(Ⅱ)微观结构的影响[J]. 核技术,2004,27:895-898.

（顾雪元　编写）

实验十六 土壤/沉积物中磷的形态分析

地壳中磷的平均含量约为 1.2 g/kg,而大多数自然土壤的含磷量则远远低于地壳中磷的含量。土壤中的磷一般来源于岩石风化、磷矿废水和磷肥的施用。农业生产中经常需要施用磷肥来增加土壤有效磷的供给量,但土壤有很强的固磷作用,各种可溶性或速效性磷化合物很快就转化为不溶性或缓效性磷。施入农田的磷肥的生物有效性甚至不到 30%,未被利用的磷肥则在耕层土壤中积累起来。由于磷的溶解性低,农田中以溶解态流失的磷并不多,大多数是吸附在颗粒物上随地表径流进入水体。在我国,磷是水体富营养化的主要限制因子,研究表明,0.02 mg/L 的磷即可诱发水体富营养化。因此了解土壤/沉积物中磷的主要存在形态,有助于预测磷化合物在固液相之间的分配,从而判断其环境行为。

土壤/沉积物中的磷主要可分为有机态磷和无机态磷两大类。其中无机态磷占 50%~90%,有机磷占 10%~50%。无机磷几乎全为正磷酸盐,一般可分为:① 磷酸铝类(Al-P);② 磷酸铁类(Fe-P);③ 磷酸钙(镁)类(Ca-P);④ 闭蓄态磷(O-P)。而有机磷以磷脂、核酸、核素等含磷有机化合物为主。

一、实验目的和要求

(1) 了解钼锑抗比色法测定磷的原理和方法。
(2) 掌握土壤/沉积物样品中总磷、有机态磷、无机态磷的测定方法。
(3) 了解不同形态磷对土壤或水体环境的贡献和意义。

二、实验原理

本实验对土壤/沉积物中的总磷、有机态磷、无机态磷分别做了测定。

总磷的分析采用 $HClO_4$ - H_2SO_4 法。$HClO_4$ 能氧化有机质和分解矿物质,它有很强的脱水能力,从而有助于胶状硅的脱水。$HClO_4$ 还能与铁配合,在磷的比色测定中能抑制硅、铁的干扰。H_2SO_4 的存在能提高消化温度,同时防止消化过程中溶液被蒸干。样品在 $HClO_4$ - H_2SO_4 的作用下能完全分解,并转化成无机正磷酸盐进入溶液,然后再用钼锑抗比色法测定。此法对钙质土壤分解率较高,但对酸性土壤分解不十分完全,结果往往偏低。

土壤/沉积物中有机态磷的分析是先将样品高温灼烧,使有机磷转化为无机磷,然后与未经灼烧的底泥分别用稀酸浸提,比色测定后所得的差值即为有机态磷。

土壤/沉积物中无机态磷可用含 NH_4F 的稀酸溶液浸提,用钼锑抗比色法测定。酸性条件下能溶解底泥中大部分磷酸钙,F^- 又能与 Fe^{3+},Al^{3+} 形成配合物,促使磷酸铁、磷酸铝的溶解。

钼锑抗比色法测定磷的原理:正磷酸盐溶液在一定的酸度下,加酒石酸锑钾和钼酸铵混合液形成磷钼杂多酸 $H_3[P(Mo_3O_{10})_4]$。在三价锑存在时,抗坏血酸能使磷钼杂多酸变成磷钼蓝,其颜色在一定浓度范围内与磷的浓度成正比,可在 700 nm 波长下比色测定。显色时显色液的 pH 要求在 3 左右,酸度太低显色液稳定时间变短,太高显色变慢。温度低于 20 ℃,当 $C(P) > 0.4$ mg/kg 时显色后有沉淀产生。显色时间控制在 30 min,显色后在 8 h 内保持稳定,因此显色中酸度、温度、时间都会影响显色反应。

三、仪器和试剂

1. 仪器

(1) 紫外分光光度计+1 cm 玻璃比色皿×2。

(2) 恒温振荡器×3。

(3) 离心机。

(4) 马弗炉。

(5) 电热板。

(6) 电子天平。

(7) 比色管:25 mL×14。

(8) 比色管架×1。

(9) 容量瓶:100 mL×4,250 mL×2。

(10) 高脚烧杯:100 mL×3。

(11) 表面皿:3 只。

(12) 移液管:5 mL×2,10 mL×2。

(13) 瓷坩埚:30 mL×1。

(14) 离心管:50 mL×8。

(15) 玻璃珠。

2. 试剂

(1) KH_2PO_4。

（2）浓 H_2SO_4。

（3）70%～72% $HClO_4$ 1 滴瓶。

（4）0.5 mol/L H_2SO_4 溶液 1 滴瓶：吸取 2.8 mL 浓 H_2SO_4 溶于 100 mL 水中。

（5）0.5 mol/L NH_4F - 0.5 mol/L HCl 溶液：称取 9.25 g NH_4F 溶解于约 200 mL 水中，转入 500 mL 容量瓶，吸取 4.2 mL 浓 HCl 于容量瓶中摇匀，定容。

（6）2 mol/L NaOH 溶液 1 滴瓶：称取 8 g NaOH 溶于 100 mL 水中。

（7）0.5% 酒石酸锑钾（$C_8H_4K_2O_{12}Sb_2 \cdot 3H_2O$）溶液 100 mL。

（8）0.8 mol/L H_3BO_3 溶液：称取 24.75 g H_3BO_3 溶于 500 mL 水中。

（9）2,6 - 二硝基苯酚指示剂 1 滴瓶：称取 0.1 g 2,6 - 二硝基苯酚溶于 100 mL 水中。其变色点的 pH 约为 3.0，pH<3 呈无色，pH>3 呈黄色。

（10）钼锑储备液：将 153 mL 浓硫酸缓慢地倒入约 400 mL 水中，搅拌，冷却。称取 10 g 钼酸铵溶于约 60 ℃ 300 mL 的水中，冷却。然后将配制的 H_2SO_4 溶液缓缓倒入钼酸铵溶液中，再加入 100 mL 0.5% 酒石酸锑钾溶液，最后用水稀释至 1 L，充分摇匀，贮于棕色瓶中。此贮存液含 1% 钼酸铵、2.75 mol/L H_2SO_4。

（11）钼锑抗显色剂：称取 1.5 g 抗坏血酸（$C_6H_8O_6$）溶于 100 mL 钼锑储备液中。此液需学生随配随用，有效期一天。

（12）磷标准贮备液：称取 0.219 5 g 在 105 ℃ 烘箱中烘过的 KH_2PO_4 溶于 200 mL 水中，加入 5 mL 浓 H_2SO_4，转入 1 L 容量瓶中，用蒸馏水定容。此为 50 mg/L 磷标准溶液，可以长期保存。

（13）磷标准使用液：吸取 10 mL 磷标准储备液，用水稀释至 100 mL，即为 5 mg/L 磷标准溶液，此溶液不宜久存。

（14）土壤或沉积物样品：采集的土壤或沉积物样品拣出草根、石块等杂物，经风干后磨碎过 100 目筛后，装瓶保存。

四、实验步骤

1. 磷标准曲线的绘制

分别吸取 0 mL，0.5 mL，2 mL，3 mL，4 mL，5 mL 的 5 mg/L 磷标准溶液于 25 mL 比色管中，加水稀释至约 15 mL，加 2 滴二硝基酚指示剂，用 2 mol/L NaOH 溶液调节溶液 pH 至黄色，再加 1 滴 0.5 mol/L H_2SO_4 至黄色刚刚消退，此时溶液 pH 约为 3。然后准确加入 2.5 mL 钼锑抗显色剂，再用蒸馏水定容，摇匀。置于 30 ℃恒温箱显色 30 min 后,冷至室温用 1 cm 比色皿在 700 nm 处比色测定,以水为参比,记录下吸光度值,颜色可在 8 h 内保持稳定。

2. 土壤中总磷的测定

用 H_2SO_4-$HClO_4$ 法对土壤进行消化。准确称取土壤样品 1 g,置于 100 mL 高脚烧杯中,以少量水润湿后,加入 15 mL 浓 H_2SO_4,摇匀,加 2 mL 70%~72% $HClO_4$ 和几颗玻璃珠,摇匀,盖上表面皿,置于电热板上加热消煮。先将温度调至 100 ℃,消煮 10 min,再将温度调至 150 ℃,消煮 5 min,再将温度调至 230 ℃,当样品变成白色时,再加热 20 min,全部消煮时间约为 60~70 min。每组做两份平行实验,一份试剂空白(不加土壤),共三个。消化完毕,将冷却的消煮液连土全部转入 100 mL 容量瓶中,缓缓摇动容量瓶,冲洗时应少量多次,待冷却至室温后用水定容。取定容后 30 mL 消煮液于离心管中,4 000 r/min 离心 5 min。

准确移取上清液 5 mL(吸取量应根据含磷量确定)至 25 mL 比色管中,用水稀释至约 15 mL,加 2 滴二硝基酚指示剂,调节 pH=3(操作同 1),准确加入 2.5 mL 钼锑抗显色剂,再用蒸馏水定容。在 30 ℃恒温箱中显色 30 min 后,以水为参比,进行比色测定。

3. 有机态磷的测定

准确称取土壤样品 1 g 左右置于 30 mL 瓷坩埚中,用 2B 铅笔在瓷坩锅底部注明标记,置于马弗炉内于 550 ℃灼烧 1 h,取出冷却。注意将坩埚放入炉中或取出时,在炉口停留片刻,使坩埚预冷或预热,防止因温度剧变而使坩埚破裂。用 100 mL 0.1 mol/L H_2SO_4 溶液将土样洗入 250 mL 的容量瓶中。另外准确称取 1 g 左右同一样品置于另一 250 mL 容量瓶中,加入 100 mL 0.1 mol/L H_2SO_4 溶液。两瓶溶液摇匀后,敞口放入 40 ℃恒温箱内 1 h。取出冷却至室温后,加水定容。充分摇匀后,取出 30 mL 于离心管中,4 000 r/min 离心 5 min。准确移取两管的上清液 10 mL(吸取量应根据含磷量确定)分别置于 25 mL 比色管中,加水稀释至约 15 mL,调节 pH 为 3(操作同 1)。准确加入 2.5 mL 钼锑抗显色剂,定容,在 30 ℃恒温箱中显色 30 min 后,以水为参比比色测定。分别算出灼烧与未灼烧土样的含磷量,然后用经灼烧的结果减去未灼烧的结果,其差值即为有机磷含量。

4. 无机磷的测定

准确称取土壤样品 1 g 左右于 50 mL 塑料离心管中,用移液管准确移入 0.5 mol/L 的 NH_4F-0.5 mol/L HCl 浸提剂 40 mL。旋紧盖子,在振荡器上震荡 1.5 h,以 4 000 r/min 离心 5 min。准确移取上清液 5 mL(吸取量应根据含磷量确定)于 25 mL 比色管中,加 5 mL 0.8 mol/L 硼酸及 5 mL 水。摇匀后调节 pH 至 3(方法同 1),准确加入 2.5 mL 钼锑抗显色剂,定容。在 30 ℃ 恒温箱中显色 30 min 后,以水为参比进行比色测定。每组做两份平行实验,一份试剂空白(不加土壤),共三个。

五、数据处理

$$样品中的含磷量(mg/kg) = \frac{CVV_2}{WV_1} \qquad (16-1)$$

式中:C——测定液中磷浓度,mg/L;

$\quad\quad V_1$——吸取离心后上清液的体积,mL;

$\quad\quad V_2$——测定液的体积,mL;

$\quad\quad V$——样品制备溶液的体积,mL;

$\quad\quad W$——土壤重量,g。

由该式分别求出总磷、无机磷的含量,有机磷含量为灼烧和未灼烧样品磷含量的差值。

六、讨论和注意事项

(1) 沉积物磷的释放作用是形成浅水湖泊蓝藻水华的重要因素。众多研究表明,在外源输入逐步得到控制的情况下,湖泊沉积物作为内源对上覆水体的释磷作用是影响湖泊富营养化的重要因素之一。各种形态的磷相互之间进行着迁移和转化,因此研究沉积物中磷的赋存形态及其与湖泊富营养化之间的关系具有重要意义。化学连续提取法是研究湖泊沉积物中磷形态的重要手段,采用不同强度的提取剂,无机磷通常可分为六种提取形态:可交换态溶解磷、溶解态磷、铝结合态磷、铁结合态磷、钙结合态磷、闭蓄态磷。其分析方法为:首先,用 NaCl 溶液提取可交换的溶解磷(P-ex),NH_4Cl 溶液提取其他部分的溶解磷(P-sol);其次,用 NH_4F 溶液提取铝结合态磷(P-Al),用 NaOH 溶液提取铁结合态磷(P-Fe);随后用 H_2SO_4 提取钙磷(P-Ca);最后用柠檬酸钠和连二硫酸钠组成的还原-络合体系提取相应的闭蓄态磷(P-O)。有机磷采用 550 ℃ 高温灼烧-H_2SO_4 浸提法进行分析。近年来,研究发现采用螯合剂 EDTA 可以较好地提取有效态磷。

(2) 1982 年 Hedley 提出一种新的磷素分级方法,在国外得到了较多的应用,其主要特点是同时兼顾了无机和有机磷组分的分级提取。他将土壤磷素主要分为七组:① 树脂交换态磷,是指与土壤溶液磷处于平衡状态的土壤固相无机磷,是充分有效的,构成了土壤活性磷的大部分;② $NaHCO_3$ 提取态磷,包括吸附在土壤表面的磷和可溶性的有机磷,这一部分磷也是有效的;③ 土壤微生物磷,是指用氯仿熏蒸土壤,再用 $NaHCO_3$ 提取出来的微生物细胞磷;④ NaOH溶性磷,是指用 0.1 mol/L NaOH 溶液提取的磷,主要是通过化学吸附紧密结合在土壤铁铝化合物表面的无机磷和有机磷;⑤ 土壤团聚体内磷,经超声波分散后在0.1 mol/L NaOH 溶液提取的磷,主要是结合在土壤团聚体内表面上的无机和有机磷;⑥ 磷灰石型磷,用 1 mol/L HCl 提取;⑦ 残留磷,用上述方法所不能提取的比较稳定态的磷,也包括有机和无机部分。但有人认为,此分级方法不能提取固持较为紧密的磷酸盐,尽管这部分磷是植物吸磷的来源。

(3) 待测液中磷的测定,一般都采用钼蓝比色法,所用的显色剂有钼锑抗、氯化亚锡、抗坏血酸和1,2,4-氨基酚磺酸等,其中钼锑抗法有手续简便、颜色稳定、干扰离子允许量大等特点。

(4) 硫酸和高氯酸移取时注意安全。

(5) 若待测液中锰的含量较高时,最后用 Na_2CO_3 溶液来调节 pH,以免产生氢氧化锰沉淀,酸化时难以再溶解。

(6) 溶液中浓度较高时,显色不稳定,吸光度随时间延长而增加,所以磷浓度的测定应在标准曲线范围内进行。可以比较一下高磷酸盐浓度下实验时间对显色时间的影响。

七、思考题

(1) 测定土壤/沉积物样品中磷含量的环境意义是什么?

(2) 实验中总磷含量是否为有机磷和无机磷之和?

(3) 钼锑抗比色法的主要误差来源有哪些?

参考文献

[1] 王晓蓉. 环境化学[M]. 南京:南京大学出版社,1993.

[2] 朱广伟,等. 浅水湖泊沉积物中磷的地球化学特征[J]. 水科学进展,2003,14(6):714-719.

[3] 金相灿,等. 太湖东北部沉积物理化特征及磷赋存形态研究[J]. 长江流域资源与环境,2006,15(3):388-394.

［4］V. Ruban. Quevauviller, Harmonized protocol and certified reference material for the determination of extractable contents of phosphorus in freshwater sediments: A synthesis of recent works. *Fresenius J Anal. Chem.* 2001,370:224 - 228.

［5］黄清辉,等. 沉积物中磷形态与湖泊富营养化的关系［J］. 中国环境科学,2003,23(6):583 - 586.

［6］王超,等. 典型城市浅水湖泊沉积物磷形态的分布及与富营养化的关系［J］. 环境科学,2008,29(5):1303 - 1307.

［7］M. J. Hedley, J. W. B. Stewart, S. Chauhanb. Changes in inorganic and organic soil phosphorous fractions induced by cultivation practices and by laboratory incubation. *Soil Sci. Soc. Of Am. J.* ,1982,46:970 - 975.

（顾雪元　编写）

实验十七　水中有机氯农药的分析检测

六六六、滴滴涕均为高效广谱的有机氯农药,曾是世界各国使用量最大的杀虫剂。我国 20 世纪 50～80 年代生产和使用的主要农药品种也是六六六、滴滴涕,但这类农药大多具有半衰期长、不易降解和代谢的特征,可产生遗传毒性及"三致"效应,至今在全球范围内的各种环境介质以及动植物组织器官和人体中仍可检测到六六六及滴滴涕的广泛存在。随着对六六六、滴滴涕毒性的进一步研究和替代品的出现,各国现基本都已禁止生产和使用此类农药,但在部分地区,这两种农药的残留量仍然较高,因此测定环境水体中六六六、滴滴涕的浓度是水体监测中的重要因子,是评价水环境质量的重要依据之一。

一、实验目的和要求

(1) 了解测定环境水体中六六六及滴滴涕浓度的意义和方法。
(2) 掌握固相萃取法进行水样前处理的方法。
(3) 了解气相色谱仪的原理和使用方法。

二、实验原理

1. 固相萃取法

固相萃取(solid phase extraction,SPE)技术是基于液-固相色谱理论,采用选择性吸附、选择性洗脱的方法实现样品的富集、分离和纯化,是一种包括液相和固相的物理萃取过程,可将其近似看作一种简单的色谱过程,其工作原理是根据目标物和吸附剂之间的作用力来进行保留/吸附。根据作用力不同,使用的分离柱不同,如 C_{18} 柱(疏水作用力)、NH_2 柱(离子交换作用)和 Florsil(物理吸附)等。固相萃取中较常使用的方法是使液体样品通过吸附剂,保留被测物质,再选用适当强度溶剂冲去杂质,然后用少量溶剂洗脱被测物质,从而达到快速分离净化与浓缩的目的,也可选择性吸附干扰杂质,而让被测物质流出,或同时吸附杂质和被测物质,再使用合适的溶剂选择性地洗脱被测物质。

2. 气相色谱法

气相色谱法是以气体为流动相,当其携带欲分离的混合物经过固定相时,由于混合物中各组分的性质不同,与固定相作用的程度也有所不同。因为组分在两相间具有不同的分配系数,经过多次的分配之后,各组分在固定相中的滞留时间有长有短,从而使各组分依次先后流出色谱柱而得到分离。对于六六六和滴滴涕,目前广泛使用气相色谱法进行测定,可同时测定六六六的四种同分异构体(α-666,β-666,γ-666 和 δ-666)和滴滴涕的四种同分异构体(p,p′-DDT,o,p′-DDT,p,p′-DDE,p,p′-DDD)。

本实验采用 SPE 柱吸附六六六及滴滴涕,通过溶剂洗脱后,利用气相色谱仪进行定性、定量分析。

三、仪器和试剂

1. 仪器
(1) 梨形瓶。
(2) 滴管。
(3) 进样小瓶。
(4) 固相萃取柱(C_{18})。
(5) 固相萃取装置。
(6) 真空泵。
(7) 旋转蒸发器。
(8) 氮吹仪。
(9) Agilent7890A 气相色谱仪(电子捕获检测器)。
(10) 10~100 μL 和100~1 000 μL 移液枪。

2. 试剂
(1) 甲醇。
(2) 二氯甲烷。
(3) 正己烷(均为色谱纯)。
(4) 1 mg/L 六六六及滴滴涕的储备液。

四、实验步骤

1. 配置模拟水样
(1) 清洗采样瓶:用洗衣粉洗净后再用去离子水润洗 3 遍,将瓶口倒扣在锡箔纸上让水流尽,然后用甲醇、二氯甲烷、正己烷分别润洗 3 次后,于烘箱中烘干。
(2) 配置溶液:由于实验室的六六六、滴滴涕储备液一般是以正己烷为溶剂,而正己烷几乎不溶于水,因此配置水样之前需用丙酮进行溶剂替换。
(3) 溶剂替换的方法:氮吹仪(图 17-1)使用之前,先对氮吹仪针管进行洗涤,分别用甲醇、二氯甲烷、正己烷洗 3 次吹干。氮吹管使用之前用正己烷标定 1 mL 的刻度。用移液枪吸取 2 mL 六六六、滴滴涕储备液于氮吹管中,在氮吹

仪上吹至近干(底部润湿为止)。氮吹时注
意控制氮气的流速,以氮气在液面上形成一
个小水涡即可。取下氮吹管,移取 1 mL 丙
酮注入,摇匀待用。此溶液应用前现配。

(4) 配置模拟水样:量取 500 mL 蒸馏水
于干净的采样瓶中,用移液枪移取 100 μL 丙
酮替换的母液于采样瓶中,在超声仪中超声
5 min,确保样品完全溶解。此模拟水样含六
六六、滴滴涕的浓度为 0.2 μg/L。

2. 固相萃取及浓缩

(1) C_{18} 活化:依次使用正己烷、二氯甲
烷、甲醇、超纯水各 10 mL。在重力的作用下
自然流过 C_{18} 柱。注意在甲醇过柱时不能让
液体流尽,当柱子上方还有少许液体时就应

图 17-1　氮吹仪

该加入超纯水,柱子取下时应保持液面不低于小柱顶部。

(2) 萃取:将活化好的 C_{18} 柱安装在固相萃取装置基座上,用聚四氟乙烯管
连接线柱口与模拟水样相连,用真空泵造成负压使水样流过 C_{18} 柱,见图 17-2。
水样经过柱子的流速应控制在 1~2 滴/s,流速过快会导致液体与固相还没有达
到吸附平衡就流走,使回收率偏低,流速过慢会使过柱时间太长,萃取 500 mL
水样大约需要 5 h。

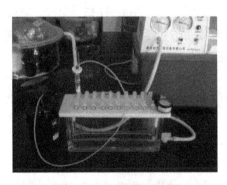

图 17-2　固相萃取装置

图 17-3　洗脱装置

(3) 干燥:当水样全部通过 C_{18} 柱之后,将连接线取下,用锡箔纸盖住 C_{18} 柱
的上口。将控制流速的阀门开到最大,继续抽吸 30 min,之后将柱子取下放入干
燥器中干燥一个星期。

(4) 洗脱:将 C_{18} 柱放在固相萃取装置基座上,依次用 10 mL 正己烷、10 mL

正己烷和二氯甲烷 1∶1 混合液、10 mL 二氯甲烷洗涤 C_{18} 柱,收集洗脱液于梨形瓶中。洗脱时应注意流速控制在 2～3 滴/s,洗脱过程中不要使柱子中的液体流干,当不再有液滴滴下时,将限速阀开至最大抽吸 10 min。装置图如图 17 - 3 所示。

(5) 旋转蒸发:旋转蒸发装置如图 17 - 4 所示,旋蒸之前用甲醇、二氯甲烷和正己烷的混合液蒸干以清洗旋蒸仪。在水浴(40 ℃～70 ℃)下,将洗脱液蒸至稍多于 1 mL。旋蒸过程中注意液体保持近沸状态,避免出现剧烈沸腾。

(6) 氮吹定容:将旋蒸完的样品从梨形瓶中转移至氮吹管中,用少量正己烷清洗 3 次梨形瓶,合并至氮吹管,将氮吹管中的样品氮吹定容至 1 mL,转移入气相进样小瓶中,封口,如不立即上机,应放入 -20 ℃的环境中待测。

3. 标准溶液的配制

用移液枪移取 100 μL,200 μL,400 μL,600 μL,800 μL,1 000 μL 1 mg/L 贮备液于气相进样小瓶中。用正己烷定容至 1 mL,配成 0.1 mg/L,0.2 mg/L,0.4 mg/L,0.6 mg/L,0.8 mg/L,1.0 mg/L 的标准溶液。

4. 气相色谱测定

条件:色谱柱 DB1701 30 m×320 μm ×0.25 μm;进样口温度 250 ℃;柱温

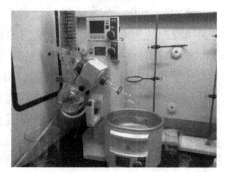

图 17 - 4　旋蒸装置图

60 ℃(保持 1 min),以 25 ℃/min 升至 150 ℃,再以 3 ℃/min 升至 200 ℃,最后 5 ℃/min 升至 280 ℃(保持 5 min);检测器温度 220 ℃;载气为高纯 N_2,柱内流量控制为 1.0 mL/min;进样方式为无分流进样;进样体积为 1 μL;检测器为 ECD 检测器。

记录标准溶液及样品溶液中 8 种化合物的峰面积,根据外标法计算 8 种化合物的浓度。

五、数据处理

进样后,出峰顺序分别为 α-666、γ-666、β-666、δ-666、p,p'-DDE、o,p'-DDT、p,p'-DDD、p,p'-DDT。以保留时间定性、峰面积定量,绘制标准曲线,在标准曲线上查出各组分的浓度,按下列公式计算。

$$C = \frac{C_1 V_1}{V} \qquad (17 - 1)$$

式中：C——环境水样中某单组分的浓度，$\mu g/L$；

　　　C_1——从标准曲线上读出的浓度，$\mu g/L$；

　　　V_1——氮吹定容的体积，mL；

　　　V——环境水样的体积，mL。

六、讨论

（1）目前固相萃取使用最多的萃取柱为 C18 柱和 OasisHLB 柱（二乙烯基苯-N-乙烯基吡咯烷酮共聚物）。C18 柱又称 ODS 柱，是一种常用的反相色谱柱。它是长链烷基键合相，有较高的碳含量和更好地疏水性。OasisHLB 柱则是亲脂性的二乙烯基苯和亲水性的 N-乙烯基吡咯烷酮两种单体按一定比例聚合成的大孔聚合物。它是结合了亲水、疏水、平衡的水可浸润共聚物，回收率相对 C18 柱高，在固相萃取中无须担心穿透、吸附剂干涸、pH 限制以及硅醇基作用导致低的回收率。

固相萃取柱按照键合到基质上的官能团可分为：① 反相柱，填料是非极性的，官能团为烷烃，例如 C18，C8，C4 等；② 正相柱，填料是极性的，官能团为氰基、氨基等；③ 离子交换键合相，阳离子官能团为磺酸基、羧酸基等，阴离子官能团为氨基、季氨基。

（2）固相萃取的水样根据实际情况决定是否需要预处理：如果水样中有悬浮物、颗粒较大的杂质等，在萃取之前，应该先用玻璃纤维滤膜进行过滤，否则容易堵塞筛板或萃取膜，对萃取造成影响。

（3）进行固相萃取之前，一定要先对小柱进行活化，然后在试剂水未接触空气之前加入水样。在萃取过程中务必不能使吸附剂接触空气。当萃取结束之后，应该最大限度地抽干吸附剂中的水分，然后用洗脱溶剂进行淋洗目标物。在实际的操作中，无论是萃取膜或萃取柱，要完全排除其中的水分是不太可能的，这时可以加入少量的丙酮，并与淋洗液一并接收。

（4）有机溶剂有毒，操作需要在通风橱中进行。由于本实验为微量有机物的测定，桌面上的灰尘等污染对结果的影响较大，因此桌面应保持整洁，实验过程中需要佩戴乳胶手套。

七、思考题

（1）固相萃取法相对于液液萃取有什么优缺点？

（2）本实验能否用内标法，如何选择内标？

（韦　斯　编写）

实验十八　藻类对水中磷的摄取

水华是在一定的营养、气候、水文条件和生态环境下形成的藻类过度繁殖和聚集的现象，因而在种类组成、发生时间及水平分布上具有一定的规律性。形成水华的主要藻类有铜绿微囊藻和水华微囊藻（*M. aeruginosa Kutz.*，*M. flos-aquae Kirch.*）、螺旋鱼腥藻和水华鱼腥藻（*Anabeana spiroides Kleb.*，*A. flos-aquae Breb.*）、湖沼色球藻（*Chroococcus limnetius Lemm.*）和硅藻门中的小环藻（*Cyclocella spp.*）。在水华发生的优势种类中，以微囊藻最为普遍。

磷在水体中有不同的存在形态，且各种形态间可相互转化。其中悬浮态磷（含无机态和有机态）大多存在于细菌和动植物残骸的碎屑中；溶解态磷以各种形态的正磷酸盐存在，可作为营养物质被藻类吸收；聚合磷酸盐是合成洗涤剂中的重要助剂，也可被藻类吸收；可溶性有机磷酸物主要有葡萄糖-6-磷酸、2-磷酸、2-磷酸甘油酸、磷肌酸等。由于各种磷形态被藻的利用效率不同，因此，研究水体不同种磷形态被藻类摄取的速率及先后顺序，了解各种磷形态在藻类生长过程中的动态变化，对评价各种磷形态在湖泊富营养化中的作用至关重要。

一、实验目的和要求

（1）了解藻类对水体不同磷形态的摄取规律。
（2）掌握水体不同磷形态的测定方法。

二、实验原理

水体中的磷酸盐按其存在的形式通常分为如下几种（图18-1）。

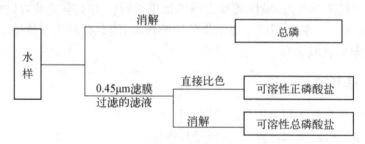

图 18-1　水体中不同磷形态测定流程

过硫酸钾可将水中存在的有机磷、无机磷和悬浮磷氧化为正磷酸盐,水样中的不同磷形态通过 $0.45~\mu m$ 滤膜过滤及过硫酸钾消解,最终转化为正磷酸盐的测定。正磷酸盐的测定一般都采用钼蓝比色法,所用的显色剂有钼锑抗、氯化亚锡、抗坏血酸和 $1,2,4$ -氨基酚磺酸等,其中钼锑抗法有手续简便、颜色稳定、干扰离子允许量大等特点。

三、仪器和试剂

1. 仪器

(1) 分光光度计。

(2) 高压灭菌锅。

(3) 过滤器及 $0.45~\mu m$ 滤膜。

(4) 25 mL、50 mL 具塞比色管。

(5) 显微镜。

(6) 光照培养箱。

2. 试剂

(1) 5%过硫酸钾溶液:溶解 5 g 过硫酸钾于水中,并稀释至 100 mL。

(2) 10%抗坏血酸溶液:溶解 10 g 抗坏血酸于水中,并稀释至 100 mL。该溶液储存在棕色玻璃瓶中,在冷处可稳定几周,如颜色变黄,则弃去重配。

(3) 1:1 硫酸。

(4) 钼酸盐溶液:溶解 13 g 钼酸铵 $[(NH_4)_6 Mo_7 O_{24} \cdot 4H_2O]$ 于 100 mL 水中,溶解 0.35 g 酒石酸锑氧钾 $[K(SbO)C_4H_4O_6 \cdot 1/2H_2O]$ 于 100 mL 水中。

在不断搅拌下,将钼酸铵溶液缓慢加入 300 mL(1+1)硫酸中,加酒石酸锑氧钾溶液并且混合均匀。

该试剂储存在棕色的玻璃瓶中于冷处保存,至少稳定 2 个月。

(5) 磷酸盐储备溶液:将磷酸二氢钾(KH_2PO_4)于 110 ℃干燥 2 h,在干燥器中冷却。称取 0.217 g 溶于水,移入 1 000 mL 容量瓶。加(1:1)硫酸 5 mL,用水稀释至标线。此溶液每毫升含 50 μg 磷(以 P 计).

(6) 磷酸盐标准使用液:吸取 10.00 mL 磷酸盐储备液于 250 mL 容量瓶中,用水稀释至标线。此溶液每毫升含 2.00 μg 磷。临用时现配。

3. 藻种

铜绿微囊藻(*Microcystis aeruginosa*)。

四、实验步骤

1. 藻类摄取不同磷形态的动力学试验

(1) 接种用藻种的预培养

将保存的铜绿微囊藻接种于水生 4 号培养液中,培养温度为(25±2)℃,光强 500 $\mu e/(m^2/s)$,光暗比为 12∶12,于培养箱中培养,每隔 2～4 h 人工摇动一次。培养 2～3 天后,再将藻种转接到新的培养基中,按同样的培养条件培养。所有转接均在无菌条件下进行。这样连续转接预培养共 2～3 次,所得铜绿微囊藻浓度经显微镜计数确定超过 10^4 cell/mL。

用量筒准确量取 20 mL 上述铜绿微囊藻溶液,在 3 000～4 000 r/min 条件下离心 5～10 min,弃去清液。沉淀的藻细胞用 1.5％碳酸氢钠溶液重新悬浮藻细胞,再次离心,以除去营养物及其他物质。这样的洗涤过程要进行 2 次。最后再用碳酸氢钠溶液悬浮,然后将藻种转入无磷"水生 4 号"培养液中培养 2～3 天,使藻种体内蓄积的磷消耗完,从而获得饥饿培养后的藻种,该藻液即为试验用藻种。

(2) 藻类摄取不同磷形态的动力学实验

分别采集三个湖泊的水样,将水样于 1.5 kg/cm² 和 121 ℃下灭菌 30 min 后冷却。将各灭菌湖水摇匀,留下 500 mL 作为空白,其余的分成 40 份,每份约 200 mL,放入 500 mL 锥形瓶。接种入上述铜绿微囊藻母液,接种量 $1×10^4$ cell/mL。在培养温度为 25±2 ℃,光强 500 $\mu e/(m^2 s)$,光暗比为 12∶12 的培养箱中培养。每隔 2～4 h 人工摇动一次,以使藻不至沉积;随机更换各样品的位置,以使光照均匀。每天在同一时间取 3 瓶藻液测定各磷形态、总磷及藻的生长量。当实验组藻类每天平均增长值低于 5％时,认为该组已达到最大现存量,即停止测定,求出每天现存量。

2. 水样磷形态测定

(1) 水样预处理

① 水样经下述过硫酸钾氧化分解,测得总磷含量。水样经 0.45 μm 微孔滤膜过滤,其滤液供可溶性正磷酸盐的测定;滤液经下述过硫酸钾的氧化分解,测得可溶性总磷。

② 吸取 10 mL 混匀水样(必要时,酌情少取水样,并加水至 10 mL,使含磷量不超过 30 μg)于 25 mL 比色管中,加过硫酸钾溶液 2 mL,加塞后管口包一小块纱布并用线扎紧,以免加热时玻璃塞冲出。将具塞刻度管放在大烧杯中,置于高压蒸气消毒器或压力锅中加热,待压力锅达 1.1 kg/cm²(相应温度为 120 ℃)时,加热 30 min,取出放冷。

③ 试剂空白和标准溶液系列也经同样的消解操作。

（2）正磷酸盐的测定

① 标准曲线的绘制：取数支 50 mL 具塞比色管，分别加入磷酸盐标准使用液 0.00 mL，0.50 mL，1.00 mL，2.00 mL，3.00 mL，5.00 mL，10.00 mL，15.00 mL，加水至 50 mL。向比色管加入 1 mL 10％抗坏血酸溶液，混匀。30 s 后加 2 mL 钼酸盐溶液充分混匀，放置 15 min 后，用 1 cm 比色皿，以浓度为 0 的溶液为参比，于波长 700 nm 处测定吸光度。

② 样品测定

分别取适量经滤膜过滤或消解的水样（使含磷量不超过 30 μg）加入 50 mL 比色管中，用水稀释至标线。按绘制标准曲线的步骤进行显色和测量。最后减去空白试验的吸光度，并从标准曲线上查出含磷量。

五、数据处理

1. 藻类计数

用无菌吸管吸取 1 mL 的藻类培养液，移至试管中，振荡后吸取 0.1 mL 到 0.1 mL 微藻计数板上，在双目显微镜下进行细胞计数，多次计数取平均值。整个取样过程在无菌条件下进行。

2. 磷浓度测定

不同磷形态按上述方法处理后，得到的正磷酸盐浓度按下式处理：

$$磷酸盐(P,mg/L) = m/V \qquad (18-1)$$

式中：m——由标准曲线查得的磷量，μg；

　　　V——加入的水样体积，mL。

3. 各磷形态被利用的生长速率常数

分别绘制藻密度及不同磷形态浓度变化-时间关系曲线，根据下式计算各种形态磷被利用的速率常数：

$$C_w = C_0(1 - e^{a-Kt}) \qquad (18-2)$$

式中：C_0——初始磷浓度，mg/L；

　　　C_w——t 时间的磷浓度，mg/L；

　　　K——各种形态磷被利用的速率常数，mg/(L·h)。

六、讨论

通常认为磷是我国水体富营养化的主要限制性因子。水体中的磷主要来自地表径流、生活污水、工业废水或生物转化。湖泊沉积物是湖泊营养的内负荷，在切断外源污染的情况下，沉积物内源磷的释放仍能使水体处于富营养化状态。

　　研究表明，可溶性正磷酸盐最易被藻类吸收，其他形态磷可转化为水溶性正磷酸盐被藻类吸收利用，因而藻类的生长与各种不同形态的磷之间的相互作用有关。此外，环境条件变化、藻类附着细菌等均会影响藻类对磷的吸收利用和磷的生物有效性。

　　不同磷形态被藻类的摄取速率有两种方法进行处理。一种是认为各种磷形态在藻的生长过程中按一定常数递减，即提出速率常数的概念。比较磷形态从开始到其被利用成恒定这一过程的速率常数，可以获得各种磷形态被利用的快慢程度。其二是认为磷形态在藻的整个生长过程中，其消失速率在不同时间是各不相同的。求出某一时刻磷形态与时间的微分，便获得这一时刻的瞬时速率。比较各种磷形态达到最大速率的时间，便可获得各种磷形态被利用的先后顺序。

七、思考题

　　(1)影响过硫酸钾消解的因素有哪些？
　　(2)藻类对不同磷形态的摄取速率及优先顺序如何？
　　(3)试建立不同水体中铜绿微囊藻最大生长量与各形态磷被利用浓度的多元回归方程。

参考文献

　　[1] 吴重华,王晓蓉,孙昊.羊角月牙藻摄取磷形态的动力学研究[J].环境化学,1998,17(5):417-421.
　　[2] 国家环境保护总局《水与废水监测分析方法》编委会.水和废水监测分析方法[M].4版.北京:中国环境科学出版社,2002.

（耿金菊　编写）

实验十九　水体富营养化程度的评价

富营养化是指湖泊等水体接纳过量的氮、磷等营养物质,使藻类及其他水生生物异常繁殖,引起水体透明度和溶解氧浓度的变化,造成水质恶化,加速湖泊老化,导致湖泊生态系统和水功能的破坏。

在自然条件下,随着河流夹带冲击物和水生生物残骸在湖底的不断沉降淤积,湖泊会从贫营养湖过渡为富营养湖,进而演变为沼泽和陆地,这是一种极为缓慢的过程。但由于人类的活动,大量工业废水和生活污水以及农田径流中的植物营养物质被排入湖泊、水库、河口、海湾等缓流水体后,水生生物特别是藻类将大量繁殖,使生物量的种群种类数量发生改变,破坏了水体的生态平衡。大量死亡的水生生物沉积到湖底,被微生物分解,消耗大量的溶解氧,使水体溶解氧含量急剧降低,水质恶化,以致影响鱼类的生存,大大加速了水体的富营养化过程。水体出现富营养化现象时,由于浮游生物大量繁殖,往往使水体呈现蓝色、红色、棕色、乳白色等,这种现象在江河湖泊中叫水华,在海中叫赤潮。在发生赤潮的水域里,一些浮游生物暴发性繁殖,使水变成红色,因此叫赤潮。这些藻类恶臭、有毒,鱼不能食用。藻类遮蔽阳光,使水底植物因光合作用受阻而死去,腐败后放出氮、磷等植物的营养物质,再供藻类利用。这样年深月久,造成恶性循环,藻类大量繁殖,水质恶化而有腥臭,导致鱼类死亡。

一、实验目的和要求

(1)掌握总磷、叶绿素 a 及初级生产力的测定原理及方法。
(2)评价水体的富营养化状况。

二、实验原理

植物营养物质的来源广、数量大,有生活污水、农业面源、工业废水、垃圾等。许多参数可用做水体富营养化的指标,常用的是总磷、叶绿素 a 含量和初级生产力的大小(见表 19 - 1)。

表 19 - 1　水体富营养化程度划分(Thomas)

富营养化程度	初级生产力/[mgO₂/(m²·d)]	总磷/(mg/m³)	总氮/(mg/m³)
极贫	0~136	<5	<200
贫一中		5~10	200~400
中	137~409	10~30	300~650
中一富		30~100	500~1 500
富	409~517	>100	>1 500

1. 总磷的测定

在酸性溶液中,将各种形态的磷转化成 PO_4^{3-}。正磷酸盐溶液在一定的酸度下,加酒石酸锑钾和钼酸铵混合液形成磷钼杂多酸。在三价锑存在时,抗坏血酸能使磷钼杂多酸变成磷钼蓝,其颜色在一定浓度范围内与磷的浓度成正比,可在 700 nm 波长下比色测定。

砷酸盐与磷酸盐一样也能生成钼蓝,0.1 g/mL 砷就会干扰测定。六价铬、二价铜和亚硝酸盐能氧化钼蓝,使测定结果偏低。

2. 初级生产力的测定

绿色植物通过光合作用,将太阳能转化为生物能,吸收二氧化碳,转化为有机碳并释放出氧气的过程,称为初级生产。因此测定水体中的氧可看作对生产力的测量。然而在任何水体中都有呼吸作用发生,要消耗一部分氧。因此在计算生产力时,还必须测量因呼吸作用所损失的氧。本实验用测定 2 只无色瓶和 2 只深色瓶中相同样品内溶解氧变化量的方法测定生产力。此外,还需测定无色瓶中氧的减少量,提供校正呼吸作用的数据。

3. 叶绿素 a 的测定

测定水体中叶绿素 a 的含量,可估计该水体的绿色植物存在量。将色素用丙酮萃取,测量其吸光度值,便可以测得叶绿素 a 的含量。

三、仪器和试剂

1. 仪器

(1) 可见分光光度计。

(2) 10 mL,100 mL 和 250 mL 容量瓶。

(3) 250 mL 三角瓶。

（4）50 mL 比色管。

（5）300 mL 具磨口塞完全透明的 BOD 瓶，每瓶用酸洗过后，用蒸馏水洗净。黑瓶可用黑布或外涂黑漆等方法进行遮光，使之完全不能透光。

（6）绳子或支架：悬挂或固定黑白瓶用，应不遮蔽照射到瓶上的光线。

（7）采水器、水温计、水下照度计或透明度盘。

（8）多功能水质检测仪。

（9）抽滤器及乙酸纤维滤膜（0.45 μm）。

（10）离心机。

2. 试剂

（1）过硫酸铵（$(NH_4)_2S_2O_8$）（固体）。

（2）浓硫酸。

（3）1 mol/L H_2SO_4 溶液。

（4）2 mol/L HCl 溶液。

（5）6 mol/L NaOH 溶液。

（6）1% 酚酞：1 g 酚酞溶于 90 mL 乙醇中，加水至 100 mL。

（7）丙酮：水＝9：1（体积比）的溶液。

（8）碳酸镁粉末。

（9）酒石酸锑钾溶液：将 4.4 g $K(SbO)C_4H_4O_6 \cdot 1/2H_2O$ 溶于 200 mL 蒸馏水中，用棕色瓶在 4 ℃时保存。

（10）钼酸铵溶液：将 20 g $(NH_4)_6Mo_7O_{24} \cdot 4H_2O$ 溶于 500 mL 蒸馏水中，用塑料瓶在 4 ℃时保存。

（11）0.1 mol/L 抗坏血酸溶液：溶解 1.76 g 抗坏血酸于 100 mL 蒸馏水中，转入棕色瓶。若在 4 ℃时保存，可保持一个星期不变。

（12）混合试剂：50 mL 2 mol/L 硫酸、5 mL 酒石酸锑钾溶液、15 mL 钼酸铵溶液和 30 mL 抗坏血酸溶液。混合前，先让上述溶液达到室温，并按上述次序混合。在加入酒石酸锑钾或钼酸铵后，如混合试剂有浑浊，需摇动混合试剂，并放置几分钟，至澄清为止。若在 4 ℃下保存，可保持 1 个星期不变。

（13）磷酸盐储备液（1.00 mg/mL 磷）：称取 1.098 g KH_2PO_4，溶解后转入 250 mL 容量瓶中，稀释至刻度，即得 1.00 mg/mL 磷溶液。

（14）磷酸盐标准溶液：量取 1.00 mL 储备液于 100 mL 容量瓶中，稀释至刻度，即得磷含量为 10 mg/L 的标准使用液。

四、实验步骤和数据处理

1. 总磷测定

(1) 步骤

① 水样处理：水样中如有大的微粒，可用搅拌器搅拌 2～3 min，以至混合均匀。量取 100 mL 水样（或经稀释的水样）2 份，分别放入 250 mL 锥形瓶中。另取 100 mL 蒸馏水于 250 mL 锥形瓶中作为对照，分别加入 1 mL 2 mol/L H_2SO_4，3 g $(NH_4)_2S_2O_8$，微沸约 1 h，补加蒸馏水使体积为 25～50 mL（如锥形瓶壁上有白色凝聚物，应用蒸馏水将其冲入溶液中），再加热数分钟。冷却后，加一滴酚酞，并用 6 mol/L NaOH 溶液中和至微红色，再滴加 2 mol/L HCl 使粉红色恰好褪去。转入 100 mL 容量瓶中，加水稀释至刻度。移取 25 mL 至50 mL比色管中，加 1 mL 混合试剂，摇匀。放置10 min，加水稀释至刻度，再摇匀。放置10 min，以试剂空白作参比，用 1 cm 比色皿，于波长 700 nm 处测定吸光度。

② 标准曲线的绘制：分别吸取 10 mg/L 磷的标准溶液 0.00 mL，0.50 mL，1.00 mL，1.50mL，2.00 mL，2.50 mL，3.00 mL 于 50 mL 比色管中，加水稀释至约 25 mL。加入1 mL混合试剂，摇匀后放置 10 min，加水稀释至刻度，再摇匀。10 min 后，以试剂空白作参比，用 1 cm 比色皿，于波长 700 nm 处测定吸光度。

(2) 数据处理

由标准曲线查得磷的含量，按下式计算水中磷的含量：

$$C_P = W_P/V \tag{19-1}$$

式中：C_P——水中磷的含量，mg/L；

　　　W_P——标准曲线上查得磷含量，mg；

　　　V——测定时吸取水样的体积，L。

2. 初级生产力的测定

(1) 实验过程

① 取四只 BOD 瓶，其中两只用黑布包裹使之不透光，这些分别记作"白"瓶和"黑"瓶。从一水体上半部的中间取出水样，测量水温和溶解氧。如果此水体的溶解氧未过饱和，则记录此值为 ρ_{0i}，然后将水样分别注入一对"白"瓶和"黑"瓶中。若水样中溶解氧过饱和，则缓缓地给水样通气，以除去过剩的氧。重新测定溶解氧并记作 ρ_{0i}。

② 从水体下半部的中间取出水样，按上法将水样分别注入另一对"白"瓶和

"黑"瓶中。

③ 将两对"白"瓶和"黑"瓶分别悬挂在与取水样相同的水深位置,调整这些瓶子,使阳光能充分照射。一般将瓶子暴露几个小时,暴露期为清晨至中午,或中午至黄昏,也可清晨到黄昏。为方便起见,可选择较短的时间。

④ 暴露期结束即取出瓶子,逐一测定溶解氧,分别将"白"瓶和"黑"瓶的数值记为 ρ_{Ol} 和 ρ_{Od}。

（2）数据处理

① 呼吸作用:氧在黑瓶中的减少量 $R = \rho_{Oi} - \rho_{Od}$。

净光合作用:氧在白瓶中的增加量 $P_n = \rho_{Ol} - \rho_{Oi}$。

总光合作用: P_g = 呼吸作用＋净光合作用 = $(\rho_{Oi} - \rho_{Od}) + (\rho_{Ol} - \rho_{Oi}) = \rho_{Ol} - \rho_{Od}$。

② 计算水体上下两部分值的平均值。

③ 通过以下公式的计算,判断每单位水域总光合作用和净光合作用的日速率:

a. 把暴露时间修改为日周期:

$$P_g'[\text{mgO}_2/(\text{L} \cdot \text{d})] = P_g \times \text{每日光周期时间}/\text{暴露时间}$$

b. 将生产力单位从 mg O_2/L 改为 mg O_2/m²,这表示 1 m² 水面下水柱的总产生力。为此必须知道产生区的水深。

$$P_g''[\text{mg O}_2/(\text{m}^2 \cdot \text{d})] = P_g \times \text{每日光周期时间}/\text{暴露时间} \times 10^3 \times \text{水深(m)}$$

$$(19-2)$$

式中:10^3——体积浓度 mg/L 换算为 mg/m³ 的系数。

c. 假设全日 24 h 呼吸作用保持不变,计算日呼吸作用。

$$R[\text{mg O}_2/(\text{m}^2 \cdot \text{d})] = R \times 24/\text{暴露时间(h)} \times 10^3 \times \text{水深(m)} \quad (19-3)$$

d. 计算日净光合作用:

$$P_n[\text{mgO}_2/(\text{L} \cdot \text{d})] = \text{日} P_g - \text{日} R \quad (19-4)$$

④ 假设符合光合作用的理想方程($CO_2 + H_2O \longrightarrow CH_2O + O_2$),将生产力的单位转换成固定碳的单位。

$$P_m[\text{mg C}/(\text{m}^2 \cdot \text{d})] = P_n[\text{mg O}_2/(\text{m}^2 \cdot \text{d})] \times 12/32 \quad (19-5)$$

3. 叶绿素 a 含量的测定

（1）实验过程

采集 500～1 000 mL 水样,具体采样量视浮游植物分布量而定。离心或过滤浓缩水样,在抽滤器上装好乙酸纤维滤膜过滤,倒入定量体积的水样进行抽滤。抽滤时负压不能过大(约 50 kPa)。水样抽滤完后,继续抽 1～2 min,以减少滤膜上的水分。

将滤膜在冰箱内低温干燥 6～8 h 后放入组织研磨器中,加少量碳酸镁粉末和 2～3 mL 90％丙酮溶液,充分研磨,提取叶绿素 a。用离心机(3 000～4 000 rpm)离心 10 min。将上清液倒入 10 mL 容量瓶中。

再用 2～3 mL 90％丙酮,继续研磨提取,离心 10 min,并将上清液并入 10 mL 容量瓶中。重复 1～2 次,直至沉淀物不含绿色,用 90％丙酮定容至 10 mL,摇匀。

将上清液在分光光度计上,用 1 cm 玻璃比色皿,分别读取 630 nm,645 nm,665 nm 和 750 nm 波长处的吸光度,并以 90％丙酮作空白吸光度测定,对样品吸光度进行校正。

(2) 数据处理

$$叶绿素 a 的含量(mg/m^3) = \frac{[11.64(D_{663}-D_{750})-2.16(D_{645}-D_{750})+0.10(D_{630}-D_{750})]V_1}{V\delta}$$

$$(19-6)$$

式中:V——水样体积,L;

$\quad\quad\ V_1$——提取液定容后体积,L;

$\quad\quad\ D$——吸光度;

$\quad\quad\ \delta$——比色皿光程,cm。

根据测定结果,并查阅有关资料,评价水体富营养化状况。

五、讨论

水体富营养化过程与氮、磷的含量及氮磷含量的比率密切相关。反映营养盐水平的指标总氮、总磷,反映生物类别及数量的指标叶绿素 a 的含量和反映水中悬浮物及胶体物质多少的指标透明度作为控制湖泊富营养化的一组指标。有文献报道,当总磷浓度超过 0.1 mg/L(如果磷是限制因素)或总氮浓度超过 0.3 mg/L(如果氮是限制因素)时,藻类会过量繁殖。经济合作与发展组织(OECD)提出富营养湖的几项指标量为:平均总磷浓度大于 0.035 mg/L;平均叶绿素浓度大于 0.008 mg/L;平均透明度小于 3 m。

目前我国湖泊富营养化评价的基本方法主要有营养状态指数法、卡尔森营养状态指数(TSI)、修正的营养状态指数、综合营养状态指数(TLI)、水生生物指标评价、随机评价、模糊数学评价、灰色聚类评价和神经网络评价等。

六、思考题

（1）水体富营养化的成因是什么？

（2）被测水体的富营养化状况如何？

（3）用于评价水体富营养化程度的指标体系及评价方法有哪些？各自优缺点如何？

参考文献

［1］董德明,朱利中. 环境化学实验［M］.北京:高等教育出版社,2002.

［2］国家环境保护总局《水与废水监测分析方法》编委会. 水和废水监测分析方法［M］. 4版.北京:中国环境科学出版社,2002.

（耿金菊　编写）

实验二十　分光光度法测定漆酶酶活

　　酶是由活细胞生成的具有催化活性的蛋白质或 RNA,是一种生物催化剂,广泛存在于生物体中。在对酶的研究中,酶的定量十分重要。酶的量影响降解率,并且在进行动力学实验室时,酶的量是一个需要精确控制的关键因素。目前,控制酶量的方法主要是测定的酶活力。所以,测定酶活是进行与酶相关实验的必要的步骤。根据 1961 年国际酶学会议的规定,酶活是酶活力的度量单位,1个酶活力单位是指特定条件(25 ℃,其他为最适条件)下,在 1 min 内,能转化 1 μmol 底物的酶量(1U)。所以测定酶活大多是通过对底物经酶催化反应后的产物的测定来实现的,测定的方法主要是分光光度法。以产物的最大吸收波长为测定波长,根据单位时间内体系的吸光度的变化计算产物的单位时间生成量,从而计算出酶活。

　　漆酶(Laccase)是一种普遍分布于植物、昆虫、真菌和细菌中的重要酶种。它是一种氧化酶,能催化氧化酚类及有类似结构的有机物,需要氧气作为反应的氧化剂,其催化反应的还原产物是水,氧化产物与底物有关。

一、实验目的和要求

(1) 了解漆酶的特性。
(2) 掌握漆酶酶活测定的原理和方法。

二、实验原理

　　近年来,通过 NMR,EPR,CD 光谱等一系列研究,以及与抗坏血酸氧化酶、血浆铜蓝蛋白等的比较分析,人们对漆酶的生物化学及结构特性有了较为深入的了解。该酶至少有一个 I 型 Cu^{2+} 和氨基酸残基结合成为单核中心,它使酶表现为明显的蓝色,且在 600 nm 处有吸收。I 型 Cu^{2+} 是底物氧化发生的活性点。另外它还包含一个由 II 型 Cu^{2+} 和两个 III 型 Cu^{4+} 构成的三核中心;II 型 Cu^{2+} 没有特征吸收光谱,EPR 研究表现出顺磁性;两个 III 型 Cu^{4+} 偶连成一个羟基桥,形成双核,这种结构会引起电子顺磁共振效应的消失。一个 II 型 Cu^{2+} 和两个 III 型 Cu^{4+} 构成的三核中心,将分子氧化还原为水。漆酶的铜中心结构如图 20-1。

　　漆酶催化方式目前没有确定,其可能的催化方式如下。Type I Cu^{2+} 从还原态的底物吸收单电子,底物被氧化成自由基,进而导致各式各样的非酶促次级

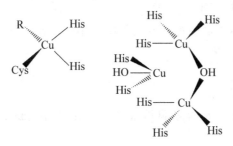

图 20 - 1　漆酶铜中心结构图

反应,如羟基化、歧化和聚合等。同时 Type Ⅰ Cu^{2+} 吸收的电子传递到三核中心的铜离子,分子氧在该中心被还原成水。还原氧分子到水经过两步双电子反应,第一步形成超氧化物过渡体,第二步再生成水。

　　测定漆酶活力是评价漆酶性能以及保证生产中漆酶稳定性的常用方法。测定漆酶酶活较为常用的方法称为染料[2,2'-azino-bis(3-ethylbenz-thiazoline-6-sulfonic acid),ABTS]法测定,其基本原理是利用在氧气存在条件下漆酶将 ABTS 催化氧化成有色物质,在波长 420 nm 下,该物质有很强的特征吸收峰,利用该吸收峰的变化程度来测定酶的活性。以 ABTS 为底物进行漆酶的定量分析,通常在 420 nm 下测定 3 min 内吸光度的变化。根据吸光度值的变化,可计算出反应的酶液活性大小。

　　以 ABTS 为底物测定漆酶酶活是目前国外最为常见的方法之一。它有如下优点。(1) ABTS 易溶于水,在室温下放置 6 个月仍较稳定。(2) 其反应只有一步,即从 ABTS 到它的阳离子自由基。ABTS 的阳离子自由基在水溶液中呈浅蓝绿色,且比较稳定,通常在几个小时或几天之内是稳定的。(3) 在漆酶的作用下,ABTS 有色溶液的摩尔吸光系数较高,说明以其为底物测定的灵敏度较高。(4) 到目前为止,还未有报道称 ABTS 有致癌作用、诱变作用或是强烈的毒性。

三、仪器和试剂

　　1. 仪器

水浴锅、带 1 cm 石英比色皿的紫外可见分光光度计、试管、移液枪。

　　2. 试剂

(1) 漆酶 Laccase from *T. versicolor*(21 U/mg,Sigma-Aldrich)。

(2) 1 mmol/L ABTS 溶液:ABTS 为美国 Sigma 公司产品,精确称取 0.027 4 g ABTS,用蒸馏水定容至 100 mL,置于棕色瓶备用。

（3）$CH_3COOH - CH_3COONa$（pH＝4.5）缓冲溶液：18 g CH_3COONa，9.8 mL CH_3COOH，用蒸馏水定容至 1 L，用 pH 计校准其 pH。

四、实验步骤

1. 酶制剂的制备

准确称取 0.001 0 g 的漆酶粉末于干净试管中，加入 1 mL 超纯水，摇匀备用。

2. 酶促反应

取漆酶母液 0.1 mL，稀释 100 倍。取稀释后酶液 0.1 mL，加入 $CH_3COOH - CH_3COONa$（pH＝4.5）缓冲液 1.9 mL，混匀。加入 ABTS（1 mmol/L）1.0 mL，摇匀后放入分光光度计中。计时，每 15 s 读取一次波长 420 nm 下吸光值，共读取3 min。以经验判断，若吸光值增长迅速，则再将酶液稀释 2～5 倍再次测定，直至吸光值数值变化不是太快，且数值均在 0.2～0.8 之间。

五、数据处理

酶活力计算：在上述条件下，将每分钟转化 1 μmol ABTS 所需要的漆酶的量定义为一个酶活力单位（1 U）。

$$EA = \frac{\Delta A}{t} \cdot \frac{10^6}{\varepsilon_{420}b} \cdot \frac{V}{V_{酶液}} \cdot N \qquad (20-1)$$

式中：EA——漆酶酶活，U/mL；

　　　ΔA——时间 t 内 420 nm 处吸光度变化；

　　　t——反应时间，min；

　　　ε_{420}——420 nm 处 ABTS 氧化产物的摩尔吸光度，3.6×10^4 L/(mol·cm)；

　　　b——比色皿光程，cm；

　　　V——所测酶活反应液的总体积，L；

　　　$V_{酶液}$——所测酶活反应液中酶液的体积，mL；

　　　N——酶液的母液到稀释后测定液的稀释倍数。

六、讨论

（1）温度对于酶活的测定有着很大的影响，低温能显著降低酶活，因此测定酶活的房间温度应保持 25 ℃恒温，或者测定所需试液应保存在 25 ℃水浴中。测定时应动作迅速，尽可能减小温度偏差对酶活测定的影响。

（2）测定酶活时，还要防止杂质离子的干扰，Type Ⅰ Cu^{2+} 在漆酶的催化反应中起着开启反应的角色,它接受底物的电子并传递给三核中心。因此,Type Ⅰ Cu^{2+} 的替换会大大降低酶的活性。Type Ⅰ Cu^{2+} 在一定条件下,可能会被 Hg^{2+} 和 Co^{2+} 替换。因此测定所需的仪器需严格清洗。

（3）测定吸光度之前,即要充分混匀反应液,也不能放置过长时间,以免 ABTS 被氧化,以不超过 30 s 为宜。

（4）由于每一批酶生产过程中活性不同,测定时,应根据预实验结果适当调整母液的稀释倍数。

七、思考题

1. 酶活性的定义是什么?

2. 漆酶催化底物反应过程中大概的电子传递途径是什么?

3. 选用不同底物测定酶活的结果一样吗? 为什么?

（毛　亮　编写）

实验二十一　土壤脲酶活性的测定

　　土壤中的一切生物化学反应,实际上都是在酶的参与下进行的,土壤的酶活性反映了土壤中进行的各种生物化学过程的强度和方向。土壤中的酶主要来自高等植物根系分泌及土壤中动植物残体分解,同时也来自土壤微生物的生命活动。土壤酶可分为胞内酶和胞外酶两种。胞外酶或溶出后的胞内酶进入土壤结构后,均具有相对稳定性,如能抗微生物分解和抗热稳定性等。它们以三种形式存在于土壤中,即吸附状态、游离状态和与土壤腐殖质复合存在。

　　脲酶是酰胺水解酶的一种,在自然界中分布广泛,植物、动物和微生物细胞中均含有此酶。土壤脲酶对土壤中氮的转化,特别是对尿素的利用率等有重要影响作用。而尿素是一种优质氮肥,在当今世界农业中被广泛应用,因此,国内外科研人员对参与尿素水解的脲酶研究极为重视,对脲酶的活性以及利用其活性提高尿素的利用率等进行了较多研究。土壤中的脲酶主要来源于微生物和植物。脲酶催化尿素的水解反应:

$$H_2NCONH_2 + H_2O \xrightarrow{\text{脲酶}} 2NH_3 + CO_2 \qquad (21-1)$$

　　在反应过程中,氨基甲酸盐是中间产物。脲酶还能够催化羟基脲、二羟基脲、半卡巴脲等化合物的水解。脲酶含有镍,分子量在 151 000 Da～480 000 Da 之间。能够抑制脲酶活性的化合物有含硼化合物、尿素衍生物、甲醛、原子量大于 50 的重金属的盐、含氟化合物、醌和多元酚、抗代谢剂、杂环硫醇等。

一、实验目的和要求

(1) 了解土壤酶脲活性的测定意义与方法。
(2) 掌握 NH_4^+ 释放量法测定土壤酶脲活性的原理与方法。
(3) 了解尿素这一有机物在土壤环境中的降解转化。

二、实验原理

　　脲酶的作用是极为专性的,它仅能水解尿素,水解的最终产物是氨和碳酸。土壤脲酶活性,与土壤的微生物数量、有机物质含量、全氮和速效磷含量呈正相关。根际土壤脲酶活性较高,中性土壤脲酶活性大于碱性土壤。在土壤中,在 pH＝6.5～7.0 是脲酶活性最大,通过测定释放出的 NH_3 的量,可以确定脲酶的活性。

　　通过对尿素溶液为基质的土壤样品在 37 ℃培养 24 h 后测定氨释放量,估计脲酶的活性,也可以通过测定未水解的尿素量来求得。本方法是测定生成的氨量。

三、仪器和试剂

1. 仪器

(1) 50 mL×10,100 mL×4 容量瓶。

(2) 培养箱或恒温水浴。

(3) 分光光度计。

(4) 漏斗

2. 试剂

所用试剂均为分析纯。

(1) 甲苯($C_6H_5CH_3$)。

(2) 缓冲液:0.05 mol/L 三(羟甲基)氨基甲烷(pH=9.0):准确称取 6.1 g 三(羟甲基)氨基甲烷溶入 700 mL 蒸馏水中,用 0.2 mol/L 的硫酸溶液调至 pH 为 9.0,再用蒸馏水定容至 1 000 mL。

(3) 尿素溶液(0.2 mol/L):准确称取 1.2 g 尿素溶入约 80 mL 缓冲液中,然后用缓冲液定容至 100 mL。尿素溶液要当天配制,并在 4 ℃下保存备用。

(4) 氯化钾(2.5 mol/L)-硫酸银(100 mg/L)混合液:先将 100 mg Ag_2SO_4 溶解于 700 mL 蒸馏水中,再加入 188 g 的 KCl 使之溶解,再定容到 1 000 mL。

(5) 次氯酸钠溶液:用水稀释试剂,至活性氯的浓度为 0.9%,溶液稳定。

(6) 氧化镁(MgO):于高温电炉中,将氧化镁在 600~700 ℃ 温度下灼烧 2 h,再放置于干燥器中冷却,贮于瓶中。

(7) 苯酚钠溶液(1.35 mol/L):62.5 g 苯酚溶于少量乙醇,加 2 mL 甲醇和 18.5 mL 丙酮,用乙醇稀释至 100 mL(A),存于冰箱中;27 g NaOH 溶于 100 mL水(B)。将 A、B 溶液保存在冰箱中。使用前将两溶液各 20 mL 混合,用蒸馏水稀释至 100 mL。

(8) 柠檬酸盐缓冲液(pH=6.7):184 g 柠檬酸和 147.5 g 氢氧化钾溶于蒸馏水。将两溶液合并,用 1 mol/L NaOH 将 PH 调至 6.7,用水稀释至 1 000 mL。

(9) 硼酸指示剂溶液(20 g/L):溶解 20 g 硼酸于 700 mL 热蒸馏水中,待冷,移入盛有 20 mL 混合指示剂及 200 mL 酒精的 1 L 容量瓶中,混合均匀后,滴加适量稀氢氧化钠,当 1 mL 蒸馏水中加入 1 mL 该溶液时,能使溶液由淡红色变为浅绿色,然后将溶液稀释成 1 L,充分混匀。

（10）混合指示剂：溶解 0.099 g 的溴甲酚绿和 0.066 g 甲基红于 100 mL 的 95%乙醇中。

（11）氮的标准溶液：精确称取硫酸铵 0.471 7 g 溶于无氨水中，转入 1 000 mL 容量瓶内，用无氨水稀释到刻度，摇匀，得到 1 mL 含有 0.1 mg 氮的标准液。

四、实验步骤

（1）制备无氨水

① 蒸馏法：每升水加入 0.1 mL 浓硫酸进行蒸馏，馏出水接收于玻璃容器中。

② 离子交换法：将蒸馏水通过弱酸性阳离子树脂柱。

（2）标准曲线绘制：吸取配置好的氮溶液 10 mL，定容至 100 mL，即稀释了 10 倍。吸取 1 mL，3 mL，5 mL，7 mL，9 mL，11 mL，13 mL 移至 50 mL 容量瓶，加水至 20 mL，再加入 4 mL 苯酚钠，仔细混合。加入 3 mL 次氯酸钠，充分摇荡，放置 20 min 后，用水稀释至刻度。在 $\lambda=578$ nm 处，用 1 cm 比色皿，测定吸光度。以标准溶液浓度为横坐标，以光吸收度值为纵坐标，绘制曲线图。

（3）称取新鲜土样（<2 mm）两份，每份 5.00 g，分别放置于两个 50 mL 容量瓶中，加入 0.20 mL 甲苯和 9.00 mL 缓冲溶液，轻摇混匀后加入 1.00 mL 尿素溶液，再次轻摇混匀并塞上瓶塞。在 37 ℃下培养 2 h。然后加入约 35 mL 的 $KCl-Ag_2SO_4$ 溶液定容，摇匀。同时要以同样步骤做空白，只是培养 2 h 后先加 35 mL 的 $KCl-Ag_2SO_4$ 溶液，然后加入 1.00 mL 尿素溶液。

（4）NH_4^+-N 测定：取土壤悬浮液 20 mL 至蒸馏瓶中，加入 0.20 g 的 MgO，用硼酸指示剂溶液吸收，蒸馏液的体积约 30 mL。蒸馏液移至 50 mL 容量瓶，加水至 20 mL，再加入 4 mL 苯酚钠，仔细混合，加入 3 mL 次氯酸钠，充分摇荡，放置 20 min 后，用水稀释至刻度，在 $\lambda=578$ nm 处，用 1 cm 比色皿，测定吸光度。

五、数据处理

$$\omega(N)=\frac{c\times V\times ts\times 14}{m\times k\times 2}\times 1\,000 \qquad (21-2)$$

式中：$\omega(N)$——单位时间内铵态氮的释放量，mg/(kg·h)；

　　　　c——1/2 H_2SO_4 标准溶液的浓度，mol/L；

　　　　V——H_2SO_4 标准溶液的体积，mL；

　　　　ts——分取系数，2.5；

　　　　14——氮的摩尔质量，mg/mmol；

2——培养时间，2 h；

m——样品质量，g；

k——水分系数。

六、注意事项

(1) 与其他缓冲液(如磷酸盐缓冲液)相比，三(羟甲基)氨基甲烷缓冲液优点在于它能够有效地防止铵的固定。在配制该缓冲液时必须用硫酸而不是盐酸来调节 pH，因为后者能够促进脲酶的活性。

(2) 在配制 $KCl-Ag_2SO_4$ 混合溶液时，应加 KCl 溶于溶解后的 Ag_2SO_4 溶液中，因为 Ag_2SO_4 不溶于 KCl 溶液中。加入 $KCl-Ag_2SO_4$ 混合溶液后脲酶的活性停止，因此该悬浮液在测定氨之前可以放置 2 h。

七、思考题

(1) 土壤脲酶测定有什么意义？

(2) 除了测定氨释放量外，还能有什么方法可以测定脲酶的活性？ 与其他测定方法相比，NH_4^+ 释放量法有什么优缺点？

(3) 如果蒸氨时，吸收液倒吸到冷凝管中如何解决？

(4) 实验中为什么要加入甲苯？

(杨绍贵　编写)

实验二十二　铜对辣根过氧化物酶活性的影响

随着现代工业的不断发展,危害环境的有毒有害化学物质种类和数量越来越多,它们对环境、生态系统的影响也越来越严重。对于鉴定这些化合物对生物体的危害,传统的生物体毒性实验已经越来越难以满足这种要求。暴露于污染物的生物体在生物化学水平上的改变可反映污染物对生物早期作用,因而可作为灵敏的指标,即分子生态学指标,来检测污染物对生物个体、种群的早期影响,从而达到保护生物及生态系统的目的。

一旦暴露于污染物,有机体常常直接代谢和净化污染物,以减少所受的分子损伤。许多外源性化合物在代谢过程中参与生物体内的氧化还原循环,产生大量的活性氧自由基(ROS)。生物自身的体内代谢反应,线粒体、微粒体和色素体的多酶电子传递链以及白细胞的吞噬作用等也会产生副产物 ROS。活性氧是带有 $2\sim3$ 个电子的分子氧化还原产物,主要有 $\cdot OH$、O_2^- 和 H_2O_2 等。这些活性氧攻击生物分子,导致蛋白质、DNA 和脂质的损伤,最终导致其失活。在长期进化中,需氧生物发展出防御氧化损伤的系统,以控制 ROS 在稳定的低水平。这些保护系统包括过氧化物酶(POD),作为植物代谢的末端氧化酶之一,它们在清除自由基、控制膜脂过氧化作用和保护细胞膜的正常代谢方面起着重要的作用。辣根过氧化物酶(horseradish peroxidase, HRP)就是其中一种常见的过氧化物酶,由于其广泛应用于医学诊断技术并且具有许多潜在的医疗应用前景,所以辣根过氧化物酶也是过氧化物酶家族中研究最为透彻的酶之一。

一、实验目的和要求

(1) 了解和掌握酶促反应动力学的原理和研究方法。
(2) 了解铜对辣根过氧化物酶活性的影响。

二、实验原理

辣根(horseradish)是一种长年生香草,它的根含有丰富的过氧化物酶,这种酶常被称为"辣根过氧化物酶"(horseradish peroxidase, HRP)。辣根的根部含有很多此酶的同工酶,而"辣根过氧化物酶"则是这些同工酶的总称,其中以辣根过氧化物酶同工酶 C(HRPC)的含量最为丰富。

辣根过氧化物酶同工酶 C 的二维结构在 20 世纪 70 年底已被探明,是一条由 308 个氨基酸组成的肽链氨基酸序列,其三维结构也在 1997 年被确定,大部

分是 α 螺旋,也包含一些小的 β 折叠。HRPC 含有两个不同的金属中心:正铁原卟啉(即血红素)和两个钙原子。这两个金属中心对酶的整体结构和功能都是非常重要的。

在植物体内,辣根过氧化物酶催化过程可以用下面化学方程式表示:

$$2AH + H_2O_2 \rightleftharpoons 2 \cdot A + 2H_2O \qquad (22-1)$$

其中 AH 是还原性底物,·A 是自由基,还原性底物包括芳香族化合物、酚类化合物、吲哚、胺类和磺酸盐等。在 HRP 催化反应中,自由基的形成暗示了 HRP 在植物体细胞内中所起的作用。这些功能可能包括一些正常的交联反应,也可能是遇到一些外部因素时,如植物组织受到创伤,但是 HRP 在体内的作用并没有完全被阐明。

反应(22-1)也被应用于酚类、芳香胺类废水的处理。该反应的效率会因金属离子影响辣根过氧化物酶活性而被影响,并且利用无机离子对辣根过氧化物酶的抑制作用,实现了对 Cd^{2+},Co^{2+} 和 Cu^{2+} 等的浓度测定。

辣根过氧化物酶的活性可以通过其催化 H_2O_2 氧化四甲基联苯胺(TMB)的速率来表征。辣根过氧化物酶与 TMB 反应后使溶液呈蓝色,加入硫酸反应终止,此时溶液呈黄色,在 450 nm 处有吸收峰。在该反应的初始阶段,反应体系吸光度随反应时间均匀增加,吸光度的变化率作为反应速率,用于表示 HRP 的酶活性的大小。在反应体系中加入一定浓度的 Cu^{2+},根据反应速率的变化可以研究铜对辣根过氧化物酶活性的影响。

三、仪器和试剂

1. 仪器
(1) 恒温水浴锅。
(2) 微量移液器。
(3) 96 孔培养板。
(4) 酶标仪。
(5) 1.5 mL 离心管。
(6) 10 mL 带塞玻璃瓶。
(7) 秒表。
(8) 移液管。

2. 试剂
(1) pH=5.0,0.1 mol/L 磷酸氢二钠- 0.05 mol/L 柠檬酸缓冲液;
(2) 四甲基联苯胺(TMB)储备液 10 mg/mL,溶于二甲基亚砜。

(3) 2 mol/L H_2SO_4。

(4) Cu^{2+} 标准溶液,1 000 mg/L $Cu(NO_3)_2$ 溶液。

(5) 辣根过氧化物酶(HRP)原液 1.5 mg/L,溶于 pH=7.4,0.01 mol/L 磷酸缓冲液。

(6) 30% 过氧化氢(H_2O_2)溶液。

四、实验步骤

(1) 配制底物溶液:用移液管准确移取 9.9 mL 磷酸氢二钠-柠檬酸缓冲液于 25 mL 烧杯中,并用微量移液器向该烧杯加入 100 μL TMB 储备液,最后加入 10 μL 30% H_2O_2 溶液,混匀,放置于 25 ℃水浴中预热。

(2) 配制含有不同浓度 Cu^{2+} 的 HRP 溶液:在 6 个 1.5 mL 离心管中分别配制 200 μL 含 Cu^{2+} 分别为 0,6.25%,12.5%,25%,50%,100%的溶液,再各加入 5 μL HRP 原液,放置于 30 ℃水浴中预热。

(3) 取 96 孔培养板,选择其上的板孔 6 行×8 列,在其中各加入 50 μL 硫酸。

(4) 6 个离心管内的样品分成两批来做,一次做三个。在 6 个离心管中各加入 1.2 mL 底物溶液,各管之间加液间隔时间为 15 s,从第一离心管加液后开始计时。各管开始反应后,每隔 1.5 min 取 150 μL 反应液加入板孔中,共取 8 次样。

(5) 在酶标仪上测定 450 nm 处各板孔的吸光度。

五、数据处理

对吸光度随时间变化作图,曲线线性部分的斜率表示酶促反应的速率,可以表征 HRP 酶活性的大小。比较不同浓度的铜对酶活性的影响。

六、讨论

(1) 反应(22-1)中 HRP 的催化机制可能是首先 H_2O_2 和静态酶中的 Fe(Ⅲ) 反应生成高氧化态的催化中间体化合物Ⅰ(HRP Ⅰ)。它包含一个含氧 Fe(Ⅳ)中心和一个带正电荷的卟啉,其氧化还原电势接近+1V,然后将还原底物氧化。

(2) Cu^{2+} 除了浓度影响 HRP 外,作用时间也可能对 HRP 的活性造成影响,Jacqueline Keyhani 等人对金属 Ni^{2+} 和 Cd^{2+} 的研究表明,浓度以及与酶作用的时间将会改变抑制的类型。

(3) Cu^{2+} 影响 HRP 活性主要通过改变 HRP 的立体构象实现的,这种立体构象的改变可以通过扫描 HRP 的内源荧光发射光谱,激发波长可选定在

280 nm。

七、思考题

（1）酶促反应动力学通常用什么方程进行描述？写出该方程，并解释它的意义。

（2）该实验操作中应该注意什么问题？如何改进该实验？

（3）用 96 孔板和酶标仪测定吸光度与用紫外-可见分光光度计和比色皿测定吸光度相比，有什么优缺点？

参考文献

［1］刘成,等. 银离子对辣根过氧化物酶的影响[J]. 生物技术,2006,50(4):49-52.

［2］彭倩,宫艳艳,周青. 同温度条件下铽对辣根过氧化物酶(HRP)生态毒理效应的影响[J]. 农业环境科学学报,2007,26(3):974-976.

［3］郑琦,李忠铭. 根过氧化物酶处理邻苯二酚废水的研究[J]. 化学与生物工程,2007,24(7):65-67.

［4］洪伟杰,张朝晖,芦国营. 根过氧化物酶的结构与作用机制[J]. 生命的化学,2005,25(1):33-36.

［5］王晓明,刘小勇. 根过氧化物酶生物降解五氯酚[J]. 化学与生物工程,2008,25(2):48-50.

［6］夏炳乐,等. 源镧(Ⅲ)对辣根过氧化物酶的结构的影响[J]. 化学学报,2004,62(14):1318-1322.

［7］王强,等. 肉中过氧化物酶活性的 TMB 法研究[J]. 分析试验室,2007,26(7):14-20.

（刘红玲　编写）

实验二十三　米氏方程的测定

酶促反应动力学简称酶动力学,主要研究酶促反应的速度以及其他因素,例如抑制剂等对反应速度的影响。米氏方程(Michaelis-Menten equation)是表征酶促反应的起始速度(v)与底物浓度(S)关系的速度方程。

四溴双酚 A 是一种反应型阻燃剂,用于制造含溴环氧树脂和含溴聚碳酸酯以及作为中间体合成其他复杂的阻燃剂,也作为添加型阻燃剂用于不饱和聚酯、硬质聚氨酯泡沫塑料、胶黏剂以及涂料等制备过程。近年来一些研究表明四溴双酚 A 具有内分泌干扰性,其广泛的应用会带来一系列的环境问题。本研究即以四溴双酚 A 为底物,采用漆酶进行酶促反应并测定酶促动力学。

一、实验目的和要求

(1) 学会米氏常数(K_M)及最大反应速率(v_{max})的测定原理和实验方法。
(2) 掌握可见分光光度计以及 HPLC 的使用方法。

二、实验原理

酶动力学研究的是酶催化反应的速率,描述酶作为催化剂的生物学作用,以及酶是怎样完成催化过程的。酶促反应中,在低浓度底物的情况下,反应相对于底物是一级反应;而当底物浓度处于中间范围时,反应相对于底物是混合级反应;当底物浓度增加时,反应速率不再增大,表现为零级反应,此时反应速率最大(v_{max}),即底物对酶的浓度达到饱和。

普遍的研究认为,酶的催化反应可以由以下方程来描述:

$$E + S \underset{k_{-1}}{\overset{k_1}{\rightleftharpoons}} ES \overset{k_2}{\longrightarrow} P + E$$

其中,E,S,ES 和 P 分别代表酶、底物、酶-底物复合物和产物。当酶催化某个反应时,酶和底物先结合形成一个中间复合物,然后中间复合物再分解,生成产物并释放出酶。一般以产物的生成速率代表整个酶催化反应速率,而产物的生成取决于中间物的浓度。

根据以上假设,可以推出米氏方程,即方程(23-1):

$$v = \frac{v_{max}[s]}{K_M + [s]} \tag{23-1}$$

式中:v——底物浓度为[s]时的反应速率;

v_{max}——最大反应速率;

K_{M}——米氏常数,等于$\dfrac{k_{-1}+k_2}{k_1}$。

米氏方程表明了当K_{M}和v_{max}都已知时,酶促反应速率与底物浓度之间的关系(图23-1)。而米氏常数K_{M}的物理意义是酶促反应速率为最大反应速率一半时的底物浓度。K_{M}是酶的一个基本的特征常数,只与酶的性质有关,与酶的浓度无关,但与pH、温度等因素有关,不同酶有不同的K_{M}值。同时米氏方程假定ES与E+S处于快速平衡中,K_{M}就是ES的解离常数,因此K_{M}是E对S的亲和力的量度,即K_{M}值越小,表明酶与底物的结合越紧密。在通常的研究过程中,常用米氏方程转化形式——Lineweaver-Burk方程(23-2)来推导酶催化反应的参数。Lineweaver-Burk方程是对米氏方程两边同时取倒数,得到$1/v$关于$1/[s]$的线性方程,此方程的横轴截距为$-1/K_{\text{M}}$,纵轴截距为$1/v_{\text{max}}$,从而可以得到该酶促反应的K_{M}和v_{max}(图23-2)。

$$\frac{1}{v}=\frac{K_{\text{M}}}{v_{\text{max}}}\frac{1}{[s]}+\frac{1}{v_{\text{max}}} \tag{23-2}$$

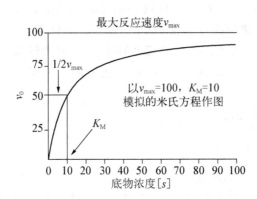

图23-1 米氏方程图

酶的转换数(k_{CAT}),又称为酶的摩尔活性或者催化中心活性,用来表示酶的催化效力。其物理意义为:1 mol 酶(单体酶)或 1 mol 酶活性中心(含有多个活性中心的酶)在单位时间内转化底物的物质的量。假定反应混合物中的酶浓度[E_T]是已知的,在[s]饱和的情况下,$v=v_{\text{max}}=k_2[E_T]$,$v_{\text{max}}$揭示了转化数。因此,$k_2=v_{\text{max}}/[E_T]=k_{CAT}$,$k_{CAT}$值即可以由$v_{\text{max}}$计算得到。

三、仪器和试剂

1. 仪器

(1) 高效液相色谱仪(HPLC,日立 L-2000)。

(2) WH-3 微型涡旋混合仪。

(3) 恒温水浴锅。

(4) 移液枪:10~100 μL×1,100~1 000 μL×1。

(5) 超声清洗机。

(6) 容量瓶:10 mL×8,250 mL×2。

(7) 试管×40。

(8) 试管架×2。

(9) 进样瓶。

2. 试剂

(1) 2.5 mmol/L 四溴双酚 A(TBBPA):TBBPA(M. W. 543. 87)来自 Sigma-Aldrich,纯度为 97%。准确称取 0.136 0 g TBBPA 粉末,用少量色谱纯甲醇完全溶解,转移至 100 mL 容量瓶后用甲醇定容至刻线,4 ℃密封储备。

(2) 漆酶,from *T. versicolor*(21U/mg,Sigma-Aldrich),冷藏保存。

(3) pH=7.0 磷酸缓冲溶液:称取 3.90 g $NaH_2PO_4 \cdot 2H_2O$(分析纯)于 250 mL 烧杯中,用超纯水溶解后全部转移至 250 mL 容量瓶中,定容,摇匀。另称量 8.95 g $NaHPO_4 \cdot 12H_2O$(分析纯)同法配置 250 mL 溶液。将两溶液等体积混匀后待用。

(4) 甲醇(分析纯)。

四、实验步骤

1. 底物系列溶液的配置

用移液枪分别移取 500 μL,496 μL,488 μL,484 μL,480 μL,476 μL,468 μL,460 μL 甲醇于 10 mL 容量瓶中,再分别移取 0 μL,4 μL,12 μL,16 μL,20 μL,24 μL,32 μL,40 μL 2.5 mmol/L TBBPA 溶液于上述容量瓶中。用pH=7.0 磷酸缓冲溶液定容至 10 mL,摇匀。底物溶液浓度依次为 0.0 μmol/L,1.0 μmol/L,3.0 μmol/L,4.0 μmol/L,5.0 μmol/L,6.0 μmol/L,8.0 μmol/L,10.0 μmol/L。该系列溶液一部分用于高效液相色谱仪的标准曲线测定,一部分用于酶促反应测定。

2. 酶液的配置

事先参照实验十九的方法测定漆酶酶活,将漆酶母液用超纯水稀释 4 倍(可根据酶活适当调整稀释倍数,以保证反应体系初始酶活为 0.2 U/mL)。

3. 酶促反应实验

将实验所需底物系列溶液、酶液、甲醇置于 25 ℃恒温水浴锅中恒温 20 min。

用移液枪吸取 1 mL 底物溶液至反应试管中,每个浓度设置 3 组平行。将底物溶液置于微型涡旋混合仪上稍微混匀后,加入 50 μL 酶液启动反应,并记录时间。空白组不加酶液,反应时保持试管接触涡旋混合仪,45 s 后加入 1 mL 甲醇溶液终止反应,空白管同样需要添加 1 mL 甲醇。加入甲醇后再稍稍混匀即完成反应。

4. HPLC 测定

反应结束后,将底物系列溶液及酶促反应后的溶液转移至液相进样小瓶内,盖紧瓶盖,上 HPLC 测定,记录 TBBPA 的峰面积。HPLC 测定条件为:Agilent XDB C18,250 mm×4.5 mm;流动相为乙腈：水＝85%：15%(V/V),其中水中含 0.05%CH₃COOH;流速为 1 mL/min;紫外吸收检测器(波长 230 nm);20 μL。

五、数据处理

1. 标准曲线绘制

以底物系列溶液浓度 s 对峰面积作图,绘制标准曲线图。

2. 米氏常数 K_M 和 v_{max} 的测定

不同底物浓度的酶促反应速率 $v[μmol/(L·s)]$ 用下式计算:

$$v = \frac{C_{int} - C_{end}}{t} \tag{23-3}$$

式中:C_{int},C_{end}——反应前和反应后的底物浓度,μmol/L;

$\qquad t$——反应时间,s。

采用双倒数 Lineweaver-Burk 方程(方程 23-2),以底物浓度的倒数 $1/[s]$ 对反应速率倒数 $1/v$ 作图,求得该酶促反应的 K_M 和 v_{max}(图 23-2)。

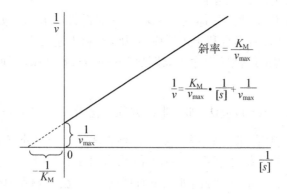

图 23-2　米氏方程的转化形式

3. 计算酶的转换数（k_{CAT}）

酶的转化数 k_{CAT} 由下式计算得到：

$$k_{CAT} = v_{max}/[ET] \tag{23-4}$$

式中：$[ET]$——酶浓度。

六、讨论

（1）本实验中测定初始反应速率是求解米氏方程的关键。初始反应速率测定的条件有以下几个限制：① 反应时间 t 要尽量短；② 在反应时间内，底物被消耗量应小于 10%；③ 底物被消耗的量不能太少，时间不能太短，否则将不满足仪器的响应条件；④ 最大浓度应尽量靠近饱和浓度。

（2）实验中的注意事项

① 使用移液枪吸取液体时不能太快，当所移取的液体体积很小（如 4 μL）时，吸取前应当先反复吸入液体 2~3 次，以润洗枪头，防止挂壁现象产生。

② 由于 10 mL 容量瓶的口较小，可将配置好的系列底物溶液转移部分至试管中以便移取。

③ 由于本实验使用的底物 TBBPA 易挥发，因此在配制其标准溶液时考虑先向各容量瓶中加入甲醇，而后再加入一定量的底物，配制标准溶液时动作尽量快一些。

④ 加入酶液反应过程中，应保证试管内溶液充分混匀。

（3）K_M 值常常与酶对底物的亲和力相联系，但有时可能并不确切。实际上，更为确切的说法是：对于遵守米氏动力学的反应，K_M 为酶发生有效催化时，所需底物浓度的一种尺度。具有高 K_M 的酶比具有低 K_M 的酶需要更高的底物浓度才能到达给定的反应速率。

（4）K_M 也可以帮助判断体内一个可逆反应进行的方向。如果酶对底物的 K_M 小于对产物的 K_M，则有利于正反应；否则，有利于逆反应。

（5）米氏方程的线性转换除了双倒数 Lineweaver-Burk 转换外，还有以下几种方法：

① Eadie-Hofstee 转换法，即将米氏方程转化为 $v = -K_M \dfrac{v}{[s]} + v_{max}$ 的形式，然后以 v 对 $v/[s]$ 作图求得 K_M 和 v_{max}。这种方法的一个好处就是不像双倒数作图那样需要很长的外推才能算出 K_M。但此作图法有另外一个问题，就是纵坐标和横坐标都含有变量 v，因此，如果 v 有任何误差，会影响到两个轴。

② Hanes-Wolff 作图法，即将米氏方程转化为 $\dfrac{[s]}{v} = \dfrac{1}{v_{max}} \cdot [s] + \dfrac{K_M}{v_{max}}$ 的形

式,然后以$\dfrac{[s]}{v}$对$[s]$作图。使用此法作图有和双倒数法和 Eadie-Hofstee 作图一样的缺陷,即数据点分散,但没有后两者严重。另外,此作图法避免了v对横轴的影响。

七、思考题

(1) 试说明米氏常数 K_M 的物理意义和生物学意义。

(2) 为什么说米氏常数 K_M 是酶的一个特征常数而 v_{max} 不是?

(3) 米氏方程中的 K_M 值有何实际应用?

(4) 为什么研究酶活力以酶促反应的初速度为准?

（毛　亮　编写）

第三部分　综合性实验

实验二十四　大气气溶胶中多环芳烃的来源分析

多环芳烃(PAHs)是最早发现的致癌性有机物,是持久性有机污染物(POPs)中的一种,PAHs在环境中虽然是微量的,却广泛存在于大气、水、土壤等环境中[1],严重危害了人体健康和生态环境。空气动力学直径小于 $10~\mu m$ 的可吸入颗粒物(PM_{10})和小于 $2.5~\mu m$ 的细颗粒物($PM_{2.5}$)中含有大量的有机物,种类多达数百种。这些有机污染物吸附在颗粒物中,随呼吸进入人体,对健康造成威胁。其中的多环芳烃类,因其具有持久性和致癌、致畸、致突变的"三致"作用而受到广泛的关注。多环芳烃性质稳定,在大气较少发生转化,因而其组成、含量与污染源有很强的相关性。如何区分 PAHs 的来源,对于合理评价工业区发展和人类活动对自然环境的影响具有重要意义,有助于污染源控制策略的制定,同时多环芳烃的来源分析对 PM_{10},$PM_{2.5}$ 的研究具有特别重要的意义。

一、实验目的和要求

(1) 掌握大气颗粒物中以多环芳烃为代表的半挥发性有机污染物的测定方法。

(2) 了解多环芳烃来源分析识别的基本方法。

二、实验原理

1. 大气气溶胶中多环芳烃的测定

由于大气中 PAHs 的含量水平相对较低,所以常用大体积采样器捕集,用滤纸等收集吸附在颗粒物上的 PAHs。目前,常用的滤膜多选用玻璃纤维滤膜和石英纤维滤膜。这两种滤膜通气阻力小,采样效率高并耐高温,能简单用有机溶剂浸泡的方法来提取采集在上面的被测物质。但是玻璃纤维滤膜在采样中会吸收像亚硫酸这样的酸性气体,从而造成实验误差,因此石英滤膜现已逐渐取代玻璃纤维滤膜。这两种滤膜均有较大的比表面积,易吸收气相有机物。

聚四氟乙烯滤膜具有较小的比表面积,可克服此缺点,但是它不适合于热分析。

气溶胶样品基体复杂,干扰物多,难以直接测定,通常必须经过样品预处理后才可以进行分析。因此发展快速、高效的样品前处理方法一直是分析化学家们追求的目标。现在广泛采用的空气样品预处理程序简单概括如下。

样品采集后采用索氏提取、超声震荡提取、溶剂浸泡、超临界流体萃取(SFE)和微波萃取(MWE)等方法把有机物从滤膜上提取至试液中,待分离出PAHs后用气相色谱-质谱分析仪(GC-MS)、高效液相色谱(HPLS)等法测定分析。大气中有机物的组分异常复杂,要将多环芳烃与其他组分分开,常用的分离方法有层析色谱(柱色谱、纸色谱和薄层色谱等)、衍生化法、固相萃取(SPE)、固相微萃取(SPME)等。超临界流体萃取(SFE)和微波萃取(MWE)也是有机混合物分离的有效方法。

PAHs的分析技术有气相色谱(GC)、色谱-质谱联用(GC-MS)、高效液相色谱(HPLC)、核磁共振、红外吸收光谱、紫外分光光度法和发光光谱等方法。最早检测苯并[a]芘(BaP)和其他PAHs的方法是荧光分析法,用于检测煤焦油中的致癌组分。荧光分析法能够测定低于纳克级的PAHs,但选择性不强,可获得其光谱强度,但难以分辨其中组分。为克服这一困难,可以把紫外吸收光谱法(UV)与其他特种预处理技术(液相色谱、薄层液相色谱)联用。而对于颗粒物中极性有机物的定量,最合适的方法可能就是高效液相色谱法(HPLC)或液相色谱-质谱联用(HPLC/MS),并且HPLC在室温下即可操作,能分析分子量小或高温时不稳定的PAHs。据报道,HPLC成功用于PAHs分离分析已有20多年的历史,已成为监测PAHs最重要、最有效的分析方法。与GC法相比,HPLC法尤其是反相HPLC法所分析的化合物不受其挥发性和相对分子质量大小的限制,且具有选择性好、灵敏度高等优点。目前最常用来测定大气中PAHs的是气相色谱-质谱联用(GC-MS)法,该方法对不同PAHs的分辨率高,定量结果准确。

本实验用二氯甲烷对PM_{10},$PM_{2.5}$颗粒物样品进行超声波振荡萃取,通过填充硅胶的层析柱对抽提物进行分离纯化,得到正构烷烃、多环芳烃、脂类和极性组分,对其中的多环芳烃组分用GC-MS进行定量分析。

2. 大气气溶胶中多环芳烃的来源分析

PAHs一般有3种来源,即有机化合物的高温反应、石油等产物的低温蒸发和森林火灾、地质尘埃等,其中有机化合物的高温反应是最主要的来源。环境中多环芳烃的天然来源主要由微生物和高等植物(如烟草、胡萝卜等)合成,它们可以促进植物的生长,可能扮演内源植物激素的角色。另外,火山活动、森林火灾以及草原火灾也产生一定量的多环芳烃。关于生物合成多环芳烃尚有争议,微生物、原生动物、藻类可能有合成多环芳烃的能力。环境中的 PAHs 主要来源于人类的生产和生活,主要是由煤、石油、木材及有机高分子化合物的不完全燃烧产生的,大多来自化学工业、交通运输、日常生活等方面。在热分解过程中,不管存在空气或氮气都能形成相同种类的多环芳烃。此外,绝大多数有机化工材料如聚苯乙烯、聚丙乙烯、聚氯乙烯、聚酰胺、醋酸纤维的燃烧,都能释放出多环芳烃。

多少年来,科学家们一直在研究能够反映大气颗粒物中有机质来源的物质或指标,但是由于许多污染源都排放各种 PAHs,因此这项研究相当困难。为了降低人体暴露率,有效控制 PAHs 污染,污染物的来源解析研究焦点由以无机物作为标识物,转移到以有机物作为标识物;由对大气颗粒物进行源解析转移到对吸附于颗粒物上的半挥发、有毒性的化合物(如 PAHs 等)的源解析上。

有关大气气溶胶中 PAHs 来源研究的方法有很多,已应用的 PAHs 的源解析的受体模型分类见图 24-1。

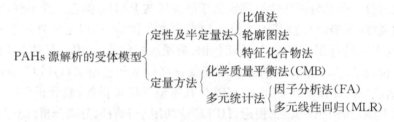

图 24-1　PAHs 来源识别和源解析的方法

在应用 CMB 模型时的一个重要的假设前提是:模型中的标识物是不发生化学反应的,也就是指从污染源到受体之间污染物不应起化学反应。这一点限制了有机物特别是 PAHs 这类易降解的化合物作为 CMB 中的标识物。CMB 法计算过程中要求源成分谱较全面,应用 CMB 方法进行 PAHs 源解析时,大多采用在一定范围内将 PAHs 浓度归一化的方法来得到其成分谱。

多元统计法对污染源的降解情况要求较低,但要求数据量大。目前,我国的 PAHs 源解析的工作已取得了阶段性的进展。祁士华等应用 PAHs 典型组分三角图解法和欧式距离法对澳门大气气溶胶中 PAHs 的来源做探索性研究,以不同典型燃烧源的 PAHs 组分含量作为标准,用特征组分建立不同来源的三角图,对待研究样品在三角图中投点以确定样品的初步归类,计算待研究样品与标准样品的欧式距离以进一步确定样品中 PAHs 的来源,具有很大的合理性。但此研究仅为初步成果,仍需进行广泛深入的探索。

特征标志化合物法简便易行,但干扰因素多、准确性差,而且确定污染源的定性成分多,定量成分少。

轮廓图法直观明了,但需事先知道特征污染源的轮廓图。

在 PAHs 的源识别判定上,目前使用最多的还是简单直观的比值判定法,因为不同来源物质的燃烧过程中产生出不同的 PAHs 化合物,其特征 PAHs 比值有不同的特点,可以作为不同类型燃烧源的标识物。气溶胶颗粒物中多环芳烃的含量、组成及分布规律与污染源有很强的相关性,所以研究气溶胶中多环芳烃的组成及分布特征有助于颗粒物及其中多环芳烃的来源识别。

本实验在对大气气溶胶中多环芳烃的含量和组成进行分析测定的基础上,通过不同成分多环芳烃含量的比值差别初步分析识别大气中多环芳烃的来源。

三、仪器和试剂

1. 仪器

(1) FINNIGAN,Polaris Q 气质联用仪(美国)。

(2) 超声振荡器。

(3) 减压旋转蒸发器。

(4) 氮吹仪。

2. 器具和材料

(1) 500 mL 棕色广口瓶×2,500 mL×2、50 mL×10 梨形瓶,小样品管,棕色碱式滴定管(内径 1 cm),漏斗,烧杯,滴管。玻璃器皿经洗涤剂、洗液和蒸馏水仔细清洗,用甲醇、二氯甲烷、正己烷分别润洗三次后,于烘箱中烘干。

(2) 不锈钢镊子、剪刀。镊子和剪刀用丙酮浸泡,待丙酮挥发干后使用。

(3) 定性滤纸。

(4) 100～200 目色谱层析用硅胶、脱脂棉。硅胶用二氯甲烷超声萃取去除杂质,并于 150 ℃活化 8 h 后置于干燥器中保存待用;脱脂棉用二氯甲烷超声萃取去除杂质,于室温下待溶剂挥发干后,置于干燥器中保存待用。

3. 试剂

(1) 二氯甲烷、正己烷、丙酮、甲醇,均为色谱纯。

(2) 高纯氮气(99.999%)。

四、实验步骤

1. 样品的萃取

将采集有颗粒物的滤膜(200 mm×250 mm)剪成四等份,取对角线两份,剪碎后放入 500 mL 棕色广口瓶中,加入 70 mL 二氯甲烷,放置一夜。超声波振荡萃取 30 min/次×3 次,每次更换新鲜溶剂。合并萃取液,用定性滤纸过滤至 500 mL 梨形瓶中。

注意:在超声萃取过程中,为减少二氯甲烷的挥发和待测组分的损失,需要在超声仪中加入一定量的冰水,以降低水温。

2. 样品的浓缩

在水浴温度不大于 35 ℃的条件下,将上述 500 mL 梨形瓶在减压旋转蒸发器上浓缩至 10 mL 左右。然后,转移至 50 mL 梨形瓶中,并用一洁净的吸管吸取少量二氯甲烷荡洗瓶壁三次,荡洗液并入 50 mL 梨形瓶中,在旋转蒸发器上继续浓缩至 1 mL 左右。

3. 样品的层析分组

(1) 硅胶装柱

取内径 1 cm 的棕色碱式滴定管,除去滴定头,下端填充少许脱脂棉;装入 10 g 活化硅胶,压实后,用 40 mL 正己烷淋洗层析柱。淋洗液需加压过柱,以除去柱内空气。待整个硅胶柱均匀透明后,即可进行样品的层析。

(2) 层析

用一洁净的吸管吸取样品浓缩液,滴加至层析柱顶。待样品即将全部渗透入柱的时候,分别用 30 mL 正己烷、30 mL 正己烷/二氯甲烷(6:4,体积比)、30 mL 正己烷/丙酮(9:1,体积比)和 30 mL 甲醇依次淋洗层析柱,分别得烷烃、多环芳烃、脂类和极性组分。洗脱液分别收集在 50 mL 梨形瓶中。

(3) 洗脱液的浓缩

将上述洗脱液在旋转蒸发器上浓缩至 1 mL 左右,然后转移至样品管中,加入 10 μL 内标(IS)后,定容至 1 mL,密封、避光、低温保存,待分析。

4. 多环芳烃组分定量分析标准曲线的绘制

(1) 标准化合物

标准样品为美国 EPA610 方法 16 种优先控制多环芳烃的混合标样(表 24-1),其组成为萘、苊、二氢苊、芴、菲、蒽、荧蒽、芘、苯并[a]蒽、䓛、苯并[b]荧蒽、苯并[k]荧蒽、苯并[a]芘、茚并[1,2,3-cd]芘、二苯并[a,h]蒽、苯并[ghi]芘的甲醇/二氯甲烷溶液(1:1,体积比)。萃取内标为 2-fluorobiphenyl 和 1-fluoronaphthalene混合标液;进样内标为 phenanthrene-D10,perylene-D12。

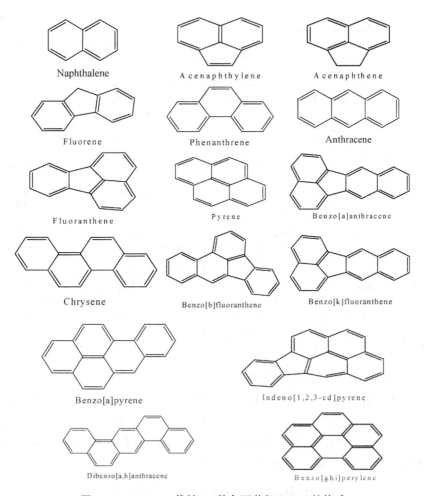

图 24 - 2 USEPA 优控 16 种多环芳烃(PAH)结构式

表 24 - 1 16 种多环芳烃标样的性质和浓度

PAH	化合物名称	分子式	分子量	CASNO	浓度/(μg/mL)
NaP	naphthalene	$C_{10}H_8$	128	91 - 20 - 3	1 000
AcNP	acenaphthylene	$C_{12}H_8$	152	208 - 96 - 8	2 000
AcN	acenaphthene	$C_{12}H_{10}$	154	83 - 32 - 9	1 000
Fl	fluorene	$C_{13}H_{10}$	166	86 - 73 - 7	200
PhA	phenanthrene	$C_{14}H_{10}$	178	1985 - 1 - 8	100

PAH	化合物	分子式	分子量	CASNO	浓度/(μg/mL)
An	arthracene	$C_{14}H_{10}$	178	120 - 12 - 7	100
FlA	fluoranthene	$C_{16}H_{10}$	202	206 - 44 - 0	200
Py	pyrene	$C_{16}H_{10}$	202	129 - 00 - 0	100
BaA	benz[a]anthracene	$C_{18}H_{12}$	228	56 - 55 - 3	100
Chy	chrysene	$C_{18}H_{12}$	228	218 - 01 - 9	100
BbFlA	benzo[b]fluoranthene	$C_{20}H_{12}$	252	205 - 99 - 2	200
BkFlA	benzo[k]fluoranthene	$C_{20}H_{12}$	252	207 - 08 - 9	100
BaP	benzo[a]pyrene	$C_{20}H_{12}$	252	50 - 32 - 8	100
IP	indeno[123 - cd]pyrene	$C_{22}H_{12}$	276	193 - 39 - 5	100
dBahA	dibenz[ah]anthracene	$C_{22}H_{14}$	278	53 - 70 - 3	200
BghiP	benzo[ghi]perylene	$C_{22}H_{12}$	276	191 - 24 - 2	200

（2）标准曲线系列溶液的配制与测定

分别配制 50 ng/mL，100 ng/mL，250 ng/mL，500 ng/mL，800 ng/mL，1 000 ng/mL 正己烷溶液，取样体积见表 24 - 2，16 种多环芳烃化合物的浓度见表 24 - 3。根据表 24 - 4 中的色谱条件，作浓度-响应面积之标准曲线，16 种多环芳烃的总离子流图见图 24 - 3。

表 24 - 2　标准曲线的各标准的取样量

浓度/(ng/mL)	16 种 PAHs 混标/μL	phenanthrene - D10/μL	perylene - D12/μL	萃取内标/μL
50	5	10	10	5
100	10	10	10	10
250	25	10	10	25
500	50	10	10	50
800	80	10	10	80
1 000	100	10	10	100

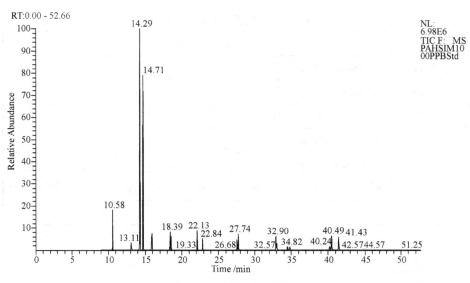

图 24-3　16 种多环芳烃的总离子流图

表 24-3　16 种 PAHs 化合物标准曲线浓度　　　　　μg/mL

化合物	Cal 1	Cal 2	Cal 3	Cal 4	Cal 5	Cal 6
naphthalene	0.5	1	2.5	5	8	10
acenaphthylene	1	2	5	10	16	20
acenaphthene	0.5	1	2.5	5	8	10
fluorene	0.1	0.2	0.5	1	1.6	2
phenanthrene	0.05	0.1	0.25	0.5	0.8	1
arthracene	0.05	0.1	0.25	0.5	0.8	1
fluoranthene	0.1	0.2	0.5	1	1.6	2
pyrene	0.05	0.1	0.25	0.5	0.8	1
benz[a]anthracene	0.05	0.1	0.25	0.5	0.8	1
chrysene	0.05	0.1	0.25	0.5	0.8	1
benzo[b]fluoranthene	0.1	0.2	0.5	1	1.6	2
benzo[k]fluoranthene	0.05	0.1	0.25	0.5	0.8	1
benzo[a]pyrene	0.05	0.1	0.25	0.5	0.8	1
indeno[123-cd]pyrene	0.05	0.1	0.25	0.5	0.8	1
dibenz[ah]anthracene	0.1	0.2	0.5	1	1.6	2
benzo[ghi]perylene	0.1	0.2	0.5	1	1.6	2

表 24-4　气质联用操作条件

项　目	操　作　条　件
进样口	不分流进样,270 ℃
进样器	AS3000,进样量 1 μL
色谱柱	DB-5;5% Phenyl Methyl Sibxane,30 m×0.25 mm×0.25 μm
载　气	氦气,恒流:流速 1 mL/min
柱　温	50 ℃开始,保持 3 min,以 10 ℃/min升温至 180 ℃,保持 0 min,以 6 ℃/min升温至 230 ℃,保持 0 min,以 3 ℃/min升温至 300 ℃,保持 5 min
质谱传输线	280 ℃

5. 质量控制与质量保证

（1）空白实验

为考察大气中多环芳烃的背景值,在每批样品处理前,应分析溶剂空白、实验室方法空白、运输空白。溶剂空白表明所有溶剂没有受到污染,满足分析要求;方法空白运行结果显示,实验过程中的污染局限在低沸点范围,除萘外,不对其他的目标化合物产生干扰;运输空白结果显示,在运输过程中样品没有被污染,对实验结果不存在影响。

（2）回收率实验

将 16 种标准化合物的混合溶液滴加在空白滤膜上,并按照与样品相同的试验步骤进行分析,以测定 16 种目标化合物的回收率。

表 24-5　16 种标准化合物的回收率

化合物	回收率	化合物	回收率	化合物	回收率	化合物	回收率
萘	38.12	菲	91.23	苯并[a]蒽	71.98	苯并[a]芘	76.88
苊	62.15	蒽	73.41	屈	110.85	茚并[1,2,3-cd]芘	88.82
二氢苊	62.18	荧蒽	115.08	苯并[b]荧蒽	94.56	二苯并[a,h]蒽	82.84
芴	104.9	芘	92.05	苯并[k]荧蒽	96.67	苯并[ghi]芘	107.3

（3）实验室内标回收率

样品预处理前,向每个分析样品加入了 10 μL 10 μg/mL 萃取内标（2-fluorobiphenyl+1-fluoronaphthalene）,以校正实验过程中目标化合物的损失。实验结果中,以上指示物的回收率应不低于 50%。

6. 样品的测定

将上述定容样品移入容量瓶中,置于自动进样器上,编号。用气质联用仪(FINNIGAN,Polaris Q)进行定量分析。测定样品中相应组分的响应面积,根据以上所做的标准曲线求出所对应的样品浓度 C,进一步由下式计算各个组分在大气中的浓度:

$$C(\mathrm{ng/m^3}) = \frac{(A-b) \times 0.4 \times 1\,000}{m \times Rec(\%) \times V(\mathrm{m^3})} \tag{24-1}$$

式中:C——大气中各个组分浓度,$\mathrm{ng/m^3}$;

　　　　A——组分响应面积和内标面积之比;

　　　　b——标准曲线截距;

　　　　m——标准曲线斜率;

　　　　Rec——组分平均回收率,%;

　　　　V——所采空气在标准状态体积,$\mathrm{m^3}$;

　　　　0.4——内标的浓度,$\mu\mathrm{g/mL}$。

7. 多环芳烃来源判别

比值法是分析气溶胶中多环芳烃来源的简单有效的方法,常用的比值有菲/蒽(Ph/An)的比值、荧蒽/芘(Fl/Pyr)的比值、甲基菲和菲的比值(MPh/Ph)、苯并[a]芘和苯并[ghi]芘的比值及荧蒽和芘的含量比值等。由于影响大气气溶胶中多环芳烃含量的因素比较多,而且大气中的多环芳烃一般都是由多种来源组成的,比值法只能粗略判断其主要来源的贡献。

(1) 菲/蒽(Ph/An)的比值和荧蒽/芘(Fl/Pyr)的比值

菲/蒽(Ph/An)的比值和荧蒽/芘(Fl/Pyr)的比值是最常用的指示多环芳烃来源的比值。Ph/An 和 Fl/Pyr 分别代表了两种三环多环芳烃和两种四环 PAH 的比值,对于指示多环芳烃的来源具有重要意义。由于菲的热稳定性比蒽高,在较低温度下产生的菲比蒽的量要高得多。在石油的生成过程中 Ph/An 的比值往往很高,在 373K 下该比值可高达 50。相反,在高温过程中(800~1 000K),如煤炭、木材、汽车尾气排放等有机物不完全燃烧的过程中,这一比值要低得多。一般来说,当 Ph/An>15 时,说明其来源于石油;而当 Ph/An<10 时,说明其来源于有机物的燃烧过程;当 Ph/An 介于 10 到 15 之间时,就要借助于其他指标确定 PAH 的来源。对荧蒽和芘来说,在石油中芘的含量比荧蒽丰富,而在高温燃烧过程产生的 PAH 中荧蒽的丰度大于芘,因此,Fl/Pyr 的比值大于 1 说明 PAH 主要来源于燃烧,而小于 1 则主要来源于石油。为避免采用一组比值得出的结论可能产生的误差,可以将这两组比值结合起来,当 Ph/An>15 且 Fl/Pyr

<1 时,说明 PAH 主要来源于石油污染;而当 Ph/An<10 且 Fl/Pyr>1 时,则 PAH 主要来源于高温燃烧过程。

(2) 甲基菲和菲的比值(MPh/Ph)

烷基 PAH 与其母体的比值也可以用来指示 PAH 的来源。通常情况下,石油中低分子量多环芳烃的含量较多,而高温过程产生的高分值量的多环芳烃较多。石油中含有较多的烷基多环芳烃,而高温过程产生较多的高分子量多环芳烃(特别是荧蒽和芘)。甲基菲和菲的比值(MPh/Ph)被广泛用来表征多环芳烃中烷基多环芳烃的丰度,并用于指示其是来源于石油还是来源于高温过程,在燃烧排放的样品中 MPh/Ph 的比值一般小于 1,而来源于未燃烧的化石燃料中的 PAH 中 MPh/Ph 的比值介于 2～6 之间。

(3) 苯并[a]芘和苯并[ghi]苝的比值

苯并[ghi]苝与机动车尾气污染之间具有密切的相关性,因此通过苯并[ghi]苝的含量与多环芳烃总量之间的相关性可以判别机动车尾气是否是多环芳烃的主要来源。按 Sawicki 观念,苯并[a]芘和苯并[ghi]苝的比值在 0.30～0.44 之间,为交通污染源污染,在 0.66～0.90 之间为燃煤污染。

(4) 荧蒽和芘的含量比值

傅家谟等提出荧蒽和芘的含量比值可用做化石燃料燃烧类型的判别指标,比值接近于 1.40 和 1.0 分别代表煤型和油型燃烧。

不同苯环数多环芳烃的相对丰度也可以反映化石燃料是否经历高温燃烧过程,若高环数多环芳烃占优势,则主要来源于化石燃料的不完全燃烧。PAHs 源解析的工作已取得了阶段性的进展,但仍需进行广泛深入的探索。

(5) 苯并[a]芘等效致癌浓度(BaPE)

苯并[a]芘由于具有强致癌性,常被作为多环芳烃的标志物,世界健康组织 WHO 将其视为表征多环芳烃总致癌性的指标。实际上,除了苯并[a]芘以外,苯并[a]蒽、苯并[b]荧蒽、苯并[k]荧蒽、茚并[1,2,3-cd]芘、二苯并[a,h]蒽等高环数多环芳烃也具有不可忽视的致癌潜力,而且苯并[a]芘在光照和氧化条件下(特别是当光化学烟雾出现时)容易分解,因此,单一的苯并[a]芘浓度并不能很好的表征多环芳烃的总致癌性。1998 年,Cecinato 等提出了苯并[a]芘等效致癌浓度(Benzo[a]pyrene-equivalent carcinogenic power,BaPE),BaPE 与单一的苯并[a]芘相比,能更好地指示由多环芳烃引起的气溶胶颗粒物的致癌性(N. Yassaa et. al.,2001)。BaPE 计算公式如下:

$$BaPE = BaA \times 0.06 + BFAs \times 0.07 + BaPY + DBA \times 0.6 + IPY \times 0.08$$

$$(24-2)$$

式中:BaA——苯并[a]蒽;

　　　 BFAs——苯并[b]荧蒽+苯并[k]荧蒽;

　　　 BaPY——苯并[a]芘;

　　　 DBA——二苯并[a,h]蒽;

　　　 IPY——茚并[1,2,3-cd]芘。

五、讨论

PAHs 在环境中虽然是微量的,却广泛存在于大气、水、土壤等环境中,严重危害了人体健康和生态环境。PAHs 还能与大气中的其他物质发生反应而生成一些芳烃类的衍生物,如硝基多环芳烃和羟基多环芳烃,这些化合物对人体的危害更大。

大气环境是人类赖以生存的重要场所,空气污染会给人类健康带来最直接的危害。PAHs 化合物的蒸气压决定了其在大气环境中以颗粒态和气态两种形式存在,可以随着外界条件的变化在颗粒相和气相间进行分配。PAHs 是半挥发性污染物,其在气固相间的分配对 PAHs 在环境中的归趋以及人群的暴露程度来讲是一个重要的过程。大气中的 PAHs 可以进行长距离传输,通过重力沉降、雨蚀、冲刷等干湿沉降作用进入水体和土壤,从而进入食物链。

许多污染源最初都是以气态的形式排放 PAHs,随后因为冷却形成颗粒物或是在大气迁移的过程中吸附到颗粒物上,加上由于世界各国经济和科学技术水平的不同,能源结构和利用效率不同,使得 PAHs 在气溶胶中污染程度和污染源类型的地域性差别很大。

近年来,国内外学者对多环芳烃在不同粒径颗粒物上的分布规律研究表明,PAHs 等持久性有机有毒物质多吸附在小粒径颗粒物上,因此,颗粒物粒径越小,其危害性越大。PM_{10},$PM_{2.5}$ 粒径微小,能直接通过呼吸道、消化道、皮肤等被人体吸收,或通过食物链在动物和人的体内累积,而且人们在呼吸含有多环芳烃的空气或食用含有多环芳烃的食品或蔬菜时,其致癌作用一时不易被发现,平均潜伏期长,严重影响人体健康与生态环境。特别是 $PM_{2.5}$,粒径更为微小,可在肺泡沉积,并进入血液循环。因此,对 PM_{10},$PM_{2.5}$ 中多环芳烃的研究成为目前大气气溶胶污染研究的一个重点。

六、思考题

(1) 大气中的多环芳烃以含 2~5 个苯环的多环芳烃为主,气溶胶上低环数的多环芳烃测定回收率一般较低,为什么?

(2) 为什么在气溶胶上多环芳烃的测定过程中要进行加标回收实验?

参考文献

［1］林峥,等.沉积物中多环芳烃和有机氯农药定量分析的质量保证和质量控制［J］.环境化学,1999,18(2):115-120.

［2］成玉等.大气气溶胶中多环芳烃的定量分析,环境化学［J］.1996,15(4):360-365.

［3］滕恩江,等.环境空气 $PM_{2.5}$ 和 PM_{10} 监测分析质量保证及其评价［J］.中国环境监测,1999,15(2):36-38.

［4］Kimmo Peltonen *et al.* Air sampling and analysis of polycyclic aromatic hydrocarbons. *Journal of chromatography A* 1995,710:93-108.

［5］U. S. Environmental Protection Agency,Criteria document on fine particles,EPA/600/P-95/001CF,Washington,D. C. ,April 1996.

［6］U. S. EPA Appendix A to part136:Methods for organic chemical analysis of municipal and industrial wastewater Method 610-polycyclic aromatic hydrocarbons.

（高士祥　编写）

实验二十五　除草剂在土壤中的迁移

除草剂是一类广泛使用的农药,主要用于防治各种田间杂草,提高肥料的利用率,提高农作物的产量。除草剂的大量使用使其在土壤中残留,并通过雨水和灌溉水的淋溶向地下水中迁移,对地下水源造成污染,因此已日益为人们所密切关注。除草剂在土壤中的移动除了与其本身的物理、化学特性相关外,还与土壤的质地有关。农药研究方法一般为室内模拟与田间实测相结合进行,在室内预评价的实验中,有土柱淋溶法和土壤薄层层析法。通过对除草剂在土壤中移动性能的评价,可以预测其对环境可能产生的影响。

一、实验目的和要求

(1) 学习用土壤柱法和薄层层析法对除草剂等农药在土壤中的移动特性的评价方法。

(2) 比较两种方法的差异及其优缺点。

二、实验原理

化学物质随渗透水在土壤中沿土壤垂直剖面向下的运动,是化学物质和土壤颗粒之间吸附-解吸的一种综合行为,实验室内的研究一般采用土壤柱法和土壤薄层层析法。土柱法是将化学物质置于土柱的表层,模拟一定的降水量,降雨结束后,测定每段土柱中化学物质的含量,从而找出化学物质在土柱中的分布规律。土壤薄层层析法是以土壤为吸附剂涂布于层析板上,点样后,以水为展开剂,展开后,测定土壤薄板每段的农药含量,以 R_f 作为衡量农药在土壤中的移动性的指标。

三、仪器和试剂

1. 供试农药与试剂

所提供的试验用农药,石油醚(色谱纯),去离子水,甲醇(色谱纯)。

2. 供试土壤

无锡水稻土。

3. 实验仪器

(1) HP7890 气相色谱仪(美国惠普公司)。

(2) 高速离心机。

（3）平板玻璃 20 cm×7.5 cm，展开缸，涂布器。

（4）100 mL 具塞三角瓶，移液管，研磨器，60 目不锈钢筛，50 mL 离心管，托盘天平，100 mL 容量瓶，玻璃棒，药匙。

（5）可拆分的不锈钢土壤淋溶柱：内径 3.46 cm，每节长 1.5 cm，共 14 节，柱长 21 cm；有机玻璃土壤淋溶柱：长 100 cm，内径 10.54 cm，两节，柱长 2 m；由铁桶制成的土壤淋溶柱：长 160 cm，内径 55 cm。

四、实验步骤

1. 土壤薄层法

（1）制薄层

将一定量无锡水稻土风干，过 0.22 mm 筛。称取 10 g 土壤，加入一定量蒸馏水调成稀泥浆，全部倒于玻璃板上，并涂布均匀，土壤涂布后的厚度为 750 μm 左右。薄板在室温下晾干 24 h。

（2）点样

样品用有机溶剂配制成试验浓度 10 mg/mL，点样方法与一般 TLC 相同，采用直接点样，样品在板下端 2.0 cm 处，待有机溶剂挥发完毕，进行展开。

（3）展开

与一般 TLC 相同，将土壤薄层置于展开缸内进行。以蒸馏水作为展开剂，薄板倾斜度为 35°，板端淹水 0.5 cm 左右，在室温 25 ℃下展开。当展开剂到达前沿 17 cm 左右，取出，于室温下干燥，然后按 1.6 cm 的间距，分段刮下薄层土壤，并按顺序编号，供分析测试用。

（4）提取

经薄层处理后的土壤样品用丙酮浸提三次，每次 20 mL，振荡 30 min，静置 20 min，合并上层丙酮提取液，在旋转蒸发器上浓缩至 1~2 mL，移入 10 mL 离心管中。离心后，移取上层清液至另一洁净 10 mL 带刻度离心管中，继续用丙酮 2 mL 萃取 3 次。将萃取液并入上述 10 mL 带刻度离心管，在氮气气氛下浓缩至 1 mL，加入内标物，供气相色谱测定。

2. 土柱淋溶法

（1）水不饱和土壤淋溶柱的制备

供试土壤加 6%~10% 的水，混匀，取少量粗砂置于柱底部，逐层填装供试土壤，压实，并防止管壁出现沟流。上层加少量的砂子，再加两层滤纸，并用少量砂子压住滤纸，计算土容重。

（2）水饱和土壤淋溶柱的制备

在上述的土壤淋溶柱填装好后，从柱上层滴加水至水从柱底部流出为止，夹紧柱底部的皮管,再按下述的程序进行操作。

（3）除草剂在土壤柱上的淋溶

① 加药:所实验的化合物均配成一定浓度的甲醇溶液,按所实验的需求量在土壤柱的顶部加入一定量的化合物溶液。用 160 cm×55 cm 的大柱进行实验时,在已加入所实验的化合物的甲醇溶液中,还需要加入一定量的水,以使所实验的化合物能在土壤表层均匀地分布。为便于观察农药在土壤柱中的分布,可加入大于田间实际施药量。

② 淋溶:淋溶时保持土壤柱垂直,利用虹吸原理滴加蒸馏水。调节流速,记录淋溶水量和淋溶时间。在 160 cm×55 cm 的大柱进行实验时,则定时注入一定量的水,直加至所需要的淋溶水量为止。

③ 取样淋溶结束后,将不锈钢上壤柱分段拆下,取出每一节的土壤,经风干后测定农药含量。对于有机玻璃土壤柱则可按所需要的位置,从取样孔中取样。大柱取样时,在上层采用剖面法,在下层采用取样孔法取样。

（4）淋溶液中除草剂的测定

① 除草剂的萃取:取 10～20 g 土样置于 100 mL 锥形瓶中,加入 20 mL 1 mol/L HCl,浸泡过夜后置于振荡器中振荡 1 h。静置后,倾出上层清液,残渣继续用 20 mL 1 mol/L HCl 振荡 0.5 h,倾出清液后,用少量的盐酸溶液洗涤残渣,合并清液,移至分液漏斗中。将清液用 10 mol/L NaOH 调节 pH 至 13 后,用 50 mL 二氯甲烷分三次萃取,离心分离。合并萃取液,萃取液经无水硫酸钠干燥后浓缩至 1 mL。继续加入 1 mL 甲醇,自然挥发至 1 mL 以下,再用甲醇定容至 1 mL,供 HPLC 分析。

② 淋溶液中除草剂的测定:HPLC 工作条件为 ZORBX-C18 色谱柱,柱温 35 ℃,流动相为甲醇：水(80：20,体积比),流速 0.8 mL/min,按保留时间外标法定量。

五、数据处理

用化学方法进行土壤薄层层析时,因无法取得显色斑点或自显影图谱,色谱斑点中心的确定,是以分段测定所得的最高值段为中心点,以此求得原点到色谱斑点中心的距离。

1. R_f 的计算

在以水为展开剂时,农药在土壤薄板上的展开呈带状分布。此时,农药在土壤薄板上迁移的 R_f 值可用下列两种方法之一求得。

（1）农药在薄板上的平均移动距离(Z_p)与溶剂前沿(Z_w)的比值,即:

$$Z_\mathrm{p} = \frac{\sum_l^i Z_i M_i}{\sum_l^i M_i} \tag{25-1}$$

$$R_f = \frac{Z_\mathrm{p}}{Z_\mathrm{w}} = \frac{\sum_l^i Z_i M_i}{Z_\mathrm{w} \sum_l^i M_i} \tag{25-2}$$

式中：i——土壤薄板分割段数；

　　　Z_i——第 i 段到原点的平均距离，cm；

　　　M_i——第 i 段农药的含量，μg。

（2）为简便计算，也可用农药含量最高区段的中心作为该农药的斑点中心（Z_c）来计算，即：

$$R_f = \frac{Z_\mathrm{c}}{Z_\mathrm{w}} \tag{25-3}$$

2. 农药在土壤中的移动性能评价

供试农药在土壤中的移动性能评价，可根据 H. 黑林和 N. 托尔勒等人关于农药在土壤薄层上所测得的 R_f 的大小（见表 25-1），将农药在土壤中的移动性能划分为五级。

表 25-1　农药在土壤中的移动性能分级

移动性分级	TLC-R_f 值范围	级别
极易移动	0.9～1.00	V 级
可移动	0.65～0.89	IV 级
中等移动	0.35～0.64	III 级
不易移动	0.10～0.34	II 级
不移动	0.00～0.09	I 级

根据实验结果，计算供试农药的 R_f 的大小，评价其在土壤中的移动性能。

六、讨论

1. 影响除草剂在土壤中移动性的因素

随土壤质地变黏，土壤对农药的吸附性增大，除草剂在土柱中的残留量增加。除草剂在土柱中的移动性均为砂土＞黏壤土＞黏壤土＞黏土。

农药在土壤中的移动性，除与土壤质地有关外，与土壤有机质的含量状况也有密切关系。土壤有机质含量越高，土壤对农药的吸附能力越强。土壤质地状况影响水分在土壤中的移动和对农药的吸附,土壤质地越黏重,土壤的比表面积增加,对农药的吸附能力亦随之增加,相应的农药随水向下移动的机率减少,增加了农药在土层中的持留时间。

　　2. 土柱模拟与田间实验比较

　　在实验室模拟条件下填装的土柱,土壤处于均匀分布状态,它与田间土壤相比,除了土壤的自然结构状态已被破坏外,也不存在植物根系腐烂所形成的一些大孔隙,因此室内的模拟实验结果,与农药在田间的实际移动相比会有一定的差异,况且淋溶水的数量与天然降雨也不同。但是,用这种模拟实验方法能较准确地反映出不同农药品种在土壤中移动性能的差异,以及不同类型的土壤对农药移动性能的影响,这对于预测农药在土壤中的移动性能,及其对地下水的影响仍然是很有意义的。

七、思考题

　　(1) 农药的极性与其移动性之间有何关系?

　　(2) 在实际农田环境中,农作物的存在对除草剂的迁移性会产生怎样的影响?

参考文献

　　[1] 陈祖义,等. 用土壤薄层层析放射自显影法研究农药在土壤中的移动[J]. 土壤,1980,(1):23-27.

　　[2] K. K. 伏洛钦斯基. 农药的应用和环境保护[M]. 陶为民,译. 北京:农业出版社,1985,51-66.

　　[3] Paul Jamer, Jeanne Chantal. Pesticide Mobility in Soil: Assessment of the movement of Isoxaben by SoilThin-Layer Chromatography. Bull. *Environ. Contamin. Toxical.* 1988,(4):135-142.

　　[4] Helling, C. S., Turer, B. C. Pesticide Mobility Determination by Soil Thin-Layer: *Chromatography Science*,1968,(162):562-563.

　　[5] 国家环境保护局. 化学农药环境安全评价试验准则[S],1989.

　　[6] 蔡道基. 农药环境毒理评学研究[M]. 中国环境科学出版社,1999.

　　　　　　　　　　　　　　　　　　　　　　　　　(高士祥　编写)

实验二十六 农药在土壤中的降解与残留

农药是用于预防、消灭或控制危害农林业的病虫害和其他有害生物,以及有目的地调控植物和昆虫生长的化合物,包括各种杀菌剂、杀虫剂、杀螨剂、除草剂和植物生长调节剂等,大多为有机化合物。常见农药可分为有机氯、有机磷、拟除虫菊酯类、氨基甲酸酯类等。农药在提高农业产量和品质方面起到了很大的作用,在现代农业中被广泛使用。但同时要认识到,进入农田的农药大约只有10%～30%真正起到作用,约20%～30%进入大气和水体,约50%～60%仍残留在土壤中。农药在土壤中的环境行为,包括吸附-解吸、分配、挥发、淋溶、生物及化学降解、光降解等。一般而言,农药在土壤中越难以迁移和降解,其残留时间就越长,对环境的潜在威胁就越高。从环境保护的角度看,各种化学农药的残留期越短越好;但从植物保护的角度来看,如果残留期太短,就起不到理想的杀虫、治病等效果。因此,综合评价农药在土壤中的降解和残留性,对防治土壤农药污染及研制新型农药均具有重要的参考价值。

一、实验目的和要求

(1) 了解农药在土壤的环境化学生物行为。
(2) 掌握有机农药残留量的样品预处理方法。
(3) 掌握土壤中农药残留量的测定原理和方法。
(4) 了解对农药安全性的评价方法。

二、实验原理

土壤中农药含量往往较低,一般在 mg/kg～μg/kg 的范围内,有的甚至只有 ng/kg。测定农药进入土壤后,经过迁移、降解后残留在土壤中的含量,一般的步骤是选择合适的有机溶剂经提取、净化、浓缩后,最后用气相色谱或液相色谱法定量测定。

提取剂应根据"相似相溶"原理,选择与待测农药极性相似的溶剂。溶剂应不与样品发生作用,毒性低,且价格便宜。一般常用的提取剂包括:水、丙酮、二氯甲烷、环己烷、石油醚等。提取的方法包括振荡萃取法、索氏提取法、超声提取法(ultrasonic extraction,UE)、加速溶剂提取法(accelerated solvent extraction,ASE)、微波萃取法(microwave assisted extraction,MAE)、超临界流体萃取法(supercritical fluid extraction,SFE)等。其中索氏提取法是经典方法,提取效果好,但提取时间长,干扰物质多。而超声提取法可常温常压下提取,耗能少,效率高。加速溶剂提取法是近年发展起来的技术,它在密闭容器内,高温高压的条件下对样品进行萃取,具有提取速度快、萃取溶剂少、重现性好、萃取效果好、易于实现自动化或半自动化的优点,缺点是提取设备价格较高。微波辅助提取利用微波能强化溶剂提取效率,以达到使被分析物从固体或半固体的样品中被分离出来的目的。特点是快速、节省溶剂,适用于易挥发的物质,可同时进行多个样品的提取,溶剂的用量少,结果重现性好。超临界流体萃取利用超临界流体在临界压力和临界温度以上具有的特异增加的溶解性能,从液体或固体基体提取出特定成分,以达到提取分离的目的。常用的超临界流体有 CO_2,NH_3、乙烯、乙烷、丙烯、丙烷和水等。其中 CO_2 因密度大、溶解能力强、传递速率高而应用最广。SFE 能够提取土壤中以结合残留形式存在的农药,这是其他提取方法所做不到的。

净化是将样品中待测农药与干扰杂质分离,常用的分离方法是柱层析法,即利用吸附剂对待测农药和干扰杂质吸附能力不同进行净化的方法,常用的吸附剂包括硅藻土、氧化铝、硅胶、活性炭。目前市场上也有现成的小型层析柱可供选择,如C18、弗罗里柱等。其他净化方法还包括磺化法、冷冻法、凝结沉淀法等。

浓缩是将大体积的提取溶剂减少,使待测组分浓度升高的步骤。常见的浓缩方法有旋转蒸发法、K-D 浓缩法、氮吹法。其中旋转浓缩是实验室中常见的浓缩方法,利用低压条件下使低沸点的溶剂快速挥发。当溶剂量较少时,可采用氮气吹扫法,利用高纯氮气将溶剂吹干。

除此之外,还有固相微萃取法(Solid phase microextraction,SPME),SPME是近年来在固相萃取的基础上发展起来的一项新型的无溶剂前处理技术,集采样、萃取、浓缩、进样于一体,主要与 GC 和 HPLC 联用。与其他技术相比,SPME 可进一步完成取样、萃取和浓缩等操作,具有操作简便、快速、易于实现自动化等特点,已广泛用于各类样品的提取。

农药的检测方法常见的有气相色谱法 GC、液相色谱法 HPLC、气-质联用GC-MS、液-质联用 HPLC-MS、酶联免疫和同位素标记等方法。其中气相色谱法和液相色谱法是最普遍的农残检测仪器。

本实验以有机氯农药的检测为例,采用超声提取法,净化后利用旋转蒸发法浓缩,最后用 GC-ECD 检测。教师可根据实验室条件,对操作步骤进行调整。

三、仪器和试剂

1. 仪器

(1) HP7890 气相色谱仪,带 ECD 检测器,配 HP 色谱工作站。

（2）超声波清洗器。

（3）旋转浓缩仪。

（4）氮吹仪。

（5）高速离心机。

（6）50 mL 具塞玻璃离心管，3 支/组。

（7）5 mL 容量瓶×6。

2. 试剂

（1）有机溶剂：正己烷、丙酮、二氯甲烷（色谱纯或分析纯经重蒸）。

（2）无水硫酸钠（分析纯）。

（3）中性硅胶：80～100 目，分析纯。使用前 180 ℃下活化 12 h，再加入 3%（质量分数）蒸馏水，去活化后放置于干燥器中备用。

（4）硅胶氧化铝柱：采用正己烷湿法装柱，柱直径为 1 cm，长度为 30 cm。由下而上分别为：6 cm 氧化铝，12 cm 中性硅胶，2～3 cm 无水硫酸钠。

（5）有机氯农药标样，国家标准物质研究中心，GBW(E)060133，50.0 μg/mL，使用前稀释用正己烷稀释到 1.0 ng/μL 备用。

（6）供试土样：取无污染土样经风干，除去草根、石块等杂物，研磨成粉末，过 80 目筛，称取土壤 1 500 g 于 4 L 大烧杯中，将 450 μL 上述有机氯农药标样加入适量正己烷中，混匀，正己烷的体积取决于土样的体积。然后将此溶液倒入已称好的土壤里，保持液面在土样上面 2 cm 左右，置于通风橱中风干，再混匀，则此土样为含各个有机氯农药浓度为 15.0 μg/kg 的土样。

四、实验步骤

1. 样品前处理

准确称取 5 g 土样于 50 mL 具塞玻璃离心管中，加入 25 mL 丙酮/正己烷（1∶1，体积比），置于超声清洗机中超声提取 1 h。为防止水温升高，每 15 min 换水。然后以 1 000 rpm 的速度离心 10 min 后，用 25 mL 丙酮/正己烷再超声提取一次。离心后合并提取液，上旋转浓缩仪旋蒸至 1 mL。浓缩液转移至硅胶氧化铝净化柱中净化，分别用 15 mL 正己烷、70 mL 二氯甲烷/正己烷（3∶7）混合液淋洗，淋洗速度 3 mL/min，弃去前 10 mL 淋出液，收集之后的淋出液。将淋洗液浓缩为约 1 mL 后转移至安培瓶，用少量正己烷荡洗浓缩瓶三次，荡洗液转入安培瓶中，用柔和高纯氮气将样品吹至近干，用正己烷定容至 200 μL。每组做两个平行，加一个试剂空白，一个回收率空白。

2. 检测

仪器分析：定量分析采用的是外标法定量。气相色谱柱为 HP-5 毛细管色谱柱(30 m×0.32 mm×0.25 μm)。进样口温度 280 ℃。检测器(ECD):放射源为⁶³Ni,温度为 300 ℃。高纯氦气为载气,流速 2.5 mL/min,无分流手动进样,进样体积 1 μL。色谱升温程序为 60 ℃,保持 1 min,以 20 ℃/min 升到 140 ℃,保持 5 min,然后再以 12 ℃/min 升到280 ℃,保持 4 min,得到的色谱图如图 26 - 1 所示。

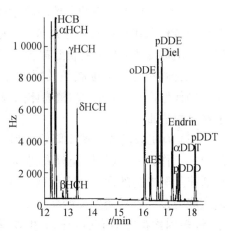

图 26 - 1　有机氯农药的气相色谱图

3. 标准曲线的制作

分别吸取 0.1 mL,0.5 mL,1.0 mL,1.5 mL,2.0 mL,2.5 mL 1.0 ng/μL 有机氯农残标液于 5 mL 容量瓶中,用正己烷定容,即得到 20 ng/mL,100 ng/mL,200 ng/mL,300 ng/mL,400 ng/mL,500 ng/mL 的系列浓度。以标样峰高(峰面积)对浓度作线性拟合,得到标准曲线。如待测样品的峰高(峰面积)超过了标准曲线范围,可适当稀释。

五、数据处理

土壤中各种有机氯农药的浓度按以下公式计算:

$$C = MV/W \tag{26 - 1}$$

式中:C——土壤中有机氯浓度,μg/kg;

　　　M——测定的溶液浓度,ng/mL;

　　　V——定容体积,mL;

　　　W——称取土壤样品的质量,g。

六、讨论和注意事项

(1) 农药在土壤环境中的主要迁移转化过程包括吸附、分配、淋溶、挥发、降解等。农药在土壤中滞留除与农药本身的性质有关外,很大程度上还受土壤的物理化学、生物、气候等因素影响,比如土壤的水分含量、土壤对农药的吸附力、土壤孔隙度、温度等。农药可被土壤的黏土矿物及土壤有机质吸附,主要吸附机理包括表面络合、离子交换、氢键、范德华力、疏水结合、共价键等。一般而言,如果农药能被强烈地吸附,则它们容易滞留在土壤固相中,不易进一步对周围环境造成危害;反之则易发生迁移,如被淋溶进地下水而造成污染。

（2）农药在土壤中的主要降解途径之一是水解，包括单分子亲核取代反应、双分子亲核取代反应及亲核加成-消去反应。水解的部位通常都在酯键、卤素、醚键和酰胺键上，大多数农药都含有可发生水解的功能基团，如卤代脂肪烃类、环氧化合物类、酯类、酰胺类及脲类等，它们可以在水环境中通过水解反应生成相应的代谢产物，也可在动植物体内或微生物作用下进行水解反应，代谢产物一般都已失去毒性。

（3）有机农药在土壤中降解的另一主要过程是微生物的作用。通过几十年的研究工作，科研人员已经分离得到一批能降解或转化某种农药的微生物。已报道能降解农药的微生物有细菌、真菌、放线菌、藻类等，细菌由于生化上的多种适应能力以及容易诱发突变菌株而占了主要地位。一般来说，在自然生态系统中，许多因素都能对有机农药的生物降解过程产生影响，如土壤有机质、土壤温度等都能影响微生物对有机农药的利用，有机农药浓度较高时会对土壤微生物的代谢活动和酶活性产生影响。

（4）土壤表面的光解作用是有机农药的另一个重要降解途径。土壤中的有机农药可能发生两种类型的光降解，一种是有机农药直接吸收太阳光能进行转化，即直接光降解；另一种为非直接光解或光敏化降解，主要的反应有氧化反应、环氧化反应、羟基化反应、脂解反应、异构化反应和脱卤素作用等。在自然条件下，一些不易发生生物降解的有机农药却可能易于发生光降解，如 DDT 在 $290\sim310$ nm 紫外光的照射下可转化为 DDE 和 DDD，DDE 还可进一步光解。在农药光解的初期阶段，农药分子分裂成不稳定的游离基，它可与其他有机农药等反应物分子发生连锁反应，因而光解对于土壤中有机农药的降解有着重要作用。

（5）目前对土壤中农药降解的研究主要集中在降解速率等指标，对降解机理的研究还不深入。大多数研究局限于一种或几种降解机制，而在自然条件下，农药降解往往是多种机理共同作用的结果，在这方面的研究尚不多见。

（6）除外标法外，内标法也是经常采用的定量方法，如可在提取时定量加入内标化合物（有机氯农药通用内标：2,4,5,6-四氯间二甲苯，十氯联苯），根据内标物的回收率来测定目标化合物的浓度。

（7）实验过程尽量避免光照，防止农药进行光解。

（8）玻璃器皿使用前后都要经过重铬酸钾/硫酸洗液洗涤、自来水冲洗、蒸馏水冲洗并烘干后置于马弗炉 450 ℃中烧 4 h。解剖刀、剪刀等使用前后均用二氯甲烷超声 20 min。

（9）旋转浓缩应从低浓度样品做到高浓度样品，且每换一个样品需依次用丙酮、二氯甲烷、正己烷冲洗转换头。

七、思考题

（1）检测有机农药的预处理步骤包括哪些？提取过程中应注意哪些问题？

（2）影响有机农药在土壤中降解和残留的因素有哪些？

参考文献

［1］刘维屏.农药环境化学［M］.北京：化学工业出版社，2006.

［2］王爽，杨益众.土壤中农药残留分析方法概述［J］.安徽农学通报，2007，13（21）：90-93.

［3］李顺鹏，蒋建东.农药污染土壤的微生物修复研究进展［J］.土壤，2004，36（6）：577-583.

［4］Schwarzenbach RP，Gschwend PM，Imboden DM. Environmental Organic Chemistry. 2nd ed. New York：John Wiley & Sons，2003.

［5］戴树桂.环境化学［M］.北京：高等教育出版社，1997.

（顾雪元　编写）

实验二十七　重金属在土壤-植物中的累积和迁移

　　土壤中一般含有多种金属元素,其中大部分是生物生长所必需的营养元素,如 Be,Cu,Co,Mn,Mo,Ni,Zn 等,而另一些金属元素则是生物生长不需要的或有害的,如 Cd,Hg,Pb,As,Cr 等。土壤中含有有害金属元素并不一定意味着土壤受到污染,只有当土壤中金属浓度超过了生物需要和可忍受的浓度,而表现出受毒害的症状或作物生长并未受害,但产品中金属含量超过标准,造成对人畜的危害时,才被认为土壤存在重金属污染。因此即使是一些营养元素,如 Cu,Zn,Ni 等,当其浓度高到对作物产生危害时,也会产生重金属污染。土壤中的重金属污染物一般具有长期性、隐蔽性、难降解等特点。污染物可在土壤中不断积累,然后经植物,通过食物链到达动物及人体,从而威胁人体健康。但不同金属在土壤-植物系统中的迁移能力不同,一些金属的吸附性较强,容易固定在土壤中,如 Ag,Pb,Hg,因此不易被植物所吸收,而一些金属在土壤中的迁移能力较强,如 Cd,Mo,Se,容易被植物所吸收,危害也相对较大。因此,了解金属在土壤-植物系统中的迁移和积累能力,对于正确评价土壤中重金属的生态风险具有重要的意义。

一、实验目的和要求

(1) 了解金属在土壤-植物体系中的累积和迁移规律。
(2) 掌握土壤和植物中重金属的消化和测定方法。
(3) 掌握原子吸收光谱仪的使用方法和原理。
(4) 了解评价金属在植物体内富集能力的评价方法。

二、实验原理

　　通过盆栽试验的方法,在重金属污染土壤中培养小麦 30 天,收割后测定植物根、茎叶及土壤中金属浓度,消化采用湿法消化,将各种金属形态转为可溶态,最终采用原子吸收分光光度法测定金属浓度。

三、仪器和试剂

1. 仪器
(1) 原子吸收分光光度计,带石墨炉和火焰法。
(2) 电热板。

（3）50 mL 高型烧杯和表面皿×12。

（4）10 mL 比色管×12。

（5）100 mL 容量瓶×6。

2. 试剂

（1）硝酸、盐酸、高氯酸：优级纯。

（2）金属标准储备液：准确称取 1.000 0 g 光谱纯金属，用适量 1∶1 硝酸溶解，必要时加热，冷却后用水定容至 1 000 mL，即得 1.00 mg/mL 标准储备液，封装于密闭塑料瓶中可长期保存。

（3）混合标准溶液：分别吸取 1 mL，10 mL，10 mL，10 mL Cd，Cu，Pb，Zn 的金属标准储备液，用 1% 稀硝酸溶解定容至 100 mL，即得浓度分别为 10 mg/L，100 mg/L，100 mg/L，100 mg/L 的混合标准溶液。

（4）土壤样品的制备：可选用有重金属污染的土壤，风干后剔除草根、石块等杂质，过 3 mm 筛后，加入蒸馏水使之饱和但无自由水。加入 N，P，K 基肥（0.4 g N-NH_4NO_3，0.2 g P-KH_2PO_4，0.25 g K-KH_2PO_4/kg 土壤），搅拌均匀后，加盖表面皿平衡。3 天后再次风干磨细备用。或选择干净无污染的土壤，风干后剔除草根、石块等杂质，过 3 mm 筛。称取 1 kg 该土壤于 1 L 烧杯中，在另一个 500 mL 烧杯中分别加入 100 mL Cu，Pb，Zn 的标准储备液和 1.0 mL Cd 的标准储备液，同时加入 N，P，K 基肥（配比同上），混匀后倒入土壤中，搅拌均匀后加盖表面皿放置 3 天左右使其平衡，再风干磨碎备用。此土壤中所含有的外加金属 Cd，Cu，Pb，Zn 的浓度分别为 1 mg/kg，100 mg/kg，100 mg/kg，100 mg/kg。

四、实验步骤

1. 幼苗的培养

称取 300 g 干土样于花盆中，做三个平行实验。小麦种子用 0.1% 次氯酸钠溶液浸泡几分钟，用蒸馏水漂洗干净后浸泡过夜，每盆播种 15 颗，置于温室或恒温光照培养箱中，保持整个培养期内温度在 20 ℃～25 ℃，光照时间每天不少于 10 h。待出苗后每盆间苗至 10 株，生长 30 天后收获幼苗。茎叶部分称取鲜重后，分别用自来水、去离子水冲洗干净。小麦根先用自来水充分冲洗根表，再用去离子水冲洗干净，吸去多余水分后称取鲜重。同时收集土样，植物样与土样于烘箱中 70 ℃ 烘干。

2. 土样的消解

烘干的土样重新磨碎过 80 目筛，混匀后准确称取 0.200 0 g 土样置于高型烧杯中，加水少许润湿，加入王水（HCl∶HNO_3＝3∶1，体积比）10 mL，加盖表面皿，室温浸泡过夜。次日在电热板上小火加热保持微沸，间歇摇动烧杯，待有机物消解完全后,加 2 mL 高氯酸,加热至冒白烟,注意不要出现棕色结块。如出现棕色结块,则加入少量王水溶解,强火加热,出现白色或黄色结晶,如颜色较深,可加入少量王水继续消化至符合要求。至近干时,去盖,用少量亚沸水冲洗盖子,水直接进入烧杯,蒸至全干,趁热加入 5 mL 1‰ HNO_3,转入 10 mL 比色管定容。同时做试剂空白。

3. 植物样的消解

准确称取烘干的叶 0.500 0 g、根 0.200 0 g 于 50 mL 高脚烧杯中,加入 10 mL 浓硝酸、1 mL 高氯酸,室温浸泡过夜。次日在电热板上小火加热 3 h 左右,间歇摇动烧杯,保持红烟出现,少量小气泡生成。然后开始微沸蒸至冒白烟,经常摇动烧杯,至近干时,去盖,用少量亚沸水冲洗盖子,水直接进入烧杯,蒸至全干,出现白色或黄色结晶。趁热加入 5 mL 1‰ HNO_3,转入 10 mL 比色管定容。同时做试剂空白。

4. 标准曲线的绘制

分别在 6 只 100 mL 容量瓶中加入 0 mL,0.50 mL,1.00 mL,3.00 mL,5.00 mL,10.00 mL 混合标准溶液,用 1‰ 硝酸稀释定容。此混合标准系列各金属的浓度见表 27 - 1。按表 27 - 2 所列的条件调好仪器,测定标准系列的吸光度,绘制标准曲线。

表 27 - 1 标准曲线的配制和浓度

混合标准使用液体积/mL		0	0.50	1.00	3.00	5.00	10.00
金属浓度 /(mg/L)	Cd	0	0.05	0.10	0.30	0.50	1.00
	Cu	0	0.50	1.00	3.00	5.00	10.00
	Pb	0	0.50	1.00	3.00	5.00	10.00
	Zn	0	0.50	1.00	3.00	5.00	10.00

表 27 - 2 原子吸收分光光度法测定重金属的条件

测定条件	Cu	Zn	Pb	Cd
测定波长/nm	324.7	213.8	283.3	228.8
通带宽度/nm	0.2	0.2	0.2	0.2
火焰类型		乙炔-空气		
检测范围/(mg/L)	0.05~5.0	0.05~1.0	0.2~10	0.05~1.0

5. 植物及土样中金属含量的测定

按照与标准系列相同步骤测定空白样和试样的吸光度,记录数据。扣除空白值后,从标准曲线上查出试样中的金属浓度。如试样中金属浓度超出标准曲线,需要稀释试样后再测定。

五、数据处理

由测定所得吸光度,分别从标准曲线上查得被测试液中各金属的浓度,根据下式计算出样品中被测元素的含量:

$$C = MV/W \tag{27-1}$$

式中:C——样品中金属浓度,mg/kg;

　　　M——测定的溶液浓度,mg/L;

　　　V——定容体积,mL;

　　　W——称取烘干样品的质量,g。

土壤重金属的富集系数按下式进行计算:

富集系数 = 植物中金属含量(mg/kg)/ 土壤中金属含量(mg/kg)

$$\tag{27-2}$$

根据结果讨论土壤重金属在植物体内的富集特征。

六、讨论和注意事项

(1) 本实验采用盆栽试验的方法,教师可根据情况,直接采集田间植物样品和土样分析。盆栽植物除小麦外,还可采用菠菜、西红柿、豌豆等蔬菜样品,方法同小麦。可分组栽培不同植物,以考察金属在不同植物体内的富集能力。一般而言,重金属在植物各部分的分布情况是:根＞茎叶＞花、果、籽粒。

(2) 影响金属在土壤中归趋的主要因素和过程包括:土壤的 pH、离子强度、氧化-还原电位、溶解性有机质、吸附-解吸、沉淀-溶解。可预先测定土壤的各种性质,并讨论土壤性质对金属的生物可利用性的影响。

(3) 土样的消解一般有碱熔法和混合酸溶解法两种。碱熔法亦称干法熔融,常以碳酸钠为溶剂,在铂坩埚中与土样充分混匀,并在上面平铺一层碳酸钠,放入马弗炉中,500 ℃以上熔融,等熔融完全,加入 6 mol/L 盐酸溶解。该方法可用于测定矿物质元素及金属元素。酸分解法也称为湿法消化,多采用硫酸、硝酸、盐酸或高氯酸与土样一起长时间消煮,使不溶物全部转为可溶物,消解时可加入氢氟酸以溶解硅酸盐矿物晶体。

（4）王水-高氯酸法和硝酸-氢氟酸-高氯酸法是两种经常采用的湿法消解方法。如使用氢氟酸消解需要在聚四氟乙烯坩埚中进行：先加 15 mL 消酸小火回流消煮，待消解至小体积时，加 10 mL 氢氟酸加热分解硅酸盐矿物，再加入 5 mL 高氯酸，并赶尽白烟，蒸至近干后定容。一般而言，两种方法对 Zn 的测定均可，对 Cu，Pb，Cd 的测定如用王水-高氯酸法，则导致结果偏低，尤其是对背景值测定影响较大。因此一般测土壤背景值建议采用硝酸-氢氟酸-高氯酸法，而测定污染土壤可采用王水-高氯酸法。

（5）在土壤消解过程中，如土壤中有机质含量较高，应适当多加王水，并可反复加几次，等有机物消解完全，样品呈白色或灰白色时，才能加入高氯酸，以免有机物过多引起强烈反应，发生爆炸。加入高氯酸后应尽量将白烟赶尽。

（6）高氯酸的纯度对空白影响很大，直接关系到结果的准确度，因此在消解时要注意加入高氯酸量应尽可能少。

（7）由于锌、镉灵敏度很高，在消解试样过程中，要注意防止实验室空气污染，否则会使空白值偏高。

（8）实验中要使用浓酸，腐蚀性较强，应注意安全。发现皮肤溅上浓酸后，应立即用大量清水冲洗。被氢氟酸烧伤，初时常常不感到疼痛，通常是麻痹几小时后才感到疼痛。被氢氟酸烧伤后，不仅会引起皮肤的烧伤，且因其具有很强的腐蚀性和穿透性，可以使皮下组织、肌肉组织甚至骨组织受损，因此应引起足够重视，烧伤后立即用水冲洗，然后在伤口处敷以新配制的 20% MgO 甘油悬液。

七、思考题

（1）影响金属在土壤中行为归趋的主要因素有哪些？
（2）土壤消化过程中需要注意哪些地方？
（3）讨论重金属在土壤及植物不同部位的含量，阐述造成这种现象的主要原因是什么。

参考文献

[1] 陈怀满. 土壤环境学[M]. 北京：科学出版社，2005.
[2] 王晓蓉. 环境化学[M]. 南京：南京大学出版社，1993.

（顾雪元　编写）

实验二十八　重金属污染土壤的化学修复
——EDTA 对土壤中铜的淋洗

据报道,我国受重金属污染土地约 2 000 万公顷,约占耕地总面积的 1/5。由于土壤污染对人类的危害性极大,它不仅直接导致土地质量退化,影响农产品安全,通过食物链对人体健康产生影响,还通过对地下水的污染及污染的转移构成对人类生存环境多个层面上的危害。鉴于土壤污染危害的严重性,污染土壤的修复在国际上受到了高度重视,并成为国内外环境界研究的热点。

一、实验目的和要求

(1) 掌握土壤预处理的一般方法。
(2) 学习淋洗法修复重金属土壤污染的原理。
(3) 探讨 EDTA 修复重金属污染土壤的最优条件,评价修复效果。

二、实验原理

土壤本身含一定量的重金属元素,其中很多是作物生长必需的微量元素,如 Mn,Cu,Zn 等。因此,只有当进入土壤的重金属元素积累的浓度超过了作物需要和可忍受的程度,而表现出受毒害的症状或作物生长虽未受伤害,但是产品中某重金属含量超过标准,造成对高一级生物的危害时,才能认为土壤被重金属污染。

土壤淋洗法是土壤修复方法的一种,该方法是一个污染土壤和淋洗液间的高能量接触,从污染土壤、污泥、沉积物中去除有机和无机污染物的过程,包括了物理、化学多机制的修复工艺,能够实现危险物质的分离、隔离或危险物质的无害化转变,然后对含有污染物的淋洗液进行处理,回收淋洗剂循环利用。由于该方法可用于污染土壤的原位修复,减少异位修复采集、运送、复原土壤的费用,并且在修复有机、无机污染方面均有很大潜力,在经济上与其他方法相比也有一定的优势,因此在国际受到广泛关注。淋洗法修复重金属污染,通常采用向淋洗液中添加无机酸、低分子量有机酸或合适的络合剂如 EDTA,NTA 等来增加金属的可移动性,从而达到清洁土壤的目的。

乙二胺四乙酸钠(EDTA 钠盐)的结构为:

$$\begin{array}{c}
\text{HOOCH}_2\text{C} \qquad\qquad\qquad\qquad \text{CH}_2\text{COOH} \\
\text{N}-\text{CH}_2-\text{CH}_2-\text{N} \\
\text{NaOOCH}_2\text{C} \qquad\qquad\qquad\qquad \text{CH}_2\text{COONa}
\end{array}$$

它有 4 个给出电子对的氧原子和 2 个给出电子对的氮原子,故可和绝大多数金属离子形成稳定的螯合物。Cu^{2+} 与 $EDTA$(简式 H_4Y)作用的方程为

$$Cu^{2+} + Y^{4-} \longrightarrow CuY^{2-} \qquad\qquad (28-1)$$

Cu^{2+} 和 Y^{4-} 螯合形成 5 个五原子环,这是螯合物特别稳定的主要原因。

用 EDTA 淋洗土壤中的 Cu 相当于 EDTA 对土壤中各种键合形态的 Cu 的竞争平衡作用。

三、仪器和试剂

1. 实验器材

塑料离心管、移液管及移液枪、摇床、容量瓶、离心机、酸度计、原子吸收测定仪。

2. 实验药品

$0.01\ mol/L\ CuCl_2$ 溶液,EDTA,硝酸钠溶液,$1:1\ HCl$,$1\%\ HNO_3$,$HClO_4$ 溶液,NaOH 溶液,王水,$10\ mg/L$ 铜标准液,去离子水。

四、实验步骤

1. 污染土壤的制备

把野外采回的土样,倒在塑料薄膜或纸上,趁半干状态把土块压碎,除去残根、石块等杂物,铺成薄层,在阴凉处慢慢晾干。风干后土样用硬棒碾碎后,过 2 mm 尼龙筛,大于 2 mm 砂粒应计算其占整个土样的百分数。将小于 2 mm 的土样,反复用四分法取样,样品进一步用玛瑙研钵研细,过 100 目筛,装瓶待用。

称取处理好的土壤样品约 50 g 倒入盛有 $0.01\ mol/L\ CuCl_2$ 溶液的烧杯中,用电动搅拌棒搅拌 24 h,静置,弃去上层清液。下层湿润土壤离心,弃去上层清液,土壤刮入培养皿中,在阴凉处风干,研细,装瓶待用。

2. 污染土样 Cu 含量的确定

(1) 土壤样品的消化

准确称取 1.000 g 土样(3 份)及土壤标样(3 份)于 100 mL 烧杯中,用少量去离子水湿润,缓慢加入 5 mL 王水(硝酸:盐酸=1:3),盖上表面皿。同时做 1 份试剂空白,把烧杯放在通风橱内的电炉上加热,开始低温,慢慢提高温度,并

保持微沸状态,使其充分分解,注意消化温度不易过高,防止样品外溅,操作时应戴手套并戴上防护镜。当激烈反应完毕,大部分有机物分解后,取下烧杯冷却,沿烧杯壁加入约 3 mL 高氯酸,继续加热分解直至冒白烟,样品变为灰白色。揭去表面皿,赶出过量的高氯酸,把样品蒸至近干,取下冷却,加入 5 mL 1% 稀硝酸溶液加热。冷却后用中速定量滤纸过滤到 50 mL 容量瓶中,滤渣用 1% 稀硝酸洗涤,最后定容,摇匀待测。

（2）配备标准曲线溶液

取 6 个 50 mL 容量瓶,分别加入 5 滴 1∶1 盐酸,依次加入 0.0 mL,2.00 mL,4.00 mL,6.00 mL,8.00 mL,10.00 mL 10 mg/L 铜标准液,用去离子水稀释至刻度,摇匀。

（3）用原子吸收检测仪测定

将标曲溶液和消化液直接喷入空气-乙炔火焰中,测定吸收值。

3. 确定洗脱率与 pH 的关系

取 15 个 50 mL 塑料离心管,分别称取 0.500 g 铜污染土样。

在 1 000 mL 烧杯中加入 600 mL 去离子水,加入适量的 EDTA,调节体系中 EDTA 的浓度与 Cu 的浓度比为 4∶1（Cu 的含量根据第 2 步中确定的量进行计算。假设测得污染土样中 Cu 的含量为 C_{ppm},每个离心管中将加入淋洗剂 30.0 mL,则淋洗体系中 Cu 的含量 $= \dfrac{0.500 \times C \times 10^{-6}}{63.5 \times 0.030}$ mol/L,淋洗液中 EDTA 的浓度为 Cu 浓度的 4 倍）,用 $NaNO_3$ 调节离子强度,使 EDTA 水溶液中 $NaNO_3$ 的浓度为 0.01 mol/L,再用 HCl 和 NaOH 调节溶液的 pH。先将溶液 pH 调至 4,分别吸取 30.0 mL 于 3 个离心管中,然后再把溶液 pH 调至 5,分别吸取 30.0 mL 于 3 个离心管中,以此类推,分别再做 3 个 pH 点（5,6,7）,一共 5 个 pH 点。然后把加好淋洗剂的离心管置于摇床中以 250 rpm 振摇 24 h。取出,以 4 500 rpm 离心 15 min。取上层清液 5.00 mL AAS 测定,测定 pH 的剩余溶液。

4. 确定洗脱率与摩尔比的关系

取 15 个 50 mL 塑料离心管,分别称取 0.500 g 铜污染土样。

取 5 个 250 mL 烧杯,加 150.0 mL 的去离子水,然后分别加入适量的 EDTA,使得各烧杯中 EDTA 与 Cu 的物质的量之比分别为 2∶1,4∶1,6∶1,8∶1,10∶1,Cu 和 EDTA 的量的确定方法同步骤 3,用 $NaNO_3$ 调节溶液的离子强度,使各 EDTA 水溶液中的 $NaNO_3$ 浓度为 0.01 mol/L。

然后根据步骤 3 确定的最优 pH,分别调节 5 个烧杯中 EDTA 水溶液淋洗剂的 pH。调好 pH 的淋洗剂,各取 3 份 30.0 mL 于 3 个称好铜污染土样的离心管中。离心管置于摇床中,以 250 rpm 振摇 24 h。取出,以 4 500 rpm 离心

15 min，取上层清液 5.00 mL AAS 测定，测定剩余溶液的 pH。

5. 确定洗脱率与时间的关系

基本步骤同上，根据以上确定的条件，调节物质的量之比，调节离子强度，调节 pH，一共做 13 个点，每个点 3 份平行。24 h 内，每隔 2 h 取一次样，离心，取上层清液 5.00 mL AAS 测定，测定剩余溶液的 pH。

五、数据处理

1. 污染土样铜的含量

（1）标准曲线的绘制

测得的标准溶液的吸收值对浓度作图。

（2）计算土样中铜的含量

根据所测得的吸收值（如试剂空白有吸收，则应扣除空白吸收值），在标准曲线上找到相应的浓度 $M(\mathrm{mg/mL})$，则土样中：

$$铜的含量 = \frac{M \times V}{m} \times 1\,000 \qquad (28-2)$$

式中：M——标准曲线上得到的相应浓度，mg/mL；

　　　V——定容体积，mL；

　　　m——土样质量，g。

2. 洗脱率与 pH 的关系

（1）标准曲线的绘制

测得的标准溶液的吸收值对浓度作图。

（2）绘制洗脱率与 pH 关系图

淋洗体系（离心管中 30 mL 溶液）中铜的总含量：

$$C_{\mathrm{T}} = \frac{m \times C \times 10^{-6}}{63.5 \times 0.030} \qquad (28-3)$$

式中：m——土样质量，g；

　　　C——土样中铜含量，mg/kg。

所测得的吸收值在标准曲线得到相应的浓度 $C_{\mathrm{f}}(\mathrm{mol/L})$，则

$$洗脱率 = \frac{C_{\mathrm{f}}}{C_{\mathrm{T}}} \times 100\% \qquad (28-4)$$

根据计算出的各 pH 点的洗脱率对 pH 作图，找出洗脱率与 pH 的关系。

3. 洗脱率与物质的量之比的关系

（1）标准曲线的绘制

测得的标准溶液的吸收值对浓度作图。

（2）绘制洗脱率与物质的量之比关系图

C_T，C_f及洗脱率的计算同上。

根据计算出的各物质的量之比点的洗脱率对物质的量之比作图，找出洗脱率与物质的量之比的关系。

4. 洗脱率与时间的关系

（1）标准曲线的绘制

测得的标准溶液的吸收值对浓度作图。

C_T，C_f及洗脱率的计算同上。

作洗脱率与时间的关系图，找出洗脱率与时间的关系。

六、讨论

（1）化学方法治理和修复重金属污染土壤就是利用化学试剂、化学反应或化学原理来降低土壤中重金属的迁移性和生物可利用率，减少甚至清除土壤中的重金属，从而达到污染土壤的治理和修复。它包括淋洗法、固化法、施用改良剂法和电化学等方法。

① 淋洗法就是用淋洗液淋洗被污染的土壤，又称洗土法或萃取法。在操作上又分为就地淋洗和移土清洗。在大多数情况下，为提高洗脱效率，需要在淋洗液中添加化学助剂，通常选择价格低廉、可生物降解、不易造成土壤污染的化学物质，最常用的是酸和螯合剂。后者对土壤的就地淋洗更适用，因为它们对环境的危害更小，而 EDTA 是对重金属最有效的提取剂。

② 固化处理即采用物理方法使土壤中的重金属固定化，使其危害降低。由于水泥廉价、易得，以水泥为黏合剂的稳定/固化技术已在国外用于无机、有机、核废弃物的最终处理，该技术不适用于污染耕地的就地修复。

③ 施用改良剂：通过加入特定的化学物质调节土壤环境、控制反应条件、改变污染物的形态、水溶性、迁移性和生物有效性，使污染物钝化，降低其对生态环境的危害，主要包括沉淀作用、化学还原法、吸附法、拮抗作用、有机质改良等。

④ 电化学修复是一项正在发展的去除土壤重金属和放射性核素的就地修复技术。其原理为在一定的电流和电压的作用下，不同离子能在电渗和电迁移的作用下向相反的电极迁移，氢离子和金属离子向阴极定向移动，同时溶解土壤中的金属离子。此法受土壤性质的限制，不适用于渗透性较高、传导性较差的土壤及沙性土壤。

（2）在消化土壤的过程中，应细心控制温度（升温过快反应物易溢出或炭化），待土壤里大部分有机质消化完冷却后再添加高氯酸。

（3）本实验主要探讨了化学方面的机制，没有过多的涉及动力学过程，在研究土壤原位修复的时候，我们可以先通过原装土柱实验来摸索动力学条件。

（4）淋洗剂的后续处理和循环利用是原位修复非常关键的部分，处理好这个问题对提高修复的效果和降低成本都很有帮助。

（5）植物可从土壤中吸收铜，但作物中铜的累积与土壤中总铜无明显关联，而与有效态铜含量密切相关。土壤中铜的形态一般被划分为六种，即水溶态、交换态、铁锰氧化物结合态、有机质结合态、碳酸盐结合态和残渣态，因此有效态铜主要指能被植物直接吸收利用的水溶态铜和交换态铜。

七、思考题

（1）土壤淋洗过后，为什么还要测一次 pH？这样做的意义何在？

（2）在进行土壤原位修复时，如何回收淋洗液？

（3）试讨论如何重复使用淋洗剂？

参考文献

［1］ Tandy S., Bossart K., et al. Extraction of heavy metals from soils using biodegradable chelating agents. *Environ. Sci. Technol*, 2004.

［2］ Kos B., Lestan D.. Induced phytoextraction/soil washing of lead using biodegradable chelate and permeable barriers. *Environ. Sci. Technol*, 2003.

［3］巩宗强，李培军，等. 污染土壤的淋洗法修复研究进展［J］. 环境污染治理技术与设计 2002.

［4］郭观林，周启星，等. 重金属污染土壤原位化学固定修复研究进展［J］. 应用生态学报 2005.

［5］杨秀丽，王学杰. 金属污染土壤的化学治理和修复［J］. 浙江教育学院学报 2002.

［6］王晓蓉，环境化学［M］. 南京：南京大学出版社，1993.

（艾弗逊　编写）

实验二十九　农药在鱼体内的富集

　　农药主要包括杀虫剂、杀菌剂及除草剂,一般可分为有机氯、有机磷、有机汞和有机砷农药等。农药在防治农作物病虫害、控制人类传染病、提高农畜产品的产量和质量以及确保人体健康等方面,都起着重要的作用。从 20 世纪 70 年代起,随着《寂静的春天》的出版,人们开始认识到有机氯农药对生态系统的负面影响。目前,虽然很多种类农药已经被禁用,但是之前长期对它们的大量使用已对生态系统造成了一定的不利影响,一些仍在使用的农药也对环境存在潜在风险。

　　有机氯农药(organic chlorine pesticides,OCPs)是一种杀虫广谱、残效期长的化学杀虫剂,在我国使用长达 30 余年,1983 年停止生产,1987 年起禁止使用。有机氯类农药挥发性不高,脂溶性强,化学性质稳定,易于在动植物富含脂肪的组织中蓄积。由于有机氯农药的化学性质稳定,受日光及微生物作用后分解少,在环境中降解缓慢,能持久存在,所以其残留问题仍不容忽视,比如滴滴涕(DDT)、六六六的残留期长达 50 年。农药可通过食物链,从生态系统的非生物介质富集到生物体内,最终经由食物链直接或间接影响动物体,包括人体的健康。动物体长期摄入含有有机氯农药的食物后,可造成急、慢性中毒,侵害肝、肾及神经系统,对内分泌及生殖系统也有一定损害作用,有研究表明六六六积累至一定程度会出现癌变等。因此,评价农药的环境存在、生物体富集,对其环境危险性评价具有很重要的参考价值。

一、实验目的和要求

(1)了解动物体中有机污染物的分析方法。
(2)掌握痕量有机污染物富集和浓缩的基本操作和技术。
(3)进一步掌握气相色谱仪的工作原理和使用方法。

二、实验原理

　　对于暴露在有机污染环境中的生物来说,相比于外界环境的浓度,污染物对生物体的毒性效应更多地取决于污染物在生物体内的实际蓄积量,因为大多数情况下,污染物必须先蓄积进入生物组织内才可能产生毒性效应。评估污染物慢性毒性的环境风险的理想方法是根据生物体内实际蓄积的有机污染物的量来预测它的生物效应。所以,环境污染物在生物组织内的富集水平长期为人们所关注。

　　生物富集因子(bioconcentration factors,BCFs)是环境风险评价中的重要参数,是指有机化合物在生物体内或生物组织内的浓度与其在外界环境的浓度之比,用来表征有机化合物在生物体内的生物富集作用的大小。有机物的生物富集通常被视为该有机物在水体与生物类脂物之间进行热力学分配的结果,因此富集程度主要取决于有机物的憎水性大小。

1. 生物富集因子快速测定的二室模型

　　有机化合物在外界封闭水环境与生物体的平衡过程可简化为二室模型,如图 29-1 所示。

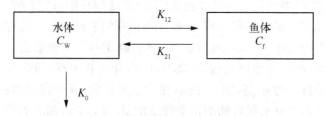

图 29-1　实验体系中化合物分布动态关系

　　假定有机物在外界封闭水环境与生物体间的迁移转化为一级动力学过程,则有下列关系式:

$$\frac{\mathrm{d}C_\mathrm{w}}{\mathrm{d}t} = -(K_{12} + K_0)C_\mathrm{w} + K_{21}C_f \tag{29-1}$$

$$\frac{\mathrm{d}C_f}{\mathrm{d}t} = K_{12}C_\mathrm{w} - K_{21}C_f \tag{29-2}$$

式中:C_w——环境中某化合物的浓度;

　　　C_f——生物体内样品的表观浓度;

　　　K_{12}——吸收速率常数;

　　　K_{21}——释放速率常数;

　　　K_0——挥发速率常数。

　　当有机物在环境与生物体内达到两相平衡时,有 $\frac{\mathrm{d}C_f}{\mathrm{d}t} = 0$,所以

$$BCF = \frac{C_\mathrm{f}}{C_\mathrm{w}} = \frac{K_{12}}{K_{21}} \tag{29-3}$$

　　将生物体内样品的表观浓度转化成生物体内的真实浓度,可得:

$$BCF = \frac{C_\mathrm{f}V_\mathrm{w}}{C_\mathrm{w}M_\mathrm{f}} = \frac{K_{12}V_\mathrm{w}}{K_{21}m_\mathrm{f}} \tag{29-4}$$

式中：V_w——外界封闭水体系的体积；

　　　M_f——生物体的湿重。

若再将 BCF 以生物体内脂肪含量进行标化，可得：

$$BCF_L = \frac{K_{12}V_w}{K_{21}m_fF} \qquad (29-5)$$

式中：F——生物体内的脂肪含量；

　　　BCF_L——脂肪标化生物富集因子。

2. 环境体系与生物体生物富集因子的直接测定

化合物经过足够时间作用，在生物体和环境体系中处于相对平衡，此时可以通过分别测定环境体系和生物体内该物质的浓度获取生物富集因子。

三、仪器和试剂

1. 仪器

（1）配有电子捕获检测器的气相色谱仪（GC-ECD）。

（2）高速组织捣碎机。

（3）索氏抽提器。

（4）旋转浓缩器（RE-52A）。

（5）净化柱：自制，上层 0.5 g 无水硫酸钠，下层 1 g 弗罗里土（均要在 450 ℃ 烘 4 h 左右）。

（6）氮吹仪（KL512J）。

2. 药品和试剂

无水硫酸钠，正己烷（色谱纯），二氯甲烷（色谱纯），甲醇（色谱纯），蒸馏水，六六六农药标准溶液。

实验用鱼：采用健康的幼龄红鲫鱼作为实验生物，要求无外观畸形，实验前将鱼驯养 10 d，控制死亡率小于 2%。养鱼用水为经过空气泵曝气 3 d 的自来水。试验前一天不喂食，随机选取个体差异不大、健康活泼的红鲫鱼 10 条用于试验。

四、实验步骤

1. 水样中农药的变化趋势

根据急性毒性实验结果选取 1.0 mg/L 进行实验，水温（20±1）℃，DO> 6 mg/L，pH=7.34±0.15。70 L 水中放 30 尾鱼，微量曝气，容器口用盖子盖住，不换水，分别于 0 h，6 h，12 h，24 h，36 h，48 h，60 h，72 h，96 h 时，取 10 mL 水样和三尾鱼样分析其中化合物的浓度。另设一缸作对照组，其他条件与实验组一致,但不放鱼,按照上述时间取水样分析做对照。

取出的 10 mL 水样经 0.45 μm 微孔滤膜过滤后,置于离心管中,加入正己烷 1 mL,剧烈振荡 5 min,离心 2 min,上层有机相转移到锥形瓶中。再用同样方法重复萃取两次,合并有机相,用氮气小流量吹扫至 0.2 mL,GC-ECD 分析。

2. 鱼样中农药样品的提取和分离

待农药在水体系中浓度趋于稳定后,取若干鱼样。鱼样取出后先用蒸馏水冲洗,擦干,测体长,称重。经冷冻干燥后绞碎,加无水硫酸钠于索氏提取装置中采用 200 mL 1:1 正己烷和二氯甲烷的混合溶剂为提取剂,提取 16 h 后,旋转浓缩,将浓缩液经过层析柱净化。柱中上层装无水硫酸钠,下层装弗罗里土(Florisil),用 100 mL 正己烷与二氯甲烷 4:1 洗脱液洗脱。将收集后的洗脱液浓缩至 1 mL,以氮气小流量吹扫至 0.2 mL,上 GC-ECD 分析。

3. 气相色谱分析条件

(1) 程序升温:起始温度 80 ℃,升温速率 20 ℃/min 到 165 ℃,再以 2 ℃/min 升温到 220 ℃,以 4 ℃/min 升温到 280 ℃,保持 6 min。

(2) 进样口温度:280 ℃,He 气为载气,1.0 mL/min。

(3) 色谱柱:DB-5,30 m×250 μm×0.25 μm。

(4) 进样量:1 μL;不分流进样。

(5) 检测器:μECD,320 ℃。

(6) 补偿气:氮气,60.0 mL/min。

4. 脂肪含量测定

定量移取 1 中部分萃取液,倒入已称重的小烧杯内,用氮气吹掉溶剂,直至烧杯中留下恒重的油脂状类脂物。

五、数据处理

根据试验测得的数据,水中化合物的浓度随时间的延长而呈下降趋势。参照刘昌孝等的数据处理方法,建立了二室模型,计算出富集、释放速率常数 K_{12},K_{21},代入公式(29-3)中计算出生物富集系数(BCF)。

六、讨论

(1) 水温、鱼种、鱼的大小、水体中有机物的含量,甚至化合物初始浓度等实验条件的不同,都可能造成 BCF 测定值的差异,因此不同方法所提供的 BCF 测定值会有很大的差异。

(2) 由于鱼体内各组织器官的脂肪含量以及生理功能不同,因此各个器官的生物富集系数仍会不同。比如化合物在鱼体内除了肌肉富集,还有鱼鳃、内脏、鱼鳞等组织的富集。

（3）在鱼体测定目标化合物时，采用柱层析方法进行净化过程中，由于采用的填料、柱子内径，以及洗脱剂的不同，结果会有很大差异，这部分需要根据实际情况设计，再通过条件实验确定。

（4）化合物的生物富集因子取决于其自身的物理化学性质，化合物极性越大，其生物累积效应可能越低。一般来说与化合物的疏水性存在线性关系，这也为化合物生物富集因子的估算提供了理论基础。在美国化学文摘网络版/SciFinder Scholar(CA on the Web)中提供了各种化合物相关参数的估算值和实验值。

（5）生物富集因子对于在生物体内难代谢化合物的环境风险评价具有很重要意义，而对于能在生物体内发生的代谢的化合物，不仅要考虑该化合物的生物累积作用，也应考虑代谢物的毒性和累积作用。

七、思考题

（1）查阅文献，将实验值与文献值进行比较，并从实验原理、操作过程等对结果差异进行分析。

（2）对于水相中六六六这类农药的提取，除本实验中采用的液液萃取方式，还有哪些方法可以采用？请比较说明这些方法的优缺点。

（3）请说明湿法填柱和干法填柱的区别。

八、附录

表 29－1　主要食品中 BHC 和 DDT 允许残留量标准

食物名称	BHC/(mg/kg)	DDT/(mg/kg)
粮食（成品粮）、麦乳精（含乳固体饮料）	≤0.3	≤0.2
蔬菜、水果、干食用菌	≤0.2	≤0.1
鱼类（包括其他水产品）	≤2	≤1
肉类（脂肪含量≤10%，以鲜重计）	≤0.4	≤0.2
肉类（脂肪含量>10%，以脂肪计）	≤4.0	≤2.0
蛋（去壳）	≤1.0	≤1.0
牛乳、鲜食用菌、蘑菇罐头	≤0.1	≤0.1
绿茶及红茶	≤0.4	≤0.2

注：① 蛋制品按蛋折算，如制品按牛乳折算；

② BHC 以 $\alpha,\beta,\gamma,\delta$ 四种异构体总量计；

③ DDT 以 p,p'-DDT,o,p'-DDT,p,p'-DDD,p,p'-DDE 总量计。

表 29－2　WHO 建议的 BHC 和 DDT 在某些食品中允许残留量标准

农药名称	食品中允许残留量标准/(mg/kg)	
DDT	瓜果、蔬菜	7.0
	热带水果	3.5
	全脂奶	0.05
	蛋(去壳)	0.5
γ-BHC	莴苣、禽肉脂肪	2.0
	水果、蔬菜	0.5
	奶脂、甜菜根及叶、米、蛋(去壳)	0.1
	马铃薯	0.05

参考文献

[1] 汪雨,等. C_{18} 固相膜萃取-气相色谱法测定饮用水中 12 种有机氯农药[J]. 岩矿测试, 2006,25(4):301-305.

[2] 李延红,郭常义,汪国权,等,海地区人乳中六六六、滴滴涕蓄积水平的动态研究[J]. 环境与职业医学,2003,20(3):181-185.

[3] 张菲娜,祁士华,苏秋克. 建兴化湾水体有机氯农药污染状况[J]. 地质科技情报, 2006,25(4):86-91.

[4] 张立将. 环境内分泌干扰物监测方法研究进展[J]. 环境与职业医学,2005,22(2): 156-175.

[5] 刘昌孝,刘定运. 药物动力学概论[M]. 北京:中国学术出版社,1984,87-104.

（刘红玲　编写）

实验三十　四溴双酚 A 对斑马鱼胚胎发育过程的影响

　　国际上早在 20 世纪 80 年代初期就制定了针对化学品生物毒性效应的一系列标准和工作指南,如美国环保署(USEPA)、国际经济与发展组织(OECD)及德国标准研究所(DIN)都颁布了一整套毒性测试的方法,严格规定了对生物的"无害效应浓度(NOEC)"。OECD 在 1996 年将此方法列入测定单一化学品毒性的标准方法之一,并制定了详细的操作指南(OECDGuideline12.1.2),其中斑马鱼胚胎发育毒性测试是其中常用的一种测试方法。该方法在环境中常见污染物的毒性测试中被广泛采用,文献中报道的曾用斑马鱼胚胎进行毒性测试的污染物包括重金属(Hg,Cu,Ni,Sn,Co,Zn,Cr)、有机农药[马拉硫磷、胺甲萘、三苯基锡、毒杀芬、三丁基锡、涕灭威、杀真菌汞剂 Emisan(R)- 6、莠去津]、广泛使用的有机试剂(2,4 -二硝基苯酚、4,6 -二硝基- o -甲酚、苯酚和 4 -硝基苯酚、N -甲胺、N,N -二甲胺、2 -氨基乙醇、异丙胺、苯胺、N -甲基苯胺、N,N -二甲基苯胺、苯醌、氯乙醛、环己醇、3,4 -二氯苯胺、十二烷基磺酸钠、三四氢大麻醇、三氯乙酸)等;同时还有研究者曾对一些多元混合物对斑马鱼胚胎发育的影响进行细致的探讨,受试物质包括类维生素 A 酸及相关物质、蓝藻毒素、硝基麝香、3,4 -二氯苯胺/林丹二元混合物。从目前发展趋势看,斑马鱼胚胎发育大有取代传统鱼类急性实验的可能。除此之外,国内外学者还利用斑马鱼鱼卵,在发育生物学和分子遗传学领域进行了非常细致的工作,现有大量的研究成果可供参考,这对探讨污染物的致毒机理很有帮助。

　　四溴双酚 A(Tetrabromobisphenol A,CAS79 - 94 - 7,TBBPA)作为市场上的一种应用最广泛的含溴阻燃剂,用于环氧、聚碳酸酯、聚酯、酚醛等树脂中,是重要的有机化工原料,它的大量生产和广泛应用使人们在水、沉积物、土壤和大气环境中,甚至在生物体内都已经检出 TBBPA。TBBPA 的毒性研究,当前主要集中在哺乳动物上。TBBPA 能引起老鼠肝中毒,可诱导幼鼠肾的多囊损害,具有甲状腺激素活性和雌激素活性。

一、实验目的和要求

　　(1)确定四溴双酚 A 对斑马鱼胚胎 72 h 致死效应。

　　(2)确定四溴双酚 A 对斑马鱼胚胎 72 h 个体发育的不同阶段的亚致死效应,并进行评价,提供化合物的特定作用模式信息。

二、实验原理

斑马鱼(*Brachydanio rerio*, zebra fish)是一种常见的热带鱼(21 ℃～32 ℃),在水温11 ℃～15 ℃时仍能生存,对水质的要求不高。原产于印度、孟加拉国,鲤科,又名蓝条鱼、花条鱼、斑马担尼鱼,是淡水水族箱观赏鱼。该鱼体长4～6 cm,呈纺锤形,背部橄榄色,体侧从鳃盖后直伸到尾末有数条银蓝色纵纹,臀鳍部也有与体色相似的纵纹,尾鳍长而呈叉形。性情温和,小巧玲珑,几乎终日在水族箱中不停地游动,易饲养,可与其他品种鱼混养。

雌雄斑马鱼具有较明显区别:雄斑马鱼鱼体修长,鳍大,体色偏黄,臀鳍呈棕黄色,条纹显著;雌鱼鱼体较肥大,体色较淡,偏蓝,臀鳍呈淡黄色,怀卵期鱼腹膨大明显。斑马鱼属卵生鱼类,4月龄进入性成熟期,一般用5～6月龄鱼繁殖较好。斑马鱼繁殖力很强,繁殖周期约7天左右,一年可连续繁殖6～7次,而且产卵量高,雌鱼每次产卵300余枚,最多可达上千枚。繁殖用水要求 pH=6.5～7.5,硬度6～8°dH,水温25 ℃～26 ℃,喜在水族箱底部产卵,斑马鱼最喜欢自食其卵。饲养时一般可选6月龄的亲鱼,在 25 cm×25 cm×25 cm 的方形缸底铺一层尼龙网板,或铺些鹅卵石,斑马鱼繁殖时所产出的卵落入网板下面或散落在小卵石的空隙中。选取2～3对亲鱼,同时放入繁殖缸中,一般在黎明到第二天上午10时左右产卵结束,将亲鱼捞出。斑马鱼卵无黏性,直接落入缸底,到晚上10时左右,没有受精的鱼卵发白,可用吸管吸出。繁殖水温24 ℃时,受精卵经2～3天孵出仔鱼;水温28 ℃时,受精卵经36 h孵出仔鱼。水温25 ℃时,7～8天的仔鱼开食。

由于斑马鱼基因与人类基因的相似度达到87%,这意味着在其身上做药物实验所得到的结果在多数情况下也适用于人体,因此它受到生物学家的重视。因为斑马鱼的胚胎是透明的,所以生物学家很容易观察到药物对其体内器官的影响。此外,雌性斑马鱼产卵量大,胚胎在 24 h 内就可发育成形,这使得生物学

图 30-1　斑马鱼

家可以在同一代鱼身上进行不同的实验,进而研究病理演化过程并找到病因。

1. 斑马鱼胚胎发育技术简介

斑马鱼常年产卵,其卵易收集,而且小规模饲养技术简单。斑马鱼胚胎发育技术更是具有材料方便易得、操作简单、可重复性及可靠性较高等优点,而且与传统的鱼类急性实验相比,具有成本低、影响因素少、灵敏度更高等方面的特点。所需要的设备只有倒置光学显微镜、光照恒温培养箱和普通的家庭养鱼装置。

生命早期发育阶段通常对毒性作用最敏感,而更加重要的是,不同作用机理的化合物在不同胚胎发育阶段(如卵裂、囊胚、原肠胚、成体节阶段)内不仅毒性作用表征不同,且敏感度也会有所改变。所以研究不同发育阶段可以为化合物毒理学研究提供特殊的信息,如毒物最敏感的毒理学指标和最关键的暴露时间,进而分析主要毒性物质的毒物作用机理等等。

该项技术的最大优势在于,可以在 72 h 内对近 20 种不同表现的反应指标(表 30 - 1、表 30 - 2)进行观察和分析,而且可以同时记录数个指标,用于判断污染物的毒性作用类型(如遗传毒性、神经毒性、物理作用等)。

表 30 - 1　72 h 可观察到的毒理学终点

染毒时间/h time after exposure	毒理学终点 Toxicological endpoints	
4	卵凝结	[Coagulated eggs,图 30 - 1(4)]
	囊胚发育	[Development of blastula,图 30 - 1(1)]
8	外包活动阶段	[Stage of epibolie movement,图 30 - 1(2)]
12	原肠胚终止	[Termination of gastrulation,图 30 - 1(3)]
	胚孔关闭	(Closing of blastoporus)
16	体节数	[Number of somites,图 30 - 1(5)]
	尾部延展	[Extension of tail,图 30 - 1(6)]
24	20 s 内主动活动	[Spontaneous movements within 20 s]
	眼点发育	(Development of theeye)
36	心跳、血液循环	(Starting of heartbeat and circulation)
48	黑素细胞、耳石的发育	[Development of melanocytes and otolith,图 30 - 1(7)]
	心律	(Rate of heartbeat)
72	孵化率和畸形率	(Rate of hatched and malformed egg)

表 30 - 2　不同类型的指标

Ⅰ类指标 Endpoints in EC$_{50}$ Ⅰ	Ⅱ类指标 Endpoints in EC$_{50}$ Ⅱ
卵凝结(Coagulation of embryo)	体节数显著减少(Mumber of somites significant reduced)
不开始原肠胚作用(Gastrulation does not start)	无血液循环(No blood-circulation)
	眼点不发育(No development of eye)
原肠作用不终止(Gastrulation is not finished)	24 h后无主动运动(No spontaneous movements after 24 h)
无体节(No somites)	
尾部无延伸(No extension of tail)	心律显著减少(Rate of heartbeat is significant reduced)
无心跳(No heartbeat)	
48 h后无主动运动(No spontaneous movements after 48 h)	耳石不发育(No development of otolith)
	黑素细胞不发育(No development of melanocytes)
不孵化(Embryo does not hatch)	各种畸形(Malformation)
	孵化延迟(Delayedhatch)

Ⅰ类指标代表致死性,Ⅱ类指标揭示化合物特定的作用方式。不同的化合物在各个毒理学终点的表现值不一样;某些化合物在一些毒理学终点会有其特有的指标。这一特点特别适合测定混合性工业污水的毒性,以初步判断污水中的毒性类型及潜在危害程度。而且Ⅱ类指标比Ⅰ类指标更为敏感。

2. 实验准备

(1) 斑马鱼的饲养

幼鱼混合饲养在曝气过 24 h 以上的水体内,水温保持(26±1)℃。每日喂 2 次经紫外消毒处理过的冷冻赤虫。每日下午换水 10～15 L。保持光照/黑暗周期比 14：10。每天早上约 8：30 开灯、喂食。放收集器,收集器用铁丝网覆盖,上面固定一些塑料水草。1 h 后根据 Nagel 法收集受精卵,用重组水迅速清洗鱼卵以除去残留物,进行试验。

(2) 重组水的配制

为了保证实验过程中没有其他干扰,实验用水都是重组水,具体组成见表 30 - 3。

表 30-3　1 000 mL 重组水中各组分的含量和硬度

MgSO$_4$ · 7H$_2$O	CaCl$_2$ · 2H$_2$O	KCl	NaHCO$_3$	pH	硬度
0.616 g	1.47 g	0.027 8 g	0.312 5 g	8.3	28~32°dH

（3）四溴双酚 A 储备液的配制

按照 Nagel 等人的长期研究和 OECD 指导设计胚胎毒性试验。称取 0.10 g 四溴双酚 A（纯度 99%）配成 10 mL 甲醇储备液。密封保存在冰箱－20 ℃的冷藏室。使用时用重组水稀释到需要的浓度，保证甲醇浓度不超过 0.3%。

（4）毒理学终点的确定

在倒置显微镜下观察胚胎发育，记录发育过程中一些具有代表性的毒理学终点，用概率单位法计算 EC$_{50}$，LC$_{50}$等毒性数据。

（1）处于囊胚阶段
　　的受精卵（4h）

（2）原肠胚开始（8h）

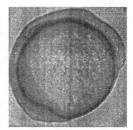
（3）原肠胚完成（12h）

（4）凝结的卵

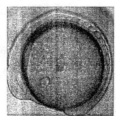
（5）具有体节和眼点
　　的胚胎（16h）

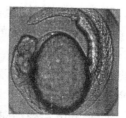
（6）尾部已从卵黄上
　　分离的胚胎（24h）

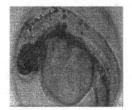
（7）具有明显色素的
　　正常发育胚胎（48h）

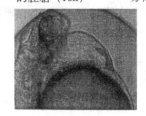
（8）具有心包囊水肿
　　的胚胎（48h）

图 30-2　72 h 可观察到的毒理学终点

三、仪器和试剂

1. 仪器

(1) Nikon 倒置显微镜。

(2) 多孔细胞培养板。

(3) LRH—250—GⅡ微电脑控制光照培养箱(广东省医疗器械厂)。

(4) 微量移液器。

(5) 滴管,容量瓶,量筒等。

(6) 自制胚胎收集器。

2. 试剂

(1) 四溴双酚 A,分析纯。

(2) 重组水。

(3) 甲醇。

四、实验步骤

1. 水

饲养产卵鱼的用水为经活性炭过滤的自来水,氧饱和度＞80%,温度为(26±1)℃。

2. 产卵

给光 30 min 内完成交配和产卵。为了防止成鱼掠食鱼卵,用不锈钢丝网覆盖收集器。将用作产卵环境的玻璃或塑料仿植物体固定在丝网上。给光 20～30 min 后将鱼卵收集器取出。必须在同一天尽可能晚的时候或第二天开灯之前将收集器放回缸内。如果不放入新的雌鱼,受精率大于 50%。

3. 鱼卵区别

26 ℃时,15 min 后受精卵经历第一次分裂。接下来同步分裂形成 4,8,16,32 细胞分裂体。这些阶段的受精卵可以清楚地识别,只有这些受精卵才可用来实验。未受精(不分裂)、分裂时呈明显的不规则(不均衡,水肿),或是卵壳损伤的应剔除。

4. 实验浓度

5 个浓度梯度以及一个空白对照组,是满足统计要求的最少浓度数量,通常要求实验物质的五个浓度的间隔不超过 3.2 倍。

5. 染毒时刻

可以在卵受精后马上就开始实验,也可以选择任意的染毒起始时间,以区别毒物的作用机理。从将胚胎浸泡在实验溶液中开始,实验(根据需要)持续 4～

72 h。将受试胚胎置于恒温箱内(26 ℃)培养,控制光周期 14/10 h(昼/夜)。

6. 暴露

开始染毒时,将鱼卵小心地转移到实验溶液中去,每个浓度 40 枚卵。以 24 孔板作为染毒的器皿,用立体显微镜来区别受精卵与未受精的卵,并把他们放入 24 孔板的孔中。每个 24 孔板为一个浓度,用滴管小心移取 20 个受精卵分别放在 20 个孔的试液中(每个孔盛 2 mL 试液)。每个板剩下的四个孔内盛 2 mL 稀释水,各放一枚卵作为内部参比。移取完毕拿到倒置显微镜下观察,挑出未分裂的胚胎,以剩余正常发育的数目作为实验的起始胚胎数。最后将 24 孔板放入 26 ℃光照培养箱中孵化。

7. 观察

按照上述的指标,用倒置显微镜进行定时观察和记录。

【评价致死浓度的标准实验】

24 h 和 48 h 后确定凝结卵的数目。凝结卵为乳白色,在显微镜下呈黑色[图 30 - 2(4)]。体节的形成[图 30 - 2(5)]也在 24 h 和 48 h 检查。26±1 ℃时,24 h 后大约形成 20 个体节;此时正常发育的胚胎呈现明显的左右收缩,使其可在卵内旋转。因此是否形成体节是个充分标准。24 h 和 48 h 后,观察记录尾部是否与卵黄囊分开[图 30 - 2(6)],较晚期胚胎体是否伸长。48 h 后,观察记录是否有心跳。这些参数可以指示致死效应。有这些缺陷的卵将不能孵化。

【拓展实验】

这些参数可以指示特定的作用模式。根据特征发育水平及结论数据,相应地与空白对照进行比较。在所有提前预订的时间内,凝结卵的数目是固定的[图 30 - 2(4)]。4 h 记录囊胚的形成。囊胚是动物极点附近的一个细胞团,覆盖部分卵黄囊[图 30 - 2(1)]。它的缺乏可以作为未受精的标志,因为未受精卵不形成细胞囊胚。需要注意的是,未受精卵有可能形成一种形状相似,但非细胞结构、透明的伪囊胚。8 h 后检查原肠胚形成的开始[图 30 - 2(2)]。通过外包,胚盘扩展绕过卵黄。这时胚盘的边沿可以清楚地看出是折叠,已经伸展超过鱼卵的赤道线(70%外包阶段)。12 h 记录原肠胚的形成,胚盘完全包围卵黄囊(100%外包阶段)。胚盘边沿消失,这是因为营养极的融合[图 30 - 2(3)]。16 h 后可以最佳地确定体节的形成和数目[图 30 - 2(5)]。这个阶段,体节持续形成的速率为 2 个/h。24 h,36 h,48 h 后仍要检查这一参数。16 h 后可检查眼点(晶状体基板)的形成[图 30 - 2(5)]。20 h 后开始自发肌节收缩。24 h 后,大约每 20 s 可以辨析包括躯干和尾部的自动。24 h,36 h,48 h 后,观察记录尾部是否从卵黄囊分离开来[图 30 - 2(6)]。36,48 h 后记录是否出现心跳,同时检查尾部血管内血液循环的建立。48 h 后记录 15 s 的心率(心跳次数/min),正常情况下,这一阶段的心率为 140～160 次/min。同时记录和评价色素的出现[图 30 -2(7)]以及水肿[图 30 - 2(8)]和其他非正常发育,如致畸效应。

五、数据处理

根据各组死亡率,从概率单位表中查到各组的概率单位,以浓度对数为横轴(x),概率单位为纵轴(y),各组数值点在图上,绘出一条最适合各点的直线。此直线应尽量靠近概率单位为"5"及附近的点。求出剂量-反应关系的回归方程,从而求出 EC_{50} 和 LC_{50}。

六、讨论

(1) 从文献中可以得到有关斑马鱼胚胎毒性实验操作的有用信息。一般对胚胎进行静态染毒,除非有证据表明溶液无法令人满意地保持实验物质所需浓度。这种情况下采用半静态技术。

(2) 使用助溶剂时,要求所有实验容器内的浓度都一致。然而,必须尽量避免使用这些物质。除了稀释水参比外,实验系列中还必须包括助溶剂对照。

七、思考题

(1) 化合物四溴双酚 A 的理化性质如何? 使用四溴双酚 A 在开放体系进行毒性试验时,72 h 毒理试验过程中是否保证浓度一致? 如果在水溶液内发生水解、氧化、光解等反应,如何改进试验?

(2) 你认为具有怎样特点的鱼类才能作为国家或国际标准毒性鉴定受试生物。

参考文献

[1] C. Schulte, R. Nagel. Testing acute toxicity in the embryo of Zebrafish, *Brachydenio rerio*, as an alternative to the acute fish test: preliminary results. *ATLA*, 1994, 22, 12 - 19.

[2] OECD. OECD Guideline for testing of Chemicals, 1996, 62 - 76.

[3] A. A. Qureshi, *et al*. Microtox toxicity test systems-where they start today. in: Microscale Testing in Aquatic Toxicology, P. G. Wells *et al* (eds.), CRC Press, 1997.

(刘红玲　编写)

实验三十一 饮用水氯化消毒处理及三卤甲烷生成势 THMFP 的测定

　　水是人类宝贵的资源,但随着工业的发展,世界范围内的饮用水源污染越来越严重,人类的饮水问题面临着重大的危机。水源受病原微生物的污染导致霍乱、伤寒、甲肝等的爆发流行。20 世纪初,人类开始使用消毒剂来减少疾病的传播,提高公众健康,然而消毒剂在杀灭水中细菌及微生物的同时也与源水中的天然有机物和无机物反应生成消毒副产物(disinfection by-products,DBPs)。常见的消毒副产物包括三卤甲烷(THMs)、卤代硝基甲烷(HNMs)、卤乙酸(HAAs)、卤乙腈(HANs)、卤代酮类(HKs)、三氯乙醛(CH)、三氯硝基甲烷/氯化苦(CP)、氯化腈(CNCl)等等,其中 THMs 是饮用水氯化消毒过程中生成的主要副产物。常见的 THMs 主要包括四种:$CHCl_3$,$CHBrCl_2$,$CHBr_2Cl$,$CHBr_3$。它们目前已被证明具有致癌和致突变性,通过饮水及皮肤吸收等途径进入人体内,严重威胁着人类的健康。我国大部分饮用水水源受到不同程度的污染,水源中的有机物作为消毒副产物的主要前驱物,其种类和浓度呈不断上升的趋势,因此了解饮用水中 THMs 的形成机理及影响因素,优化饮用水处理工艺,减少THMs 类消毒副产物在饮用水中的含量,对于保障公众的饮水安全有着重要的意义。

一、实验目的和要求

(1) 了解饮用水消毒副产物的形成机理。
(2) 掌握饮用水模拟氯化处理方法。
(3) 掌握饮用水中三卤甲烷的水样前处理和分析检测方法。

二、实验原理

　　饮用水中的 THMs 主要是由消毒剂与源水中的天然有机物反应生成的一类化合物,三卤甲烷生成势(Trihalomethanes Formation Potential,THMFP)是指在保证加氯量足够的条件下与氯反应足够长的时间后,水样所能产生的四种三卤甲烷的最大量。THMs 在水中的生成浓度受加氯量、反应温度、pH、反应时间等的影响。根据实际饮用水消毒处理工艺,将反应温度设定为 25 ℃,pH 设定为 7.0 ± 0.2,反应终点时游离余氯保持在 3~5 mg/L,满足完全反应的要求。

　　饮用水中 THMs 往往浓度较低,一般在 $\mu g/L$ 或 ng/L 数量级,现有仪器的灵敏度一般很难达到直接检测的要求,因而在对水中微量有机物的检测与分析中,水样的前处理仍是工作的重点。水样前处理方法的采用与被分析物的种类、挥发性、极性、稳定性、水溶性以及在有机溶剂中的溶解能力等有关。常规的方法有气相萃取(Gas extraction,GE),包括顶空法(Headspace,HS)和吹扫捕集法(Purge and Trap,P&T)、液液萃取(Liquid liquid extraction,LLE)、固相萃取(Solid phase extraction,SPE)、固相微萃取(Solid phase microextraction,SPME)、膜萃取(Membrane extraction,ME)等。LLE 是传统的有机物富集方法,也是目前 EPA 推荐的标准方法之一,它是基于溶质在两种互不相溶的溶剂中,分配系数不同的原理,从而实现分离和浓缩的。LLE 操作简便、快速,但工作量较大,且萃取剂用量大。气相色谱(GC)和 GC-MS 是最早用于 THMs 的检测方法,主要适合于分子量小、挥发性大、热稳定性好的 DBPs 的测定,具有选择性高、灵敏度高、分析周期短等优点,是饮用水中 DBPs 分析检测最常用的手段之一。本实验采用 LLE 方法将氯化后产生的 THMs 富集浓缩,进而采用 GC-ECD 进行检测分析。

三、仪器和试剂

1. 仪器

配有电子捕获检测器的气相色谱仪 GC-ECD(Agilent 6890),TOC(Aurora 1030D,USA),分液漏斗(250 mL),氯化瓶(250 mL)。

2. 试剂

甲基叔丁基醚 MTBE(色谱纯),磷酸盐缓冲液(优级纯),NaOH(优级纯),NaClO 溶液(优级纯),THMs 标样(200 $\mu g/mL$,Supelco,USA),二氯甲烷(色谱纯),超纯水,无水 Na_2CO_3(优级纯),KH_2PO_4(分析纯)、$Na_2S_2O_3$(分析纯)、$K_2Cr_2O_7$(分析纯)、KI(分析纯),可溶性淀粉。

3. 前期准备:

(1) $K_2Cr_2O_7$ 在 393K 下烘至恒重,然后放在干燥器中冷却待用。

(2) 配置 6 mol/L 盐酸(每组约取用 50 mL)。

(3) THMs 标准曲线溶液:取 6 个 10 mL 容量瓶。取 0.500 mL THMs 标样(200 $\mu g/mL$)于 10 mL 容量瓶中,用甲基叔丁基醚稀释至刻度线,作为 THMs 储备液。分别取 0.200 mL,0.400 mL,0.600 mL,0.800 mL,1.000 mL THMs 储备液于 10 mL 容量瓶中,用甲基叔丁基醚稀释至刻度线,制成 THMs 浓度分别为 0.2 $\mu g/mL$,0.4 $\mu g/mL$,0.6$\mu g/mL$,0.8 $\mu g/mL$,1.0 $\mu g/mL$ 的溶液。

(4) 磷酸盐缓冲液(pH = 7.0)的配制:准确称取 1.2 g NaOH 和 6.8 g KH_2PO_4 于 100 mL 超纯水中溶解,摇匀备用。

(5) 0.1 mol/L Na$_2$S$_2$O$_3$ 溶液：取 1 L 蒸馏水，煮沸后冷却，加入 26 g Na$_2$S$_2$O$_3$ 和 0.1 g 无水 Na$_2$CO$_3$，陈化一个星期后，过滤装瓶。

(6) 0.5% 淀粉溶液：在 100 mL 沸水中加入 0.5 g 淀粉，继续煮沸至淀粉溶解，冷却后使用。（每个小组需要 10 mL）

(7) 1 000 mL 煮沸的蒸馏水，滴定时待用。

(8) 定点采取天然水样，经过混合纤维素脂膜过滤后，使用 TOC 仪测定水样中 TOC。水样装瓶避光－4 ℃保存。

四、实验步骤

1. 有效氯的测定

由于 NaClO 溶液不稳定，在每次实验之前必须用 Na$_2$S$_2$O$_3$ 标准溶液重新标定，标定方法如下。

(1) Na$_2$S$_2$O$_3$溶液的标定

在 250 mL 锥形瓶中，加入 100 mL 蒸馏水、1 mL 浓盐酸和 1 g 碘化钾，用移液管准确移取 25 mL K$_2$Cr$_2$O$_7$ 溶液，暗处反应 5 min 后用 Na$_2$S$_2$O$_3$ 溶液滴定。当溶液颜色由深棕红色渐渐变浅后，加入适量淀粉溶液，以蓝色到无色的突变为终点。记录所用溶液体积 $V_{Na_2S_2O_3}$。

$$C_{Na_2S_2O_3} = 6 \times 25 \times C_{K_2Cr_2O_7} / V_{Na_2S_2O_3} \qquad (31-1)$$

(2) NaClO 的标定

在 250 mL 锥形瓶中，加入 100 mL 蒸馏水、1 mL 浓盐酸和 1 g 碘化钾，用移液管准确移取 2 mL NaClO 溶液，暗处反应 5 min 后用 Na$_2$S$_2$O$_3$ 溶液滴定。当溶液颜色由深棕红色渐渐变浅后，加入适量淀粉溶液，以蓝色到无色的突变为终点。记录所用 Na$_2$S$_2$O$_3$ 溶液体积 $V'_{Na_2S_2O_3}$。

有效氯的算法如下：

$$\left. \begin{array}{l} ClO^- + 2H^+ + 2I^- == Cl^- + H_2O + I_2 \\ 2S_2O_3^{2-} + I_2 == S_4O_6^{2-} + 2I^- \end{array} \right\} ClO^- \sim 2S_2O_3^{2-}$$

因此，有效氯（以 Cl$_2$ 计，mol/L）$= 1/2 \times V'_{Na_2S_2O_3} \times C_{Na_2S_2O_3} \times 1/2$。

2. 水样的模拟氯化

将地表水采用超纯水稀释至 TOC＝3 mg/L 左右，取 100 mL 水样于氯化反应瓶中，加入 2 mL 磷酸盐缓冲液，加入一定量新标定的 NaClO 溶液，使得溶液中有效氯的浓度为 20 mg/L 左右。摇匀后避光反应 3 天，反应时间可根据实际实验需要而定。反应结束后，加入 6 mL MTBE 萃取液，振摇，静置分层，抽取

1 μL 有机相进行 GC 分析。

3. THMs 的检测

THMs 的定量分析采用外标法进行,气相色谱柱为 30 m×0.25 mm×0.25 μm HP-5 熔融石英毛细管柱。气化室温度为 200 ℃,检测器(ECD)温度为 250 ℃。进样口色谱柱升温程序为初温 35 ℃,恒温 5 min,然后以 10 ℃/min 升温至 75 ℃,恒温 5 min,接着以 10 ℃/min 升温至 100 ℃,保持 2 min。得到的色谱图如图 31-1 所示。

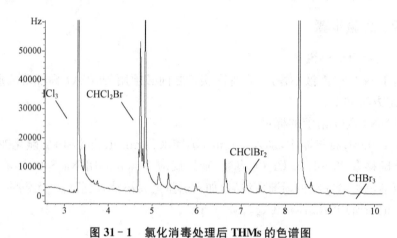

图 31-1 氯化消毒处理后 THMs 的色谱图

五、数据处理

将 THMs 的浓度作为横坐标,相应的峰面积比值为纵坐标绘制标准曲线。THMs 的浓度按单位体积的 $CHCl_3$ 的质量(m g $CHCl_3$/L)计算,计算方法如下。

$$THMs = A + 0.728B + 0.574C + 0.472D \qquad (31-2)$$

式中:$A = m$ g $CHCl_3$/L,$B = m$ g $CHBrCl_2$/L,$C = m$ g $CHBr_2Cl$/L,$D = m$ g $CHBr_3$/L 均为根据标准曲线计算的结果。

六、讨论和注意事项

(1) 目前我国用于饮用水消毒的方法主要有氯化消毒、二氧化氯消毒、紫外线消毒和臭氧消毒等。常用的氯消毒剂有液氯、漂白粉、漂白精片、次氯酸钠等。通常,将水中能与氯形成副产物的有机物称为有机前体物。天然水中有机前体物主要以腐殖质为主要成分,其次是藻类及代谢产物、蛋白质等。腐殖质是氯化消毒过程中形成氯化副产物三卤甲烷的主要前体物质。

（2）在有效氯的测定时，淀粉指示剂不能过早加入，否则会导致淀粉发涨，吸附包裹 I_3^-，导致 I_2 不易放出，影响与硫代硫酸钠的反应，从而产生误差。但也不能太迟加入，否则容易过终点。

（3）实验过程中氯化过程所用玻璃器具应用超纯水洗净后在 400 ℃的烘箱中烘烤 1 h，以除去容器壁上残留的三卤甲烷前体物，保证实验结果的准确性。

（4）氯化处理过程中，加氯量、反应温度、pH、反应时间等实验条件的不同都可能造成 THMs 生成量的不同，实验过程中需注意反应条件的控制。

（5）THMs 具有挥发性，因此在实验过程中应尽量避免水样的震动，并尽量让水样充满反应瓶，减少实验过程中 THMs 的损失。

（6）硫代硫酸钠在陈化过程中有小的结晶体存在，需要过滤出去。

（7）研究表明，用氯处理过的水，Ames 致突变试验呈现阳性，其主要原因是用氯处理过的水中存在着具有挥发性的三卤甲烷（THMs）和难挥发性的卤乙酸（HAAs）。为了保证饮用水的安全性，世界各国都对饮用水制定了严格的标准，对饮用水中 THMs，HAAs 的最高浓度做出了相应的规定。美国 D/DBPI 规定 THMs 为 80 μg/L，HAAs 为 60 μg/L，D/DBP Ⅱ 规定 THMs 为 40 μg/L，HAAs 为 30 μg/L；加拿大的标准 THMs 为 50～100 μg/L，德国的标准 THMs 为 10 μg/L；世界卫生组织（WHO）的标准三氯乙酸（TCAA）为 100 μg/L，二氯乙酸（DCAA）为 50 μg/L；日本的标准 DCAA 为 30 μg/L，TCAA 为 40 μg/L。我国饮用水卫生标准规定三氯甲烷为 60 μg/L。

七、思考题

（1）水样的预处理过程需要注意哪些方面？如何对检测结果进行质量控制？

（2）氯化处理过程中影响饮用水中 THMs 生成的因素有哪些，其影响如何？

（3）饮用水消毒处理工艺中如何削减 THMs 的生成量？

（鲜启鸣　编）

实验三十二　负载型钴基催化剂催化
过硫酸盐氧化水中苯酚

基于硫酸根自由基（$SO_4^- \cdot$）的高级氧化技术（Sulfate radical-based advanced oxidation processes，SR-AOPs）是一种新兴的有机污染物处理技术。该技术主要通过活化过硫酸盐产生具有高氧化活性的 $SO_4^- \cdot$，将有机污染物氧化成无毒的二氧化碳和水。$SO_4^- \cdot$ 的标准氧化还原电位约为 2.60 V（$vs.$ NHE），与传统 AOPs 技术所依赖的羟基自由基（$\cdot OH$，2.80 V $vs.$ NHE）相当，但 $SO_4^- \cdot$ 的半衰期更长（$30 \sim 40$ μs），且活性不依赖于溶液 pH，在典型的水环境中可表现出比 $\cdot OH$ 更高的氧化活性。SR-AOPs 技术可用于降解大多数有机污染物，且具有高效、快速、彻底、无二次污染、反应设备简单等优点，在有机污染废水的处理中具有广阔的应用前景。

一、实验目的和要求

（1）掌握浸渍法制备负载型催化剂的方法。
（2）学习催化过硫酸盐降解苯酚的反应过程及反应机理。
（3）了解均相催化反应与非均相催化反应的区别。

二、实验原理

1. 过硫酸盐的活化原理

在 SR-AOPs 技术中，$SO_4^- \cdot$ 主要通过活化过硫酸盐产生。过硫酸盐在结构上与过氧化氢相似，均具有 O—O 键，包括过一硫酸盐（HSO_5^-、PMS）和过二硫酸盐（$S_2O_8^{2-}$、PDS）。过硫酸盐具有多种活化方式，包括光、热、声、电、碱、过渡金属、碳基材料等。其中利用过渡金属催化活化过硫酸盐的反应体系简单、条件温和、无须外加光源和热源、能耗低，有利于实际应用。目前已被用于催化活化过硫酸盐的过渡金属包括：Ag（Ⅰ）、Ce（Ⅲ）、Co（Ⅱ）、Fe（Ⅱ）、Fe（Ⅲ）、Mn（Ⅱ）、Ni（Ⅱ）等。主要活化路径如下：

过渡金属催化活化 PMS：

$$M^{n+} + HSO_5^- \longrightarrow M^{(n+1)+} + SO_4^- \cdot + OH^-$$
$$M^{n+} + HSO_5^- \longrightarrow M^{(n+1)+} + SO_4^{2-} + \cdot OH$$
$$M^{(n+1)+} + HSO_5^- \longrightarrow M^{n+} + SO_5^- \cdot + H^+$$

过渡金属催化活化 PDS：

$$M^{n+} + S_2O_8^{2-} \longrightarrow M^{(n+1)+} + SO_4^- \cdot + SO_4^{2-}$$

$$M^{n+} + SO_4^- \cdot \longrightarrow M^{(n+1)+} + SO_4^{2-}$$

$$M^{(n+1)+} + S_2O_8^{2-} \longrightarrow 2M^{(n+1)+} + 2SO_4^{2-}$$

不同过渡金属对过硫酸盐的催化活化性能不同。有研究表明，Co(Ⅱ)对 PMS 的催化活化最有效，Ag(Ⅰ)对 PDS 的活化最有效。本实验采用 Co(Ⅱ)/PMS 体系。

2. 硫酸根自由基与有机污染物的反应原理

$SO_4^- \cdot$ 具有强氧化能力，可氧化降解有机污染物，其氧化途径与污染物的种类有关。一般情况下，$SO_4^- \cdot$ 与烷烃、醇类等饱和有机物的反应途径为氢转移：

$$SO_4^- \cdot + RH \longrightarrow HSO_4^- + R \cdot$$

$SO_4^- \cdot$ 与不饱和烯烃类主要发生加成反应：

$$SO_4^- \cdot + H_2C \!=\!\!=\! CHR \longrightarrow {}^-OSO_2\!-\!C \cdot HR$$

$SO_4^- \cdot$ 与芳香类化合物主要发生电子转移反应：

$$SO_4^- \cdot + R\!-\!Ar \longrightarrow [R\!-\!Ar\!-\!SO_4^- \cdot] \longrightarrow SO_4^{2-} + R\!-\!Ar^+ \cdot$$

3. 均相催化与非均相催化反应

在催化反应体系中，根据催化剂和反应物的物相均一性，可将催化反应分为均相催化和非均相催化反应。其中，均相催化反应是指催化剂和反应物处于同一相态的催化反应。均相催化反应所使用的催化剂为均相催化剂，以分子或离子形态独立起催化作用，因此活性中心性质较均一。催化剂与反应物分子直接、充分接触，催化反应时不存在扩散问题，且普遍具有良好的催化性能。非均相催化反应是指催化剂和反应物不完全处于同一相态的催化反应，所涉催化剂为非均相催化剂。由于只有表面的原子可以有效参与反应，非均相催化剂的催化活性一般比均相催化剂低。此外，非均相催化剂的活性中心与反应物的接触不如均相催化剂完全，因此催化过程易受反应物传质和扩散的影响。但非均相催化剂具有更高的稳定性，且易回收、可循环利用，因而在工业催化过程中应用更为广泛。

负载型催化剂是一类常见的非均相催化剂，主要由催化活性组分和载体组成。其中，催化活性组分是催化剂中起催化作用的物质，其在催化剂中的含量称为负载量（常以质量百分数表示，$wt\%$）。负载型催化剂中的载体主要用于支撑和分散活性组分。载体的性质可影响其与活性组分间的相互作用,进而改变活性组分的形貌、价态等性质,最终影响催化剂的催化性能。

目前常用的负载型催化剂制备方法包括浸渍法、沉淀-沉积法、光沉积法、络合还原法、离子交换法和双溶剂法等,其中浸渍法是一种最为常用、简便的负载型催化剂制备方法,通常包含以下步骤:① 将载体浸渍于含有催化活性组分的金属盐溶液;② 通过蒸发等方式去除多余溶剂;③ 对催化剂进行焙烧或还原处理,使活性组分以目标形态分散在载体上。浸渍法中常用的金属盐包括盐酸盐、硝酸盐、草酸盐和乙酸盐等。金属盐种类、浸渍时间和温度均可影响浸渍法所制备催化剂的催化活性。本实验以 $\gamma\text{-}Al_2O_3$ 和 SiO_2 为载体,采用浸渍法制备负载型 Co 基催化剂。

三、仪器和试剂

1. 仪器

(1) 液相催化反应装置,如图 32-1 所示。

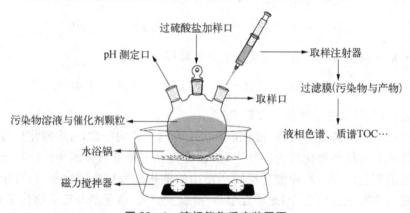

图 32-1 液相催化反应装置图

(2) 分析天平。

(3) 高效液相色谱仪。

(4) 马弗炉。

(5) 恒温水浴锅。

(6) 水相过滤器 0.45 μm×15。

(7) 塑料注射器:1 mL×8。

(8) 容量瓶:100 mL×2、500 mL×2、1000 mL×1。

(9) 液相色谱小瓶×15。

(10) 烧杯:50 mL×2。

（11）移液管：1 mL×1，2 mL×1，5 mL×1，10 mL×1，20 mL×1，50 mL×1。

（12）塑料离心管：10 mL×1。

（13）坩埚：50 mL×2。

2. 试剂

（1）甲醇（色谱纯）。

（2）苯酚（分析纯）储备液：称取 0.500 0 g 苯酚，于烧杯中溶解，移入 500 mL 容量瓶中，加水稀释至标线，摇匀，配成的苯酚浓度为 1 000 mg/L。

（3）苯酚标准液：吸取 50.00 mL 苯酚储备液置于 500 mL 容量瓶中，加水稀释至标线，摇匀，配成的苯酚浓度为 100 mg/L。使用当天配制此溶液。

（4）过一硫酸氢钠（分析纯）。

（5）六水合硝酸钴（$Co(NO_3)_2 \cdot 6H_2O$，分析纯）。

（6）十二水合磷酸氢二钠和二水合磷酸二氢钠（分析纯）。

（7）pH＝7.0 磷酸缓冲液：称取 4.369 3 g 十二水合磷酸氢二钠和 1.217 0 g 二水合磷酸二氢钠，于烧杯中溶解，转移至 1 000 mL 容量瓶，加水稀释至标线，摇匀，配成浓度为 0.02 mol/L 的 pH＝7.0 磷酸缓冲液。

（8）γ-Al_2O_3（分析纯）：商用 Al_2O_3 置于马弗炉 600 ℃焙烧 4 h。

（9）SiO_2（分析纯）：商用 SiO_2 粉末置于马弗炉 600 ℃焙烧 4 h。

四、实验步骤

1. 负载型 Co 基催化剂的制备

称取 0.098 6 g $Co(NO_3)_2 \cdot 6H_2O$，加入 5 mL 去离子水，摇匀，配成 Co（Ⅱ）浓度为 4 000 mg/L 的浸渍储备液。

称取 0.098 6 g $Co(NO_3)_2 \cdot 6H_2O$，加入 100 mL 的容量瓶中，定容，配成 Co（Ⅱ）浓度为 200 mg/L 的溶液用于均相催化反应。

称取 0.50 g γ-Al_2O_3 粉末置于 50 mL 烧杯中，加入 20 mL 去离子水和 2.5 mL Co（Ⅱ）浸渍储备液（4 000 mg/L），搅拌混合 2 h。混合均匀后，于 80 ℃ 水浴中边加热边搅拌，蒸干水分。将水分蒸干后的粉末置于 120 ℃烘箱中干燥 6 h，将得到的粉色粉末置于玛瑙研钵中研磨粉碎，并置于马弗炉中 450 ℃焙烧 4 h（升温速度为 5 ℃/min）。冷却至室温后，收集催化剂，并标记为 Co/Al_2O_3，此时 Co 理论负载量为 2%。按相同方法制备 SiO_2 负载的 Co 催化剂。

2. 催化过硫酸盐氧化苯酚的动力学研究

本实验以苯酚为模型有机污染物。苯酚氧化降解实验的反应装置见图 32-1。在 250 mL 的三口圆底烧瓶中加入 10 mL 苯酚储备液和 190 mL 0.02 mol/L pH＝7.0 的磷酸缓冲液，配成浓度为 50 mg/L 的苯酚溶液。之后加入 10 mg

负载型 Co 催化剂,搅拌 40 min,使其混合均匀并达到吸附平衡。然后加入0.4 g 过一硫酸氢钠并开始计时。分别在反应时间为 0 min、2 min、5 min、10 min、20 min、40 min、60 min、80 min 用注射器取出 1 mL 反应液,并快速通过 0.45 μm过滤器过滤至含有 0.5 mL 甲醇(自由基淬灭剂,用于终止反应)的液相色谱瓶中。以 Co/Al₂O₃ 和 Co/SiO₂ 为催化剂各做一组实验。

将上述实验方法中的催化剂替换为相同 Co 元素含量的 Co(NO₃)₂·6H₂O,即在 200 mL 反应液中加入 1 mL 的 200 mg/L Co(Ⅱ)溶液,对比均相 Co 催化剂与负载型 Co 催化剂的催化反应动力学。

3. 苯酚标准曲线的制备

向系列 50 mL 比色管中分别加入 0 mL、2.5 mL、5 mL、10 mL、15 mL、20 mL、25 mL 苯酚标准溶液,加入 0.02 mol/L pH = 7.0 的磷酸缓冲液至标线,摇匀,所得溶液中苯酚的浓度分别为 0 mg/L、5 mg/L、10 mg/L、20 mg/L、30 mg/L、40 mg/L、50 mg/L。分别用注射器取 1 mL 的溶液加到装有0.5 mL 甲醇的液相色谱小瓶中。

4. 高效液相色谱测定

将反应后的溶液及标准曲线进行高效液相色谱测定,测定条件如下(供参考,可根据仪器及柱子型号选用最适合的条件):

色谱柱:C - 18;波长:270 nm;流动相:乙腈/水 = 30/70(体积比);流速:0.8 mL/min;进样量:50 μL;柱温:30 ℃。

五、数据处理

1. 绘制标准曲线

标准曲线中苯酚的浓度与其液相色谱的峰面积作图,其中苯酚的表观浓度计算为:

$$C_s = \frac{C_w V_w}{V_m + V_w} \tag{32-1}$$

式中:C_s——苯酚的表观浓度,mg/L;

　　　C_w——苯酚的实际浓度,mg/L;

　　　V_w——取样体积,mL;

　　　V_m——加入甲醇的体积,mL。

2. 过硫酸盐降解苯酚的动力学研究

根据不同反应时间溶液中苯酚的液相色谱响应峰面积,做出苯酚去除率随时间变化的曲线。

3. 计算初始反应速率

选取反应时间为 2 min、5 min 和 10 min 时苯酚的浓度,作浓度随时间变化的曲线,斜率即为初始速率值。其中,反应液中苯酚浓度的计算为:

$$C_w = \frac{C_t \ (V_w + V_m)}{V_w} \tag{32-2}$$

式中:C_t——根据标准曲线计算得到的苯酚表观浓度,mg/L。

六、注意事项

(1) 在水浴过程中,水浴锅水位不能过低,以防止加热圈干烧,引起线路短路;同时,为了避免搅拌过程中因浮力过大而导致烧杯倾倒,水浴锅水位不宜过高。

(2) 在浸渍法制备催化剂的过程中,磁力搅拌器的转速要适中,以防止转速太低导致材料浸渍不均匀,或转速太高导致浸渍材料溅出,影响 Co 元素负载量。

(3) 取样体积 V_w 和甲醇体积 V_m 是通过称量加入样品或者甲醇前后液相小瓶的质量差计算所得。

七、思考题

(1) 试计算负载型催化剂中 Co 的理论负载量。

(2) 均相 Co 催化剂、Co/Al_2O_3 和 Co/SiO_2 在反应 10 min、40 min、80 min 对苯酚的去除率分别是多少?

(3) 试分析 Co/Al_2O_3 和 Co/SiO_2 催化活性存在差异的原因。

参考文献

[1] G. P. Anipsitakis, D. D. Dionysiou. Radical generation by the interaction of transition metals with common oxidants. *Environ. Sci. Technol.* 2004,38:3705-3712.

[2] G. P. Anipsitakis, D. D. Dionysiou, M. A. Gonzalez. Cobalt-mediated activation of peroxymonosulfate and sulfate radical attack on phenolic compounds. Implications of chloride, *Environ. Sci. Technol.* 2006, 40:1000-1007.

[3] T. Zeng, X. Zhang, S. Wang, H. Niu, Y. Cai. Spatial confinement of a Co_3O_4 catalyst in hollow metal-organic frameworks as a nanoreactor for improved degradation of organic pollutants. *Environ. Sci. Technol.* 2015, 49:2350-2357.

[4] T. N. Das, R. E. Huie, P. Neta. Reduction potentials of $SO_3^- \cdot$, $SO_5^- \cdot$ and $S_4O_8^{3-} \cdot$ radicals in aqueous solution. *J. Phys. Chem.* 1999,103:3581-3588.

(付翯云　编写)

实验三十三　甲酸分解制氢纳米催化材料制备及评价

开发清洁能源既可应对化石能源带来的环境污染问题,又能支持全球可持续发展的战略需求。氢气作为清洁能源之一,具有地球含量丰富、高热值、单位质量能量密度高等优点,成为化石能源最具潜力的替代品。寻找适宜的储氢材料以确保氢气的安全储运及快速释放是氢能利用的难点。在众多的储氢材料中,甲酸不仅具有含氢量高、来源广、无毒、价格低、不易燃、挥发性低等优势,还可实现氢气的储存、生产、利用的零排放循环。

甲酸分解通常包含两种路径,一种是脱氢($HCOOH \rightarrow CO_2 + H_2$);另一种为脱水($HCOOH \rightarrow CO + H_2O$)。可见,脱水是甲酸分解制氢的副反应。通过催化剂的设计,可有效避免脱水副反应的发生。因此,催化材料的设计与制备是甲酸分解制氢的关键所在。相较于均相催化,多相催化具有易分离可循环利用的优势而备受关注,所以多相催化中的负载型催化剂成为研究热点。研究发现,Pt、Pd、Au 等贵金属基催化剂在甲酸分解中显示优于非贵金属催化剂的性能。贵金属的负载量、尺寸、分散性、化学形态等因素与其活性息息相关。此外,催化剂载体的性质也显著影响其性能,如载体的孔结构、表面酸碱性、亲疏水性都将影响其对活性组分的分散及化学形态,进而影响其催化性能。常用的甲酸分解催化剂的载体包括碳材料、金属氧化物、有机框架金属材料等。

一、实验目的与要求

(1) 了解氢能源的储存与释放过程。
(2) 掌握催化甲酸分解制氢的原理和催化剂活性评价方法。
(3) 了解催化剂性质表征方法、初步探讨催化剂性质与催化活性间的关系。

二、实验原理

催化是指对于某一具体反应,通过催化剂的加入来降低反应的能垒,从而加快反应的速率。因此,催化剂的主要作用是降低反应的活化能。而催化剂的结构变化会使其在具体反应中显示不同的活化能,也即不同的催化性能。因此,可以依据反应的需求,设计和调变催化剂的结构参数,达到降低其活化能的目的。

甲酸液相分解产氢的反应中,往往需要碱性的环境以提高产氢的速率。因此,常采用两种途径来提供碱性环境。第一,在反应体系中添加甲酸钠;第二,在催化剂中引入碱性元素。能够催化甲酸液相分解产氢的催化剂很多,其中钯基催化剂显示优异的催化性能。在钯基催化剂中引入碱性元素,既可以省略碱性添加剂的使用,又可以保持高的产氢速率,设计和制备具有一定碱性的钯基催化剂对甲酸液相分解产氢技术有重要意义。

钯基催化剂中碱性元素的引入方法较多,往往与载体的性质密切相关。在此,以碳基材料作为载体,可以通过氮元素的引入提升材料的碱性。包括以氨水为氮源水热的方法在多孔碳中引入氮;以尿素为氮源热处理的方法在碳材料中引入氮;以壳聚糖为氮源热解法修饰碳载体得到杂氮的碳材料等。在这些杂氮的碳材料表面负载钯,可以得到比纯碳材料表面负载钯更高的甲酸液相分解产氢催化活性。除了氮源会影响材料的碱性,氮源引入过程中对材料的焙烧温度也直接影响氮原子在碳基材料表面的化学形态,往往采用恰当的焙烧温度使氮原子转化成吡啶氮,可以形成更有利于甲酸分解的碱性中心。

可见,氮源、氮化温度对材料表面的碱性物种有显著影响。而碱性强弱又会进一步影响活性组分钯的分散程度和钯的外层电子云密度,这些都是决定材料催化甲酸分解性能的关键因素。

本实验以活性炭为载体,分别以氨水、尿素为氮源,对活性炭进行杂氮修饰。再将钯沉积到碳材料表面,制备出催化材料,测试其对甲酸分解的催化性能。旨在考察氮源、氮化温度对催化性能的影响。通过对催化材料的性质表征,如 X射线粉末衍射、透射电子显微镜、X射线光电子能谱、Zeta 电位滴定等,分析催化材料活性差异的原因。

三、仪器和试剂

1. 仪器

(1) 马弗炉。

(2) 烘箱。

(3) 50 mL 高压釜。

(4) 真空干燥箱。

(5) 磁力搅拌器。

(6) 100 mL 三颈烧瓶。

(7) 0.25 μm 针式滤膜。

(8) 氢气气体流量计。

(9) 气相色谱。

2. 试剂

(1) 商品活性炭,球磨后过 100 目筛。

(2) 1 mol/L 甲酸溶液(分析纯):用质量分数为 88% 的甲酸($M=46.03$)标准品配制,密度为 1.23 g/ml,量取 10.64 mL 甲酸标准液,转移到 250 mL 的容量瓶中,然后用去离子水稀释至刻度线得到 1 mol/L 的甲酸溶液。

(3) 尿素(分析纯)。

(4) 25% 氨水(分析纯)。

(5) 1 mol/L 硝酸(分析纯):准确量取 17.4 mL 的浓硝酸(质量分数 65%),在玻璃棒的引流下缓缓加入 100 mL 去离子水中,并且适当摇匀散热防止溅射,待冷却至室温后将溶液转移到 250 mL 容量瓶中,然后用去离子水稀释至刻度线,摇匀后得到 1 mol/L 的硝酸溶液。

(6) 1 mol/L 碳酸钠溶液(分析纯):准确称取 26.50 g 碳酸钠(99.9%,$M=105.99$)溶解在有 25 mL 去离子水的烧杯里,充分搅拌使其溶解,然后转移到 250 mL 容量瓶中,加去离子水稀释至刻度线,得到 1 mol/L 的碳酸钠溶液。

(7) 0.05 mol/L 的 PdCl$_2$ 溶液:准确称取氯化钯($M=177.33$,纯度为 99.9%)2.217 g,溶解于 25 mL 8 mol/L 的盐酸溶液中,微热使之完全溶解后,转移到 250 mL 的容量瓶中,然后用去离子水定容到刻度线,得到浓度为 0.05 mol/L 的氯化钯溶液。

四、实验步骤

1. 活性炭预处理

将 50 g 活性炭用 1 mol/L 的硝酸溶液在室温下浸洗 24 h 去除杂质,然后用蒸馏水水洗至中性,100 ℃ 烘干备用。

2. 杂氮处理

采用两种处理方式:

(1) 氨水做氮源。将 100 mg 预处理的活性炭,放入 50 mL 的高压釜,加入 15 mL 25% 的氨水,在 200 ℃ 水热处理 10 h。冷却至室温后,去离子水洗涤几次,在真空干燥箱 50 ℃ 干燥 5 h。得到的材料标记为 AC-A。做两组平行。

(2) 尿素做氮源。将 1.0 g 预处理的活性炭与 1.5 g 尿素混合均匀,在马弗炉以 5 ℃/min 的速率升到设定温度,分别在 300、400 和 500 ℃ 下焙烧 3 h。得到的材料标记为 AC-U-T。

3. 负载钯

本实验采用沉淀沉积法负载钯。准确称取 0.100 0 g 载体,置于 100 mL 烧杯,加入 20 mL 去离子水,采用磁力搅拌器匀速搅拌。根据需要,分别量取 0.19 mL、0.38 mL、0.57 mL 的 PdCl$_2$ 水溶液,使钯的负载量分别为质量分数的 1 wt%、2 wt% 和 3 wt%。将 PdCl$_2$ 水溶液加入上述烧杯后,继续搅拌 2 h,用

1 mol/L 的 Na_2CO_3 调节 pH 值为 10.5 ± 0.1，继续搅拌 2 h。针式过滤器过滤，用去离子水洗涤沉淀 3 次后在 100 ℃烘干。所得材料标记为 Pd/AC－A 或 Pd/AC－U－T。

　　4. 甲酸分解产氢

　　反应在常温常压下进行，反应装置如图 33－1 所示。在 100 mL 圆底烧瓶中加入 10 mL 1 mol/L 的甲酸，在磁力搅拌的情况下，加入 20 mg 催化剂。开始计时，采用气体流量计测量不同反应时间的气体产生体积。1～10 min 内，每分钟记录；11～60 min，每 5 min 记录一次气体体积。

图 33－1　甲酸产氢装置示意图

五、数据处理

　　根据不同反应时间产生的气体体积作图，比较不同催化剂产氢的活性差异。活性图形可参考图 33－2。

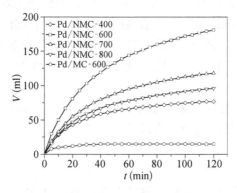

图 33－2　钯基催化剂对甲酸分解产氢活性图

六、讨论

（1）本实验涉及步骤较多，尤其是催化材料合成，教师可根据具体情况，选择其中一个或者两个变量进行材料合成。需要注意在水热法杂氮的反应中，需要用到高压釜，有两点安全事项：① 200 ℃的高压釜不可以直接打开，反应时间结束直接关掉烘箱电源，冷却至室温，大概 10 h，方可打开高压釜。② 高压釜的正确使用方法，需要借助扳手来拧紧和拧松，不可以直接用手。在尿素法杂氮的实验中，谨防烫伤，也需等马弗炉冷却至室温再取出材料。

（2）尿素法杂氮的材料，焙烧且冷却后的载体，需要研磨，使材料均匀。

（3）钯负载的步骤中，需要通过调节 pH 值至碱性环境。

（4）合成好的钯催化剂，有条件的情况下，测试产氢催化性能前，可以采用氢气还原预处理。让钯处于更低价态。通常是氢气气氛下 300 ℃处理 1～2 h。

（5）甲酸液相分解产氢反应，其催化活性不仅与催化材料相关，也受具体反应条件影响。比如反应温度，由于该反应是吸热反应，温度升高，速率增加。同时，甲酸的浓度也将影响其活性。这是由于反应物甲酸在催化剂表面的吸附与活化之间存在一个最佳平衡点，在平衡点两侧都将抑制其催化性能。此外，催化剂的用量变化，也会影响甲酸分解的速率。

（6）甲酸分解过程中，有副反应进行，需要对生成的气体进行定性分析，测试气体成分，检测是否有 CO 生成。如果有 CO 生成，可在催化剂中加入二元金属，提升 H_2 的选择性。

（7）对于催化剂活性差异的原因，主要是由活性组分 Pd 的特征引起的。包括钯的分散度，往往钯尺寸越小，可使更多的钯暴露到催化剂表面，增加与反应物接触的机会，而提升其活性。钯的价态会影响对反应物甲酸的活化能力，从而影响其活性。载体表面的碱性位会影响钯的分散度和价态，所以理清这几者间的关系，就可以探明催化剂结构与活性间的关联。而上述性质，则需要借助大型仪器，如 X 射线粉末衍射、X 射线光电子能谱、透射电子显微镜、CO 化学吸附、Zeta 电位仪等来表征催化剂的物理化学性质，有条件的情况下可以开展以上表征。

（8）实验中需要使用气体流量计，可在正式实验前借用 N_2 等气瓶掌握流量计的正确使用方法，尽量避免人为误差。

七、思考题

（1）催化剂性能差异，本质上与其活化能密切相关。如何测试催化材料的活化能？

（2）除了活性炭，还有哪些碳材料适合作为钯基催化材料的载体？

（3）除了氨水、尿素，还有哪些物质可以作为氮源对材料进行表面修饰？

（4）本反应中催化剂的选择性是指的什么？

参考文献

［1］王彤，薛伟，王延吉. 甲酸液相分解制氢非均相催化剂研究进展［J］. 高校化学工程学报，2019，33(1)：1 - 9.

［2］王珍珍，张文祥，贾明君. 高效甲酸分解制氢钯基催化剂的研究进展［J］. 黑龙江大学自然科学学报，2018，35(6)：705 - 712.

［3］Jingya Sun. Ultrafine Pd Particles Embedded in Nitrogen-Enriched Mesoporous Carbon for Efficient H_2 Production from Formic Acid Decomposition, *ACS Sustainable Chem. Eng.* 2019, 7, 1963 - 1972.

［4］De-Jie Zhu. Surface-Amine-Implanting Approach for Catalyst Functionalization: Prominently Enhancing Catalytic Hydrogen Generation from Formic Acid, *Eur. J. Inorg. Chem.* 2017, 4808 - 4813.

［5］Zhangpeng Li. Tandem Nitrogen Functionalization of Porous Carbon: Toward Immobilizing Highly Active Palladium Nanoclusters for Dehydrogenation of Formic Acid, *ACS Catal.* 2017, 7：2720 - 2724.

（万海勤　编写）

实验三十四　底泥-水界面重金属赋存形态分析

重金属在底泥-水生态体系中的生态效应,不仅与其浓度有关,与其赋存形态也有极大的关系。而重金属的赋存形态除了与底泥-水生态系统所含的物质如水溶性有机质等有关外,与生态系统的氧化还原电位和 pH 值有很大关系,如底层水,其氧化还原电位较低,金属元素将以还原形态存在,而表层水由于可以为大气中的氧饱和,成为氧化还原电位较高的介质,金属元素将以氧化形态存在。而许多金属不同形态的毒性差异很大,如六价铬的毒性远远大于三价铬,继而对生态系统的影响有所不同。

氧化还原电位不仅影响重金属元素的赋存形态,对其他元素也有影响。如一个厌氧型湖泊,其下层水系中的元素将以还原形态存在,碳还原成 -4 价形成 CH_4,氮形成 NH_4^+,硫形成 H_2S。上层水系中的元素主要以氧化态存在,碳氧化为 CO_2,氮成为 NO_3^-,硫成为 SO_4^{2-},显然这种变化将对水生生物和水质产生很大影响。

一、实验目的和要求

(1) 学习和掌握原子吸收分光光度计的使用方法。
(2) 学习和掌握手持式 XRF 分析仪的使用方法。
(3) 学习水体氧化还原电位和 pH 值对重金属赋存形态的影响。

二、实验原理

氧化还原平衡对水环境中污染物的迁移转化具有重要意义。水体中氧化还原的类型、速率和平衡,在很大程度上决定了水中主要溶质的性质。pE 是平衡状态下(假想态,天然水体或污水体系几乎不可能达到,即使达到平衡,往往也是局部区域)的电子活度,它衡量溶液接受或给出电子的相对趋势。在还原性较强的溶液中,其趋势是给出电子,pE 越小,电子浓度越高,体系给出电子的倾向就越强。反之,pE 越大,体系接受电子的倾向就越强。

在氧化还原体系中,往往有 H^+ 或 OH^- 离子参与转移。因此,pE 除了与氧化态和还原态浓度有关外,还受体系 pH 值的影响,这种关系可以用 pE - pH 图来表示。由于水质中可能存在的物质状态较多,某一金属的赋存形态将十分复杂,在没有测定其他物质的前提下,绘制 pE - pH 图时,可以适当简化。

三、仪器和试剂

1. 仪器

(1) 原子吸收分光光度计。

(2) 手持式 XRF 分析仪(布鲁克,S1 TITAN)。

(3) 氧化还原电位仪(FJA-6)。

(4) 塑料离心管:50 mL×3。

(5) 水相过滤器 0.45 μm×3。

(6) 塑料离心管:5 mL×3。

(7) 塑料注射器:5 mL×3。

(8) 烘箱。

(9) 研磨机(Ika,tube mill 100)。

(10) 80 目筛。

(11) 底泥采集器。

(12) 水样采集器。

(13) 密封袋。

(14) 保鲜膜。

2. 试剂

(1) 浓硝酸(分析纯)。

(2) 重金属标准液。

四、实验步骤

1. 样品的采集及水样参数的检测

不同实验小组在目标小河中设置不同采样点,采样点间隔 5 m 以上。在各采样点,用 FJA-6 型氧化还原电位仪检测其 pH 和氧化还原电位(注意深度),然后将水样采集器放至同样的深度,将水样提出水面,移取约 30 mL 水样至 50 mL 塑料离心管中,滴加 3 滴浓硝酸,拧紧盖子,带回实验室冰箱 4 ℃保存;在同样的位置,将底泥采集器放入,底泥采出后,挖取约 50 g 至密封袋,密封带回实验室。每个采样点 3 份平行。

2. 土样的分析

采集的土样,将密封袋口打开,放置烘箱 60 ℃干燥 24 h,然后用研磨机研磨,过 80 目筛,挖取适量的土样至 50 mL 离心管的盖子中(紧密,平盖即可),然后覆上一层保鲜膜(注意保鲜膜外侧不能占有土样),用手持式 XRF 分析仪检测土样的元素组成及含量,得到底泥中含量较丰富的重金属元素 2~3 种,记录。

底泥中重金属赋存形态分析参见《土壤中铜、锌的形态分析》，根据课程时间，可加入残渣态。

3. 水样的分析

水样过 0.45 μm 滤器，保存于 5 mL 塑料离心管中（多余的水样放回冰箱保存，可能还需要），用原子吸收分光光度计检测所选定的重金属含量，由于浓度未知，可能需要多次摸索标曲的浓度范围，并进行多次测定。

原子吸收分光光度计的分析条件，不同的元素都以说明书为准，如有需要，可适当优化。

五、数据处理

1. 底泥中重金属形态分析

参见《土壤中铜、锌的形态分析》。

2. 水样中重金属赋存形态分析

绘制目标重金属在天然水体中的 pe-pH 图（可作适当简化，并说明理由），根据测定的水样 pH、氧化还原电位及重金属含量，分析重金属在水样中的赋存形态及含量。

六、讨论及注意事项

（1）由于水样中存在有机质等杂物，如需得到准确的重金属含量，应先进行消解处理。

（2）布鲁克 XRF 分析仪使用方法：短按电源开关 1 s 开机，约需 1 min 完成初始化，点击屏幕"登录"，输入密码"12345"，点"确定"。扣动并释放扳机以继续，点击"应用"，选择分析类型"Soil"，将仪器检测窗对准并贴近土样，扣动扳机即可检测，仪器侧面灯光闪烁时保持仪器不动，灯光停止闪烁时表示检测完成，短按电源开关 1 s 即可关机。

（3）FJA-6 型氧化还原电位仪使用方法：为减少误差，电极应在浸泡液中浸泡 24 h。如需测 pH，应先进行校正，建议使用两点法。将铂电极、银-氯化银电极、辅助电极、温度传感器插头、pH 电极插入响应的插孔，切勿插错。将相应电极插入待测溶液，将仪器右侧的电源开关打开，屏幕出现"Select method"，选择响应的测量方法，如测氧化还原电位，可选择默认的方法"3"（已设置好极化和去极化时间），然后选择"5"，"ORP Measure"，仪器依次显示阳极、阴极的极化时间和去极化时间，以及相应的电位，然后自动计算出待测溶液的氧化还原电位。如测溶液的 pH，将相应电极插入待测溶液，选择默认方法"4"，然后选择"5"，"pH Measure"，经过短暂的初始化后，仪器将显示待测溶液的 pH。

（4）长期以来，氧化还原电位采用铂电极直接测定法，即将铂电极和参比电极直接插入介质中来测定。但在测定弱平衡体系时，由于铂电极并非绝对的惰性，其表面可形成氧化膜或吸附其他物质，影响各氧化还原点对在铂电极上的电子交换速率，因此平衡电位的建立极为缓慢，在有的介质中需经几小时甚至一两天，而且误差较大，通常 $40 \sim 100$ mV。如果采用去极化法测定氧化还原电位，可以在较短的时间内得到较为精确的结果，通常小于 5 mV。

七、思考题

试简述重金属在底泥-水界面的赋存形态对水生生物的生态效应的影响，可举例说明。

（艾弗逊　编写）

实验三十五　大气 CO_2 浓度升高对土壤中菲归趋的影响

全球工业化发展的结果使得对流层大气二氧化碳（CO_2）浓度从工业文明前的约 280 ppm 上升至目前的约 380 ppm，而且未来很可能会进一步升高。工业化的另一个结果是导致全球化的有机物污染，如持久性有机污染物多环芳烃（PAHs）。PAHs 是一种具有致癌、致畸、致突变"三致效应"的持久性有机污染物（POPs），在环境中不易降解，具有很高的持久性。由于大气沉降、石化产品的生产和使用、固废填埋渗漏、污水灌溉等原因，已造成全球范围内土壤的 PAHs 污染，而且 PAHs 难于降解，在土壤中呈不断累积的趋势，在我国不少地方已出现较严重的污染情况，严重影响土壤的生态和生产功能，降低农产品质量，威胁人类健康，大量土地其实已不适合农业或畜牧业生产。

工业化的结果不仅使得对流层大气温室气体如 CO_2 浓度升高，也使得 PAHs 污染成为全球化的环境问题。那么，CO_2 浓度升高对土壤中 PAHs 的环境行为有怎样的影响呢？

一、实验目的和要求

(1) 学习和掌握氧化燃烧仪的使用。
(2) 学习和掌握液闪仪的使用。
(3) 学习大气 CO_2 浓度升高影响土壤中有机污染物归趋的机制。

二、实验原理

许多研究表明，大气 CO_2 浓度升高会影响植物生理生化过程，从而改变植物根际环境，进而影响根际土壤的微生物群落组成和功能。大气 CO_2 浓度升高不仅可以促进植物的光合作用进而增加植物的生物量，而且会增加植物同化碳向土壤的输出，从而增加根际土壤微生物的活性和活性炭的含量。一方面，CO_2 浓度升高会影响植物的生理生化过程，从而影响它们对土壤中 PAHs 的富集能力；另一方面，CO_2 浓度升高影响土壤特别是根际土壤的环境条件以及微生物群落组成和数量，从而影响土壤中 PAHs 的环境过程，如挥发、矿化、迁移、富集等。

^{14}C 同位素标记示踪技术可以准确地跟踪有机污染物在复杂体系（如植物-土壤系统）中的迁移和转化，并且可以准确地定位有机污染物母体及代谢产物在

体系中的分布情况,得到准确的降解、矿化速率,为研究有机污染物在天然复杂环境中的迁移、转化、降解等环境过程和相关机制提供了高效合理的手段。

开顶式气室(Open Top Chambers,OTCs)是一种既能模拟气候条件变化又相对便宜、运行经费较低的实验平台。

三、仪器和试剂

1. 仪器

(1) 氧化燃烧仪。

(2) 液闪仪(含液闪小瓶)。

(3) 冷冻干燥仪。

(4) 超声清洗仪。

(5) 玻璃离心管。

(6) 花盆。

(7) 开顶式气室。

(8) 分析天平。

(9) 1 L 烧杯。

(10) 锡箔纸。

(11) 密封袋。

(12) 恒温振荡器。

(13) 离心机。

2. 试剂

(1) 土样(风干,研磨过 50 目筛)。

(2) 乙酸乙酯。

(3) 菲及 ^{14}C-菲。

(4) 丁醇(分析纯)。

(5) 碱性闪烁液。

(6) 中性闪烁液。

四、实验步骤

1. 土样的制备

实验开始前约 1 个月,采集土样约 30 kg,放在阴凉干燥处自然风干,挑去树枝和石块等杂物,研磨后,过 50 目筛,制备约 12 kg 干燥土样。

在 12 只 1 L 的烧杯中,各准确称取 1 kg 土样,然后用溶有菲和 ^{14}C-菲的乙酸乙酯溶液喷洒其中的 6 份土样(设计土样污染后,土样的菲浓度约 20 ppm,放射性菲浓度约 20 000 dpm/g 土样,放射性菲浓度对总的菲浓度的影响可以忽略不计),搅拌均匀;另外 6 份作为空白对照。烧杯做好标记,土样置于通风橱中阴干。

2. 植物的种植

土样阴干后,每份污染土样取约 10 g,用锡箔纸包好,置于密封袋中,-20 ℃保存。剩余土壤转移至合适大小的花盆中。

每份土样播撒 10 棵四季青白菜种子(或其他常见蔬菜种子,注意季节),土样覆盖厚度约 1 cm,浇水后(第一次应浇透,注意每份应浇同样体积的蒸馏水)置于开顶式气室中,正常大气组和二氧化碳浓度升高(+200 ppmV)组各 3 份污染土样和空白土样,随机摆放。视天气情况,每天或隔天浇水。

约 1 周后,查看每个花盆的发芽率,并去除多余的秧苗,使每个花盆留下 3 棵生长情况近似的秧苗,且有一定间隔。

视天气情况,每天或隔天浇水,植物在气室中生长约 4 周后采集样品。

3. 样品的采集

每份污染土样采集 3 个柱状样,合并,锡箔纸包好,置于密封袋中,-20 ℃保存。然后将土样浇透使土壤尽量湿润,将植物样尽量无损耗的收集,用自来水冲洗干净,再用蒸馏水冲洗一遍,用吸水纸将水吸干,称量每个花盆中植物的总质量。然后将植物分为地上部和根部,分别称量后分别置于密封袋中,-20 ℃保存。

4. 样品分析

冷冻保存好的土样和植物样置于冷冻干燥仪中冷冻干燥约 3 天,称量植物根部和地上部的干重。

称取合适质量的植物样和土样(植物样约 0.1 g,土样约 0.5 g),用氧化燃烧仪(配有碱性闪烁液)燃烧,液闪仪测定其放射强度。

分别称取约 1 g 污染土样于玻璃离心管中,加入 10 mL 丁醇,恒温振荡24 h,3 000 rpm 离心 10 min,取上清液 5 mL 于闪烁小瓶中,加入 3 mL 中性闪烁液,强力振摇混匀,用液闪仪测定其放射强度。

五、数据处理

1. 大气 CO_2 浓度升高对植物生长的影响

以植物的湿重(总质量、根部和地上部)和干重(根部、地上部)作图,并统计分析比较正常大气组和 CO_2 浓度升高组中植物生长的差异性。

2. 大气 CO_2 浓度升高对植物富集菲的影响

根据称取的植物根部和地上部的质量(g)以及测出的液闪强度(dpm),计算出各份植物样品根部和地上部富集的放射强度（dpm/g），以其作图，并统计分析比较正常大气组和 CO_2 浓度升高组中植物富集菲的差异性。

3. 大气 CO_2 浓度升高对土壤中菲残留的影响

根据称取的土样质量（g）和测出的液闪强度（dpm），计算出各份污染土样的放射强度残留（dpm/g），以其作图，并统计分析比较正常大气组和 CO_2 浓度升高组中土样菲残留的差异性。

六、讨论与注意事项

（1）土样搅拌过程应尽量搅拌均匀，植物生长过程中，应保证生长条件一致（如浇水量一样，并可每天或隔天随机更换花盆的位置）。

（2）氧化燃烧土样和植物样的时候，注意仪器推荐的质量要求，以免碱性闪烁液不能吸收完全燃烧所产生的二氧化碳，造成实验误差。

（3）可对土壤中微生物群落和数量进行分析，以探索大气 CO_2 浓度升高影响土壤中菲归趋的机制。

七、思考题

（1）试分析 CO_2 浓度升高影响植物富集菲的原因。

（2）实验所测得的放射强度（植物富集和土壤残留）并不能代表菲的母体化合物，为什么？有何方法可以进一步区分？

参考文献

[1] IPCC. Climate Change 2014：Synthesis Report. Contribution of Working Groups Ⅰ, Ⅱ and Ⅲ to the Fifth Assessment Report of the Intergovernmental Panel on Climate Change [Core Writing Team，R. K. Pachauri and L. A. Meyer (eds.)]. IPCC，Geneva，Switzerland，2014：151.

[2] Fuxun A，Nico E，Yuwei X，et al. Elevated CO_2 accelerates polycyclic aromatic hydrocarbon accumulation in a paddy soil grown with rice[J]. *Plos One*，2018，13(4)：e0196439 -.

[3] Ai F，Eisenhauer N，Jousset A，et al. Elevated tropospheric CO_2 and O_3 concentrations impair organic pollutant removal from grassland soil[J]. *Scientific Reports*，2018，8(1)：5519.

（艾弗逊　编写）

实验三十六 土壤/灰尘中重金属污染的健康风险评价

通过手-口行为无意摄入土壤和灰尘是人体重金属的一个重要暴露途径。土壤和灰尘中重金属的健康风险不仅取决于重金属的含量,人体生物有效性更是关键控制因子,即摄入后能够在人体胃肠道中溶解,进而能够被肠道上皮细胞吸收,从而进入体液循环的部分。研究表明,土壤和灰尘样品间重金属的人体生物有效性存在显著的差异,土壤/灰尘性质、重金属污染来源、重金属的赋存形态显著影响着重金属的人体生物有效性。

采用人体实验测试重金属的人体生物有效性是不现实的,因此,目前主要借助动物活体实验和体外胃肠模拟液提取两种手段来研究土壤/灰尘中重金属的人体生物有效性。动物实验花费高,不适宜于大批量环境样品的测试需求。相对而言,体外胃肠模拟液方法简便快捷,但需要动物实验结果进行验证。目前,已建立多种与动物活体实验存在较好线性相关关系的体外胃肠模拟液测试方法,常用的包括 SBRC(solubility bioaccessibility research consortium)方法、IVG(in vitro gastrointestinal)方法、PBET(physiologically based extraction test)方法、DIN(Deutsches Institut für Normunge. V.)、UBM(Unified BARGE Method)方法等。其中,一些体外方法已经被推荐为测试生物有效性的标准方法,比如 SBRC 胃液测试方法已经被美国环境保护署接纳为测试土壤中铅人体生物有效性的标准测试方法(US EPA 1340,2013)。而 UBM 方法是欧盟生物有效性测试的推荐方法,方法相对更加复杂,最大程度模拟人体胃肠液组成成分。

一、实验目的和要求

(1) 掌握测试重金属人体生物有效性的体外 SBRC 和 UBM 方法。
(2) 了解不同体外方法测试重金属生物有效性的区别。
(3) 学习利用生物有效性进行土壤/灰尘重金属健康风险评价。
(4) 分析日常生活周边室外和室内环境中重金属的潜在危害。

二、实验原理

1. 体外模拟方法的基本原理

体外模拟方法的基本原理是根据人体胃液和小肠液的成分以及 pH 环境,

利用 HCl、NaOH 或 NaHCO$_3$、消化酶、胆汁等配制人工胃液和肠液,单独使用胃液或者连续使用胃液和肠液对污染物进行提取,计算可提取部分重金属含量占总量的百分比,进而得到污染物通过口腔摄入这一暴露途径的生物可给性。表 36-1 显示了常见体外模拟方法中模拟胃液和肠液的成分及提取参数等。

本实验中选取两种已广泛用于与体内数据建立线性关系的体外 SBRC 和 UBM 方法来测试土壤/灰尘样品中重金属的生物可给行。SBRC 方法较为简单,胃液和肠液成分较单一。相比于 SBRC 方法,UBM 方法的模拟胃肠液成分十分复杂,并且 UBM 方法还考虑了唾液相提取。为了更好地配置模拟唾液、胃液和肠液,将表 36-1 中 UBM 方法的配方进行了细化,将提取溶液分为唾液(S)、胃液(G)、十二指肠液(D)和胆汁液(B)。此外,不同于 SBRC 方法,UBM 方法提取结束后的提取液不要求进行过滤而直接取离心后的上清液待测。

表 36-1 五种体外模拟方法 SBRC、IVG、DIN、PBET、
UBM 的胃液和肠液的成分及提取参数

方法	阶段	成分（L^{-1}）	pH 值	土/液比	提取时间（h）
SBRC	胃液	甘氨酸 30.03 g	1.5	1:100	1
	肠液	胆汁 1.75 g、胰蛋白酶 0.50 g	7.0	1:100	4
PBET	胃液	胃蛋白酶 1.25 g、苹果酸钠 0.50 g、柠檬酸钠 0.50 g、乳酸 420 μL、醋酸 500 μL	2.5	1:100	1
	肠液	胆汁 1.75 g、胰蛋白酶 0.5 g	7.0	1:100	4
IVG	胃液	胃蛋白酶 10 g、NaCl 8.77 g	1.8	1:150	1
	肠液	胆汁 3.5 g、胰蛋白酶 0.35g	5.5	1:150	1
DIN	胃液	胃蛋白酶 1 g、粘蛋白 3 g、NaCl 2.9 g、KCl 0.7 g、KH$_2$PO$_4$ 0.27 g	2.0	1:50	2
	肠液	胆汁 9.0、胰蛋白酶 9.0、蛋白酶 0.3 g、尿素 0.3 g、KCl 0.3 g、CaCl$_2$ 0.5 g、MgCl$_2$ 0.2 g	7.5	1:100	6

方法	阶段	成分 (L^{-1})	pH 值	土/液比	提取时间 (h)
UBM	唾液	KCl 0.90 g、NaH$_2$PO$_4$ 0.89 g、KSCN 0.20 g、Na$_2$SO$_4$ 0.57 g、NaCl 0.30 g、尿素 0.2 g、淀粉酶 0.145 g、粘蛋白 0.05 g、尿酸 0.015 g	6.5	1∶15	10 s
	胃液	KCl 0.824 g、NaH$_2$PO$_4$ 0.266 g、NaCl 2.752 g、CaCl$_2$ 0.4 g、NH$_4$Cl 0.306 g、尿素 0.085 g、葡萄糖 0.65 g、葡萄糖醛酸 0.02 g、盐酸葡糖胺 0.33 g、牛血清蛋白 1.0 g、粘蛋白 3.0 g、胃蛋白酶 1.0 g	1.2	1∶37.5	1
	肠液	KCl 0.94 g、NaCl 12.3 g、NaHCO$_3$ 11.4 g、KH$_2$PO$_4$ 0.08 g、MgCl$_2$ 0.05 g、尿素 0.35 g、CaCl$_2$ 0.42 g、牛血清蛋白 2.8 g、胰蛋白酶 3.0 g、脂肪酶 0.5 g、胆汁 6.0 g	6.3	1∶97.5	4

表 36 - 2　配置 UBM 各模拟液(500 mL)所需要的各种成分的量(mg 或者 mL)

		唾液(S)	胃液(G)	十二指肠液(D)	胆汁液(B)
无机成分	KCl	448	412	282	188
	NaH$_2$PO$_4$	444	133		
	KSCN	100			
	Na$_2$SO$_4$	285			
	NaCl	149	1 376	3 506	2 630
	CaCl$_2$		200		
	NH$_4$Cl		153		
	NaHCO$_3$			2 803.5	2 893
	KH$_2$PO$_4$			40	
	MgCl$_2$			25	
	NaOH (1 M)	0.9			
	HCl (37%)	4.15	0.09	0.09	

		唾液(S)	胃液(G)	十二指肠液(D)	胆汁液(B)
有机成分	尿素	100	42.5	50	125
	葡萄糖		325		
	葡萄糖醛酸		10		
	盐酸葡萄糖胺		165		
酶	α-淀粉酶	72.5			
	粘蛋白	25	1 500		
	尿酸	7.5			
	牛血清蛋白		500	500	900
	胃蛋白酶		500		
	$CaCl_2$			100	111
	胰蛋白酶			1 500	
	脂肪酶			250	
	胆汁				3 000
pH	胆汁	6.5±0.5	1.1±0.1	7.4±0.2	8.0±0.2

2. 基于生物有效性的健康风险评价原理

在利用模拟胃肠液方法提取获得土壤/灰尘中重金属的生物可给性浓度后，计算经口腔摄入土壤/灰尘导致的重金属日摄入量(DI)，并与推荐的可容忍日摄入限量值(PTDIs)进行对比，从而评判土壤/灰尘中的重金属是否存在人体健康风险，并基于致癌风险因子，评估土壤/灰尘中重金属的致癌风险。如砷、镉和铅的 PTDIs 国际上采用 3.0、0.5、0.6 $\mu g \cdot kg^{-1} \cdot bw \cdot d^{-1}$(JECFA, 2011)。

三、仪器和试剂

1. 仪器

(1) 恒温震荡箱。

(2) 分析天平。

(3) pH 计。

(4) 离心机。

(5) Milli-Q 水机。

(6) 石墨炉消解仪。

（7）电感耦合等离子体质谱仪（ICP - MS）。

（8）0.45 μm 水相过滤膜。

（9）过滤注射器。

（10）50 mL 消解管、回流盖（Environmental Express）。

（11）1 mL、2 mL、5 mL、10 mL 移液枪和枪头。

（11）1 mL、2 mL、5 mL、10 mL、20 mL、50 mL 离心管。

2. 试剂（除特别说明外，均为分析纯）

（1）硝酸（国产优级纯及进口优级纯）。

（2）30%双氧水（用于消解土壤/灰尘）。

（3）1∶1 国产优级纯 HNO_3∶500 mL 浓硝酸与 500 mL 超纯水混匀。

（4）SBRC 模拟胃液：根据表 36 - 1，称取 30.03 g 甘氨酸，溶解于 1 L 超纯水，并利用浓盐酸调节 pH 至 1.5。实验当天现用现配。

（5）10 倍含量的 SBRC 模拟肠液：根据表 36 - 1，称取 17.5 g 胆汁、5.0 g 胰蛋白酶，溶解于 1 L 超纯水。实验当天现用现配。

（6）UBM 的模拟唾液（S）：根据表 36 - 2，称取 448 mg KCl、444 mg NaH_2PO_4、100 mg KSCN、285 mg Na_2SO_4、149 mg NaCl、100 mg 尿素、72.5 mg α-淀粉酶、25 mg 粘蛋白、7.5 mg 尿酸，溶解于 499.1 mL 超纯水，并加入 0.9 mL NaOH（1M），使 pH 为 6.5 ± 0.5。

（7）UBM 的模拟胃液（G）：根据表 36 - 2，称取 412 mg KCl、133 mg NaH_2PO_4、1 376 mg NaCl、200 mg $CaCl_2$、153 mg NH_4Cl、42.5 mg 尿素、325 mg 葡萄糖、10 mg 葡萄糖醛酸、165 mg 盐酸葡萄糖胺、1 500 mg 粘蛋白、500 mg 牛血清蛋白、500 mg 胃蛋白酶，溶解于 495.85 mL 超纯水，并加入 4.15 mL HCl（37%），使 pH 为 1.1 ± 0.1。

（8）UBM 的十二指肠液（D）：根据表 36 - 2，称取 282 mg KCl、3 506 mg NaCl、2 803.5 mg $NaHCO_3$、40 mg KH_2PO_4、25 mg $MgCl_2$、50 mg 尿素、500 mg 牛血清蛋白、100 mg $CaCl_2$、1 500 mg 胰蛋白酶、250 mg 脂肪酶，溶解于 499.91 mL 超纯水，并加入 0.09 mL HCl（37%），使 pH 为 7.4 ± 0.2。

（9）UBM 的胆汁液（B）：根据表 36 - 2，称取 188 mg KCl、2 630 mg NaCl、2 893 mg $NaHCO_3$、125 mg 尿素、900 mg 牛血清蛋白、111 mg $CaCl_2$、3 000 mg 胆汁，溶解于 499.91 mL 超纯水，并加入 0.09 mL HCl（37%），使 pH 为 8.0 ± 0.2。

（10）重金属混合标准溶液：配置含有 0 μg/L、0.5 μg/L、1.0 μg/L、2.0 μg/L、5.0 μg/L、10.0 μg/L 和 20.0 μg/L 重金属的混合标液，用作 ICP - MS 测试时的标准溶液。

四、实验步骤

1. 土壤/灰尘样品的采集与处理

采集日常生活中经常接触到的室外土壤和室内灰尘样品。对于室外土壤样品,利用土壤采样器采集表层 0～20 cm 土壤(约 100 g)于自封袋内,在实验室进行风干后,首先过 2 mm 筛去除石头、植物根等杂质,然后用木棒碾压后过 65 目尼龙筛,收集小于 250 μm 的土壤颗粒。对于室内灰尘样品,利用塑料刷将沉降在室内不同表面(如地板、内窗台、家具顶部、桌子等)的灰尘收集,装入塑料自封袋内保存。带回实验室后,对灰尘样品进行冷冻干燥处理,过 65 目尼龙筛以除去其中的杂质,放入干燥器中保存直至样品分析。

2. 重金属总量的分析

准确称取 0.100 0 g 样品于 50 mL 消解管中,加入 10 mL 1∶1 国产优级纯 HNO_3 后,盖上回流盖,置于石墨炉中在 105 ℃ 下加热进行消解,至剩余酸量小于 1 mL 后,补加 10 mL 1∶1 HNO_3 继续加热消解直至剩余溶液量小于 1 mL,从消解炉上取下消解管自然冷却后,向消解管中加入 1 mL 30% H_2O_2,待反应平稳后,再次置于石墨炉中在 105 ℃ 下加热进行消解直至剩余溶液量小于 1 mL。冷却后,用超纯水将消解液定容至 50.00 mL,充分混匀后,过 0.45 μm 滤膜,用 0.1 mol/L 进口优级纯 HNO_3 进行适当倍数的稀释后,利用电感耦合等离子体质谱仪(ICP-MS)测定消解液中重金属的含量。每个样品进行三次平行测定。

3. SBRC 方法测试重金属的生物可给行

准确称取 0.100 0 g 土壤/灰尘至 50 mL 离心管中,每个样品称取 6 份,3 份用于胃液单步提取,3 份用于胃液和胃肠液两步提取。加入 10.0 mL 模拟胃液(pH=1.5),拧上盖子后在恒温震荡设定转速 150 rpm 和温度 37 ℃ 的条件下提取 1 h。提取结束后,3 份试样经 4 000 rpm 离心 10 min,准确吸取 1.0 mL 上清液过 0.45 μm 滤膜,4 ℃ 保存待测。

胃液提取结束后,其余 3 份试样不进行离心和收集上清液,直接进行下一步的肠液提取。先后添加饱和 NaOH 溶液、1 mol/L NaOH 溶液将溶液 pH 调为 7.0,即由胃相转为肠相,之后加入 1.0 mL 10 倍含量的模拟肠液,37 ℃ 恒温震荡提取 4 h。提取结束后,土壤悬浮液经 4 000 rpm 离心 10 min,准确吸取 1.0 mL 上清液过 0.45 μm 滤膜,4 ℃ 保存待测定。

得到的胃液和胃肠连续提取液,经 0.1 mol/L 进口 HNO_3 进行适当倍数的稀释后,利用电感耦合等离子体质谱仪测定消解液中重金属的含量。计算可提取的重金属的含量。每个样品进行 3 次平行测定。

4. UBM 方法测试重金属的生物可给行

准确称取 0.200 0 g 土壤/灰尘至 50 mL 离心管中，每个样品称取 6 份，3 份用于胃液单步提取，3 份用于胃液和肠液两步提取。准确加入 3.0 mL S 溶液，手动混合 10 s 后加入 4.5 mL G 溶液，37 ℃恒温震荡提取 1 h，期间每隔 15 min 利用 pH 计定时监测溶液 pH，通过添加适量 HCl(37%)使溶液 pH 保持在 1.2～1.5 之间。提取结束后，3 份试样经 4 000 rpm 离心 10 min 后，准确吸取 1.0 mL 上清液，4 ℃保存待测定。

胃液提取结束后，其余 3 份试样不进行离心和收集上清液，直接进行下一步的肠液提取，即在离心管中加入 9 mL D 和 3 mL B 溶液，利用 1 mol/L NaOH 调节 pH 至 6.3 ± 0.5，37 ℃恒温震荡提取 4 h，期间定时监测溶液 pH，通过添加适量 HCl(37%)或 NaOH(1 mol/L)使溶液 pH 保持在 6.3±0.5。提取结束后，经 4 000 rpm 离心 10 min，准确吸取 1.0 mL 上清液，4 ℃保存待测。

得到的胃液和胃肠连续提取液，经 0.1 mol/L 进口 HNO_3 进行适当倍数的稀释后，利用电感耦合等离子体质谱仪测定消解液中重金属的含量。计算可提取的重金属的含量。每个样品进行 3 次平行测定。

5. 基于生物有效性的健康风险评价

在得到土壤/灰尘中重金属总含量和生物有效性数据后，计算经口腔摄入土壤/灰尘导致的成人和儿童重金属日摄入暴露剂量，并计算砷的致癌风险，评价日常生活周边室外和室内环境中重金属的健康风险。

五、数据处理

1. 土壤/灰尘中重金属总量
利用公式 36-1 计算土壤/灰尘中重金属的总含量。

$$C_T = \frac{C \times V}{W} \tag{36-1}$$

式中：C_T——土壤/灰尘中重金属的总含量，mg/kg；

C——消解液中重金属的含量，μg/L；

V——消解液的体积，L；

W——称取的土壤/灰尘质量，g。

2. 土壤/灰尘中生物可给部分重金属的含量
利用公式 36-2 计算土壤/灰尘中生物可给部分重金属的含量。

$$C_b = \frac{C_{ex} \times V}{W} \tag{36-2}$$

式中：C_b——土壤/灰尘中生物可给部分重金属的含量，mg/kg；

C_{ex}——提取液中重金属的含量，μg/L；

V——提取液的体积，L；

W——称取的土壤/灰尘质量，g。

3. 土壤/灰尘中重金属的生物可给行

生物可给行 IVBA(in vitro bioaccessibility)的计算公式为：

$$\text{IVBA}\,(\%) = \frac{C_b}{C_T} \times 100 \qquad (36-3)$$

4. 口腔摄入土壤/灰尘导致的重金属日摄入量

利用公式 36 - 4 计算经口腔摄入土壤/灰尘导致的重金属日摄入量。

$$\text{DI} = \frac{C_T \times \text{IR} \times \text{IVBA}}{\text{BW}} \qquad (36-4)$$

式中：DI——经口腔摄入土壤/灰尘导致的重金属日摄入量(μg/kg bw/d)；

IR——成人或儿童每日摄入的土壤/灰尘量，采用 50 和 100 mg/d 来计算；

BW——成人或者儿童的体重，采用 70 kg 和 16 kg 来计算。

5. 土壤/灰尘中砷的致癌风险

对于砷，可以利用公式 36 - 5 计算土壤/灰尘中砷的致癌风险。

$$\text{Cancer risk} = \text{DI} \times q \qquad (36.5)$$

式中：Cancer risk——致癌风险；

q——致癌风险因子，采用每 1 $\text{mg}^{-1}\ \text{kg}^{-1}\ \text{bw}\ \text{d}^{-1}$ 砷暴露会导致 25.7 癌症病例来计算。

六、注意事项

(1) 土壤/灰尘样品干燥后，务必充分混匀样品，尽量做到样品的均一性。

(2) 在利用硝酸和双氧水消解土壤/灰尘时，做好防护，避免强酸迸溅喷到皮肤和眼睛上。

(3) 在利用 SBRC 和 UBM 模拟胃液和肠液提取的过程中，定时监测土壤/灰尘悬浮液的 pH，若 pH 发生显著变化，及时调节溶液 pH 至规定值。

(4) 整个实验过程中，注意操作，避免引入人为污染。

七、思考题

(1) 试讨论同一体外方法的两种提取阶段即胃液和胃肠液连续提取测定的

重金属生物有效性的差异的机理。

（2）试讨论不同体外方法（SBRC 和 UBM）间生物有效性测试结果的差异。

（3）试讨论土壤/灰尘中不同重金属间生物有效性的差异。

（4）试讨论不同土壤/灰尘样品间重金属生物有效性的差异。

参考文献

［1］Li H B，Li M Y，Zhao D，et al. Oral Bioavailability of As，Pb，and Cd in Contaminated Soils，Dust，and Foods based on Animal Bioassays：A Review ［J］. *Environmental ence and Technology*，2019，53(18). 10545－10549.

［2］Li H B，Li M Y，Zhao D，et al. Arsenic，lead，and cadmium bioaccessibility in contaminated soils：Measurements and validations［J］. *Critical Reviews in Environmental Science and Technology*. 2019b，DOI：10. 1080/10643389. 2019. 1656512.

［3］Li H B，Li J，Juhasz A L，et al. Correlation of In Vivo Relative Bioavailability to In Vitro Bioaccessibility for Arsenic in Household Dust from China and Its Implication for Human Exposure Assessment［J］. *Environmental Science and Technology*，2014，48(23)：13652－13659.

［4］USEPA. In Vitro Bioaccessibility Assay for Lead in Soil. U. S. Environmental Protection Agency，Method 1340，2013.

［5］JECFA (Joint FAO/WHO Expert Committee on Food Additives). Safety evaluation of certain food additives and contaminants. WHO Food Additives Series No. 63，Prepared by the Seventy-second Meeting of JECFA. World Health Organization，Geneva. 2011.

（历红波　编写）

附 录

附录一　实验室安全与卫生须知

一、南京大学实验室安全守则

（1）实验室要严格遵守国家法律法规和学校规章制度，制定本实验室安全制度、操作规程和应急预案。

（2）实验室要设置专职或兼职安全管理人员，定期检查，对于违反操作规程或存在安全隐患的行为，应予以坚决制止，并做好必要记录。

（3）实验室要严格遵守国家环境保护工作的有关规定，不得随意排放废气、废水，不得随意丢弃废物，不得污染环境。

（4）实验室要落实防火、防爆、防盗、防辐射污染等方面的安全措施，并定期进行检查。

（5）剧毒、易燃易爆、放射性等有毒有害的物品，必须指定专人管理，严格按学校有关规定领用、存放和保管，使用时注意安全操作。

（6）严格按照有关安全规定使用气体钢瓶，不得随意摆放，违章操作。

（7）用电需确保安全，严禁乱接乱拉电线。

（8）实验室要严格执行准入制度，未经安全考核或考核不合格者不得进入实验室。

（9）实验人员必须保持高度的安全意识和责任感，熟悉实验室及周围环境，如水阀、电闸、安全门、灭火器及室外水源的位置。

（10）凡有危险性的实验必须两人以上进行。任课教师要讲清操作规程和安全注意事项，不得让非实验人员操作，实验人员不得擅离现场。

（11）下班时必须关闭电源（确因特殊需要不能关闭的必须做好安全防范）、水源、气源、门窗。最后离开实验室者要负责检查。

（12）出现意外事故时保持镇定，采取有效的自救措施及时逃生报警，如有可能，采取力所能及的控制措施。

（13）凡违反安全规定造成事故的，要追究个人责任，并予以严肃处理。

二、南京大学实验室卫生守则

（1）实验室内应该做到整体布局合理、设备摆放有序、地面干净整洁、窗户透明光亮、角落无蛛网无灰。

（2）实验室内各种仪器设备、各类物品应摆放整齐、合理，与实验室无关的物品禁止寄放在实验室。

（3）不在实验装置表面、墙面、门窗上乱贴乱挂各类通知、布告,室内各类指示标志和各项规章制度张挂整齐,保持墙面整洁。

（4）进入实验室的所有人员,必须整洁、文明、肃静,必须遵守实验室的各项规章制度。

（5）进入实验室的人员应避免将矿泉水等流体饮料带入实验室,严禁将食物带入实验室。

（6）实验室内严禁抽烟,不得随地吐痰、乱扔纸屑和杂物,要注意保持室内卫生及良好的实验环境。

（7）实验中产生的危险废物应按规定分类收集存放,严禁将废液直接倒入水池,严禁将实验垃圾与生活垃圾混放。

（8）参加实验操作的人员实验结束后,应打扫和整理各自的实验操作台,并将仪器设备、凳椅等复位。

（9）实验结束后,实验室管理人员应检查一下实验室的物品摆放位置及实验室的卫生情况,若有问题,应及时纠正。

（10）实验室工作人员应建立实验室卫生值班制度,定期对各自管理的实验室进行卫生大扫除,始终保持实验室有一个干净整洁的实验环境。

三、南京大学实验室学生实验须知

（1）严格遵守实验室的各项规章制度。

（2）学生实验之前应认真预习实验教材,了解本次实验的目的、原理、方法、步骤及注意事项,并把实验的目的和原理写在实验报告中。未曾预习者或无故迟到者,实验指导老师有权停止其实验。

（3）进入实验室后,不得高声喧嚣,不得随意串走,不得摆弄与本实验无关的仪器设备,不得在室内做与本实验无关的事。

（4）学生应以实事求是的科学态度来进行实验,严格遵守仪器设备使用操作规程,实验记录要求准确,不得抄袭他人实验数据,按时完成实验任务,写出实验报告。

（5）保持实验室的严肃、安静,不得在实验室内大声喧哗、嬉闹,不得在实验室内吸烟和饮食。

（6）学生实验应该严格遵守操作规程,服从实验指导人员的指导。如因违反操作规程或因不听从指导,而造成实验仪器设备损坏等事故,将按学校的有关规定,对肇事学生进行处理。

（7）实验过程中如发生故障,应立即向实验指导人员报告,以便及时处理。待故障排除后,方可继续进行实验。

（8）实验当以安全为首要前提,严防事故,如发现安全隐患或异常情况,应及时报告。

（9）实验完毕后,应将仪器、工具、药品、试剂等及时清理归还实验室,或按要求保管好。废液、废渣、废物不得随意倾倒,应集中在指定场所,由学校集中后统一处理。实验结束应打扫整理好实验场地,搞好清洁卫生工作。得到实验指导人员同意后,方可离开实验室。

四、实验室工作人员安全护理常识

（1）实验室应准备苏打水、稀硼酸水、纱布、药棉、绷带、创可贴、棉签、医用酒精、红药水、凡士林一类的应急救护物品。

（2）实验中人体一旦误触强酸、强碱一类腐蚀性化学试剂，特别是眼睛溅上了腐蚀性化学试剂后，应立即用清水冲洗，时间不少于 20 分钟，越快越好，冲洗之后，马上去医院就诊。

（3）如眼内进入固体化学物质，应用棉签将其粘出后，用清水冲洗，严重者应立即去医院就诊。

（4）实验中如人体某一部位被玻璃器皿或其他器物划破、戳伤或致伤，伤轻者可用温开水或生理盐水冲洗干净，酒精擦洗消毒后，用创可贴包扎，伤重者应简单压迫止血后，立即去医院就诊。

（5）实验中人体不慎被烫伤，应用清水喷淋；有水泡者，不要弄破水泡，待去除创面污物后，均匀涂抹凡士林，再用纱布外加脱脂棉均匀加压包扎；伤重者应立即去医院就诊。

（6）如果是工作人员触电，不能直接用手拖拉，离电源近的应切断电源，如果离电源远，应用木棒把触电者拨离电线，然后把触电者放在阴凉处，进行人工呼吸，输氧。

附录二　实验室常见仪器的使用与管理

环境化学实验的常用仪器有天平、分光光度计、离心机、pH计、培养箱、摇床、液相色谱仪、气相色谱仪等等。其中天平、分光光度计、离心机等是常用仪器。以天平为例,现在普及了电子天平,国产的电子天平如上海天平仪器厂等较为实用,国外合资企业或在中国组装的外国品牌的电子天平如梅特勒-托利多等学生机价格也很便宜。这些仪器价格适中,性能稳定,维修方便,越来越受到高校的欢迎。普通的电子天平使用比较简单,这里就不做介绍了,参见电子分析天平的重要注意事项。这里要提醒的是电子分析天平是精密的仪器,维护很重要,建议保持天平内的干燥清洁防止电子部分受潮或受到腐蚀,还要定期校准天平。离心机多选择实验室通用离心机,或简单小型的离心机,使用方便,维修简单。大型的离心机或能放很多样品的离心机对学生实验是不经济的。pH计种类繁多,要注意的是仪器的校准和电极的使用年限。其他常用仪器使用注意事项和操作规程如下。

一、电子分析天平

(1) 确认天平量程,严禁称量超过量程的物品。

(2) 称量过程中,不要随意移动天平,以免破坏天平的水平。

(3) 称量时请选择合适的器皿盛装被称量物,药品不得直接与天平托盘接触。

(4) 称量时轻拿轻放,保持天平的干净整洁,倘若不小心把药粉泼洒在天平内,一定要打扫干净。

(5) 称量结束后,关机。打扫干净实验台面,把天平的侧门及顶门关好,再盖上防尘罩,相关药品不能留在天平室,应放回原处。

(6) 天平要定期校准,及时更换干燥剂。若长时间不适用,关机后应拔下电源。

附表 2-1　实验室已有天平的规格

天平型号	量程/g	精确度/g
FA 1004	110	0.000 1
MP 502B	500	0.01
METTLER TOLEDO	320	0.01/0.001

二、日立 L-2000 高效液相色谱仪操作规程及注意事项

液相色谱操作简要流程:开机→联机→选应用程序→建立(修改)方法→建立(修改)样品表→采集数据→数据处理→清洗管路及色谱柱→关机。

视频 仪器学习

1. 开机

(1) 更换流动相，A 管路通有机相，B,C,D 水相通道需每次更换，洗针通道的洗针液（甲醇：水＝1：1）每次更换（洗针液使用前需超声）。

(2) 启动计算机，依次打开仪器的组织器、泵、自动进样器、柱温箱和检测器的电源。

(3) 双击桌面 D-2000Elite 图标，启动软件。

(4) 点击左侧第 7 个图标"系统状态"，在弹出窗口中点击左下角"初始化"。稍后，窗口内出现仪器型号、序列号等信息，表示联机成功。点击"确定"回到主界面。

(5) 点击左侧第 10 个图标"模块的详细信息"

① "泵"：点击"净化"，点击"启动净化"，净化流量"5 mL/min"，在泵上打开 purge 阀（逆时针旋转 90～180°，拧松），点击"确定"，依次点需要 purge 的管路即可（例如需要 Purge D 管路，则点 D），等待 4～5 min 确定管路中无气泡；点击"关闭净化"，拧紧 purge 阀（顺时针旋转至竖直），点击"关闭"。根据提示开/关 purge 阀。

② "进样器"：点击"冲洗口"，设置"清洗速度"（一般为 1～5）、"清洗次数"，其他不变。

③ "柱温箱"：设定"柱温"，点击"设定"。

④ "UV-VIS1"：在"灯"的模式中，选择所需的灯。

2. 方法样品表设定

(1) 点击左侧第 1 个图标"更改应用程序"，选择相应的测试项目，如"对硝基苯甲腈"。

(2) 方法设定

① 编辑已有方法：点击左侧第 2 个图标"方法设定"，进入方法选择窗口，做相应设定，另存。

② 新建方法：点击菜单栏中的"文件"，"新建"，选择新建"方法"。

③ 具体设定：点击"方法文件的结构"，选择梯度模式中的"低压"，检测器选择"L-2420"。

选择"方法文件信息"，修改"溶剂名"，修改方法当中允许的部分。

(a) 第一排图标（从第 3 个图标开始）

（i）泵的参数设置：流动相名称、比例、流速、梯度淋洗过程；Ctrl＋Delete 可删减过程。

（ii）柱温箱选项：设定"温度"。

（iii）"Ch1-Detector"检测器选项：设定"检测波长""采集时间"。

(b) 第二排图标

（i）计算方法：选择相应计算方法。

（ii）成分表：第 1 列为"保留时间"，可填可不填；第 2 列为"窗口宽度"；第 3 列为"组分名称"，必填。

（iii）浓度表：依次输入 Std1,Std2,Std3,Std4,… 各标样的浓度，选择单位。

（iv）波形处理参数表：允许调整，后续数据处理可再次修订。

（v）报告输出格式：选择"认定成分"；"每次进样编辑"，"确定"，点击菜单栏"文件"，"载入主画面"，选择"报告模板"，"打开"，"关闭"；"再处理"，选择"Reproc. xls"；"每次进样打印"前的√去掉。

注意:新建的方法要在菜单栏中的"文件"中保存。

3. 样品表设定

(1) 编辑已有样品表:点击左侧第 3 个图标"样品表设定",进入样品表选择窗口,选择已有样品表,修改,另存为以当前日期表示(如 20081027)的样品表。

(2) 新建样品表:点击菜单栏中的"文件","新建",选择新建"样品表"。

"设定信息"中需要改动的项目如下。

STD 样品(标准样品),UNK 样品(未知/待测样品):

① 标准曲线的级别(标样数)。

② 每个 STD 样品瓶的进样次数。

③ 每次循环中的 UNK 数(一次循环中的待测样品数)。

④ STD/UNK 的循环(测定 X 个样品需重复测定一轮标样)。

⑤ 每个 UNK 样品瓶的进样次数。

⑥ 进样量(μL)。

⑦ 第一个样品瓶的编号(第一个样品瓶放置的位置)。

(3) 待上述设定好,点击"追忆到表和图中",进入"编辑表"界面,做相应修改。

① 进样瓶编号。

② 进样量:一般为 10 μL,可根据情况修改。

③ 进样次数。

④ 待标准样品和待测样品的相应信息设定完毕,最后设一个清洗样品"EQU",进样量为"0",方法调用"WASH"。

4. 样品测定和数据处理

(1) 点击左侧第 4 个图标"数据采集"。按照样品表中的设定,把标准品、样品放到正确的样品瓶位置,如果基线漂移较大,可点击"噪音测试"按钮,待基线稳定 20 min 后,点击"系列开始"开始数据采集。

(2) 待数据完全采集结束后,点击左侧第 5 个图标"数据再处理"。这时可以在数据打开窗口进行数据"重命名"。

(3) 打开数据后,会看到一个"进样表",依次打开每一个图谱,看红色积分线是否积分合理,若不合理,在"波形处理参数表"中修改相应积分参数。

(4) 利用谱图上的操作键,在当前"成分表"中对相应的色谱峰标注"输出 RT",保存,也可修改"显示选项"。

(5) 选择所有的标准品数据,点"再计算",然后点"标准曲线",观察标准曲线。再选择相应样品数据,点"再计算",然后点"修改报告",观察结果。

5. 关机

(1) 测定、数据处理结束,先关闭"数据采集"窗口,点击"系统状态",点"切断",然后关闭软件及计算机。

(2) 依次关闭检测器、柱温箱、自动进样器、泵和组织器的电源。

(3) 收拾实验室台面,倒掉废液瓶中的废液。

6. 注意事项

（1）流动相要求：流动相使用前需选择不同滤膜过滤，或者直接使用色谱级的流动相；每次使用液相前，需确定好流动相使用量，补充或者换新的流动相，严防液相色谱仪运行过程中，流动相跑空；D 通道不允许使用有机溶剂；每次洗针液需重新配置（甲醇∶水＝1∶1），超声脱气。

（2）样品处理：采用过滤或离心方法处理样品，确保样品中不含固体颗粒；用流动相或比流动相（若为反相柱，则极性比流动相大；若为正向柱，则极性比流动相小）的溶剂制备样品溶液，尽量用流动相制备样品液。

（3）色谱柱：不要使纯水流经色谱柱；液相色谱仪使用完后，要保证色谱柱中最终为有机溶剂；如所用流动相为含盐流动相，反相色谱柱使用后，先用水或低浓度有机水（如 5％甲醇水溶液），再用甲醇冲洗；必要情况下，使用保护柱。

（4）如需要新建一个应用程序，则需在 D-2000Elite 软件关闭的情况下，点击桌面上 D-2000 Elite Administration 图标，选择“文件”，“新建”，“应用程序”，保存在相应目录下。

（5）样品测定：① 在数据采集过程中，在样品信息变成白色之前，样品表中可以随时添加样品，自动进样器的盘子当中必须在相应位置放入样品；② 样品测定时，可根据出峰情况，修改“采样时间”；③ 若样品测定时，人不在，需“使用静止”，关闭保护仪器。

（6）数据处理：

① 若数据没有完全采集完毕，也可以进行前面已采集数据的结果处理，但不能重新命名。这时打开当前数据，软件会有提示，意思是会生成一个临时文件 xxxx_001，点击“确定”即可。处理完毕，关闭当前数据时会有提示，这时应该点击“否”，删除这个临时文件。

② 由于不同浓度样品的情况不一，若仅通过修改积分参数无法使所有的数据都正确积分的话，可以对个别数据使用手动积分方法。具体操作可以使用鼠标拖动积分线两端至合适位置，然后点击菜单当中 Process Data→Save Manual Integration 即可。此手动积分操作仅针对当前数据有效。

三、UNICO UV-2350 型紫外可见分光光度计使用规程

视频 仪器学习

（1）提前 20 min 打开光度计电源开关预热，仪器会自动预热，预热结束后会提示是否系统校准，按上、下键选择“是”，仪器会自动校准。

（2）实验中常用的测定模式为基本模式，按“Enter”键进入即可，如需选择其他测量模式，按上、下键选中后，按“Enter”键即可。

（3）设置波长：按“SET λ”键，然后用数字键输入所需波长即可。

（4）将参比液放入第一格，待测溶液放入第二格，将参比液拉入光路，按“0Abs/100％T”键，仪器会自动较零，屏幕将显示 0.000A/100.0％T，然后将待测样品拉入光路即可读数。

（5）更换待测样品测量时，可将参比样品拉入光路，看吸光度是否为 0，如不是，按“0Abs/100％T”键，仪器会再次自动较零，将待测样品拉入光路，读数即可。

（6）向比色皿中添加溶液时，应先用蒸馏水清洗 2～3 次，再用溶液润洗 1～2 次，然后向比色皿中注入溶液，溶液的高度注至比色皿高度 2/3 处为宜。

（7）测定结束后，关闭光度计，将仪器擦拭收拾干净（注意比色皿应及时用蒸馏水清洗干净，放回比色盒），样品室放入干燥剂，关闭样品室门，登记使用情况。

四、岛津 UV‑1800 紫外可见分光光度计操作规程（190～1 100 nm）

（1）接通电源，打开计算机，按下光度计右侧电源开关"I"侧以打开电源。

（2）点击"开始"→"程序"→"Shimadzu"→"UVProbe 2.33"，或双击桌面上的"UVProbe 2.33"图标。

（3）当光度计初始化结束后（显示屏界面所有项显示"OK"），仪器没有密码，按"Enter"键进入程序，然后按"PC 控制"键，再点击控制软件上的"连接"，此时仪器由软件控制。

（4）在"窗口"菜单上，点击相应的模块进行操作。

（5）光谱扫描方式：两个样品槽都置入参比液，关严样品室，点击"自动调零"，执行完毕再点击"基线"，输入波长范围，点"确定"，仪器执行基线校正。将靠操作员一侧的空白样换成试样，关严样品室，点击"开始"，仪器执行扫描，保存数据。

（6）光度测量方式：点击绿色的"M"图标，编辑方法并保存，在标准表中输入样品 ID、浓度等，在样品表中输入样品 ID；将鼠标点到标准表，点击"读取 Std."，测定为标准系列，测定"读取 Unk"即得到未知样品的浓度。

（7）测量结束后，点击"断开"，按光度计上的"Return"按钮，退出软件，关闭计算机，按下 UV‑1800 右侧底部电源开关"○"侧以关闭仪器。

（8）测量过程中，勿将比色皿放到光度计上，所盛溶液不要超过比色皿体积的 2/3。

（9）清理台面，打扫室内卫生，经教师检查后方可离开。

五、日立 Z‑2000 原子吸收分光光度计操作规程

1. 火焰法

视频 仪器学习

（1）确认水、电、气，确认并安装元素灯，打开墙上的电源开关。

（2）先开启电脑，再打开主机电源。在电脑桌面上点击"AAS"图标启动软件。

（3）点击图标左侧 Monitor 图标，在屏幕右边可看到连接进度指示条显示仪器与电脑建立连接。约半分钟后，状态指示为：READY。

（4）点击 Method 图标，进入方法设置窗口。

（5）在 Methodsetup 下点击 Measurementmode，选择 Measurementmode 为 FLAME，Sample Introduction 为 Manual。其他项的内容根据需要填写。

（6）依次设置 Element 元素，Instrumentset（仪器设置条件），Analyticalcondition（分析条件），Standardtable（标准样品表），Sampletable（未知样品表），QC（质控），Reportformat（报告格式）等项目。其中：Instrumentset 中的灯设置需根据灯信息设置，Analyticalcondition 需根据日立火焰法手册中所测定元素的分析条件设置。

（7）点击 Vertify 图标，确认分析的条件。

（8）点击 Monitor 图标，在 Instrumentcontrol 下点击 Setconditions，稳定仪器 15 min。

（9）打开冷却水，空压机和乙炔气，打开通风机。（设置空气压力为 500 kPa/

5(kgf/cm²),乙炔压力为 90 kPa,水流量大于 0.5 L/min)

(10) 按面板上的红色点火按钮 FLAME ON/OFF。在每天的第一次将弹出要求检查气体泄漏,点击确认 Leak Test(Gas Controller)进行气路的检漏。在检漏结束后,再次按该按钮,火焰点燃。吸喷去离子水清洁雾化室 2 min。

(11) 点击 Ready 图标,准备开始测量。

(12) 点击 ◇ 图标根据状态条提示依次测量标样和样品(或者按仪器"START"键根据状态条提示测定标样和样品)。

(13) 测量结束后按 End 图标结束工作。

(14) 吸喷去离子水 15 min。

(15) 再次按面板上的红色点火按钮 FLAME ON/OFF 关闭火焰。关闭乙炔和空气以及冷却水,关闭通风机。清洁雾化室和燃烧头。

(16) 关闭软件、电脑和主机,关闭墙上电源,清理桌面,盖上防尘罩。

2. 石墨炉法

(1) 确认水、电、气。确认元素灯和石墨管已安装。

(2) 开启电脑,打开主机电源。在桌面上点击 AAS 图标启动软件。

(3) 点击 Monitor 图标,在屏幕右边可看到连接进度指示条显示仪器与电脑建立连接。约半分钟后,状态指示为:READY。

(4) 点击 Method 图标,进入方法设置窗口。

(5) 在 Methodsetup 下 Measurementmode,选择 Measurementmode 为 Graphite Furnace,Sample Introduction 为 Autosampler。其他项的内容根据需要填写。

(6) 依次设置 Element 元素,Instrumentset(仪器设置条件),Analytical condition(分析条件),Standard table(标准样品表),Sample table(未知样品表),Autosampler(自动进样器),QC(质控),Report format(报告格式)等项目。其中:Instrumen tset 中的灯设置需根据灯信息设置,Analytical condition 需根据日立石墨炉手册中所测定元素的分析条件设置。

(7) 点击 Verify 图标,确认分析的条件。

(8) 确认进样针已与石墨管口对齐。清洗进样针口,并确认进样管路内无气泡。

(9) 点击 Monitor 图标,在 Instrument control 下点击 Set conditions,稳定仪器 15 min。

(10) 打开冷却水,氩气。开启通风机。(设置氩气压力为 500 kPa,水流量大于 2 L/min)

(11) 点击 Instrument control 下 Maximum Heating 以清洁老化石墨管。

(12) 点击 Instrument control 下 Memorize Opt. Temp. Cont. Equation。

(13) 点击 ◇ 图标根据屏幕提示依次测量标准和样品。

(14) 测量结束后自动结束工作。

(15) 关闭氩气和冷却水,用无水酒精清洁石墨炉内。

(16) 点击数据图标,处理数据并打印报告。

(17) 退出程序,关闭主机电源和通风。

3. 注意事项

(1) 使用原子吸收分光光度计测定的液体样品,必须过 0.45/0.22 μm 滤膜过滤或高速离心以确认不含有颗粒物。

（2）使用火焰法测定，进样口未进样时应保持浸泡在超纯水中，测定样品时进样口需在液面以下。

（3）需保持冷却水的水量适当，设定温度与室温差应小于 5 ℃。

（4）火焰法测定，样品液量最少 1 mL；石墨炉法测定，样品液量应为进样瓶体积的 $\frac{1}{2}$ 以上。

（5）测定结束，要放掉压缩机内的空气，倒掉废液瓶中的废液。

六、安捷伦 7820A 气相色谱仪操作规程

1. 配置

（1）载气：N_2（高纯氮）。

（2）燃气：H_2（≥99.999%）。

（3）助燃气：空气。

（4）进样器：手动进样器，10 μL 进样针。

（5）色谱柱：毛细管柱，Agilent 19091J - 413 HP - 5 5% Phenyl Methyl Siloxane 325 ℃ 30 m×320 μm×0.25 μm。

（6）检测器：氢火焰离子化检测器（FID）、电子捕获检测器（ECD）。

2. 操作规程

（1）开机

① 开氮气，缓慢调节分压阀至 0.4 MPa。

② 配置进样口和检测器：打开柱温箱，将色谱柱安装到相应需要使用的进样口和检测器上。

③ 插上电源，依次打开电脑、GC 工作站。

④ 在电脑桌面上双击"7820A GC Remote Controller"，使电脑和 GC 工作站建立连接，双击"EZChrom Elite"图标，出现仪器配置界面，双击右侧"7820"，进入软件控制界面。

（2）设定方法

① 可根据提示选择"新建/修改"方法，或者在"文件"、"方法"中选择"新建/打开"方法。

② 设定，具体如下（无须改动的不列出）。

（a）配置

（ⅰ）模块："前进样口""后进样口""前检测器""后检测器"的气体都配置为 N_2，"前检测器"的"点火补偿"设为"2.0pA"。

（ⅱ）色谱柱：选择需要使用的"色谱柱""进样口""出样口""加热源"，与开机中的 2 一致。

（b）进样口：选择需要使用的进样口，在"SSL-前"/"SSL-后"界面中勾选"加热器"加热，并设定温度（<400 ℃）；勾选"载气节省"；"模式"可选择"分流/不分流"，设定分流比（10∶1~100∶1）。

（c）色谱柱：选择"说明"中需要使用的配置，设定"流速"（最优 $1\sim2$ mL/min）。

（d）柱箱：勾选"柱箱温度为开"，修改最高柱箱温度为色谱柱最大值，不勾选"覆盖色谱柱最大值"，设定恒温模式或阶升模式；

（e）检测器：选择需要使用的检测器，在"FID-前/uECD-后"界面中勾选"加热器"加热，并设定温度（FID<425 ℃，uECD<400 ℃）；勾选"尾吹流量"和"恒定柱流+尾吹"。

（f）信号：若使用前检测器，"信号源"选择"前部信号（FID）"，"数据采集频率/最小峰宽"选择"10 Hz/.02 min"，勾选"保存"。若使用后检测器，则分别选择"后部信号（uECD）""5 Hz/.04 min"。

③ 保存方法：若使用 FID 检测器，则在"检测器-FID-前"界面勾选"H2 流量""空气流量"及"火焰"，检测器会自动点火。在方法设置空白处，右击鼠标，选择"将方法下载到 GC"，则仪器开始预热。可以在远程控制面板观察仪器状态。

注：为了节约时间，可以先选定进样口、色谱柱、检测器，并设定温度，将设定信息下载到 GC，提前预热。

（3）测定样品

待基线走平，点击菜单栏上的"控制"，选择"单次运行"，出现提示框，编写数据文件名和保存路径，点击"开始"。当界面右下角状态条由黄色变为紫色，即可进样，按 GC 面板上的"START"键触发，运行。（进样量$\leqslant1$ μL）多个样品依次进行。

（4）关机

① 样品测定结束后，调用 shutdown 方法，使进样口、色谱柱、检测器开始冷却。待进样口和检测器温度不高于 50 ℃。

② 关闭软件窗口和远程控制窗口，关闭 GC、电脑，拔掉电源线，盖上防尘罩。

③ 关闭氮气钢瓶。

（5）数据分析

① 打开数据及显示设置：点击"文件""数据"，打开一张谱图。在谱图界面点击右键，可选择"轴设置""注释""外观"三个选项对谱图的显示进行更改。

② 分析：点击左侧"导航"菜单中的"积分事件"，根据需要的谱图信息做相应修改，并点击 ⚞ 图标。或者，在谱图界面点击右键，选择"图形化编程"中的项目做积分处理，点击 ⚞ 进行分析。修改形成的积分方法文件可另存在本方法上，这样用该方法测定得到的谱图均进行设定的积分处理。

③ 生成报告：点击工具条"报告"，选择"面积%"，可预览报告。点击"导航"菜单中的"自定义报告"，出现报告界面。右键，选择"导入报告"，选择"面积%"。打开后，做相应的修改，保存，并抄写数据。

（6）注意事项

① 样品需溶解在非极性有机溶剂中，需确认不含颗粒物，否则进行必要处理；测定前需确定与本机配置相符的检测条件。

② 开机时气体打开的顺序是 N₂、空气、H₂，关机时气体关闭的顺序是 H₂、空气、N₂，需保证 N₂ 在整个操作过程都是开着的，H₂ 和空气在使用 FID 检测器测定完样品后即刻关闭。

③ 进样时,手不要拿注射器针头,样品中不要有气泡(快打快抽可排除气泡)。取好样后应立即进样。进样时,注射器应与进样口垂直,针尖刺穿硅橡胶垫圈,插到底后迅速注入试样,完成后立即拔出注射器,同时迅速按下 GC 工作站的"START"键。每次进样保持相同速度。

④ 微量注射器是易碎器械,使用时应多加小心,不要随便玩弄,来回空抽,否则会严重磨损。注射杆较细,要注意不能使其弯折。注射器在使用前后都需用丙酮等溶剂清洗,以防污染。

⑤ 关机时,需确定进样口、柱温箱、检测器温度降到 50 ℃以下时(检测器温度可稍高),才可关闭 N_2。

七、pH 计使用规程及注意事项

1. 校准

(1) 用去离子水冲洗电极,吸水纸轻触吸干,将电极放入一种缓冲液中,并按"校准"键开始校准,校准和测量图标将同时显示,待显示屏固定显示 $\sqrt{}$,则示数稳定。

(2) 用去离子水冲洗电极,吸水纸轻轻接触吸干,将电极放入下一种校准缓冲液中,并按"校准"键,待示数稳定,按"读数"键后,仪表显示零点和斜率,同时保存该校准数据,然后自动退回到测量画面。

2. 注意事项

(1) 从冰箱中取出 pH 缓冲溶液,需在环境温度下稳定至室温再校准,校准后,应放置到冰箱中冷藏。

(2) pH 电极使用完后,需用饱和 KCl 溶液浸泡,防止电极干涸暴露于空气中。

(3) pH 电极不能长时间浸泡在中性或碱性溶液中,否则会使 pH 玻璃膜响应迟钝。

(4) pH 电极避免接触强酸强碱或腐蚀性溶液,如果测试此类溶液,应尽量减少浸入时间,用后仔细清洗干净。

(5) 避免在无水乙醇、浓硫酸等脱水性介质中使用,它们会损坏球泡表面的水合凝胶层。

八、TDL－5C 低速台式大容量离心机使用规程及注意事项

1. 使用规程

(1) 接通电源后,向上扳动离心机右侧开关闸。

(2) 按"选择"键在"设定转速"底面将出现灰色方框,再按"▽"键向下移动方框,移到需要修改的这一项,按"记忆"键,所选中的这项后面的参数底面将出现灰色方框。按"△"或"▽"键可以修改参数,修改完后按"记忆"键保存数据,灰色方框自动消失。再依次修改其他参数,按"记忆"键保存。

(3) 设定完参数,按"离心"键开始离心,离心结束自然减速,待完全停止,打开盖门取出样品。

2. 注意事项

(1) 实验完毕后将仪器擦拭干净,以防腐蚀。

　　(2) 离心管必须等量灌注、对称放置,不可在子不平衡状态下运转。

　　(3) 不能在机器运转过程中或转子未停稳的情况下打开盖门,以免发生事故。

　　(4) 除运转速度和运转时间及升降速时间外,机器的其他数据请勿随意更改以免影响机器性能。

　　(5) 转速设定不得超过转头的极限转速,以确保机器安全运转。

　　(6) 离心机一次运行不要超过最大运行时间。

　　(7) 如果发生仪器故障,需及时报告老师。

九、马弗炉使用规程

SXL 系列程控马弗炉

　　(1) 把需加热处理的物品放入炉内,关好炉门。

　　(2) 把电源开关向上扳至"On"处,此时控温仪上有数字显示。

　　(3) P0 表示程序段数,P1 表示温度,P2 表示时间,P3 表示此程序段的输出功率,按"SET"键依次切换,"△/▽"键增减变化,"◁"键移动设定数字的位数,对以上参数进行设置。参数设定后,长按"SET"键约 5 s 确认(否则 30 s 后程序自动退出,参数设定无效),按"◁"键启动程序,黄灯亮。

　　(4) 待程序走完,可按"◁"键提前关闭程序(自然冷却较慢),把电源开关拨至"Off"处,使用坩埚钳取出物品,小心烫伤。

　　(5) 需使用坩埚、瓷舟等耐高温容器盛装物品,并用铅笔做好标记;严禁通宵使用马弗炉。

十、XPA 系列光化学反应器使用规程

　　(1) XPA 系列光化学反应仪主要由四部分组成:主体箱、光源控制器、反应仪和低温循环水槽。

　　(2) 开始实验前,选择合适类型和功率的反应灯源,并安装好。

　　(3) 确认冷却水已接好,接通电源。打开总开关,总电源指示灯亮,此时出现报警声,慢慢打开冷却水龙头,直至报警声消除为正常水压。

　　(4) 旋转"灯功率选择"旋钮,选择对应的光源功率。

　　(5) 设定反应时间,总时间设定在控制面板左上方的计时器上进行;如要定时取样,需设定分时提示,在控制面板右上方的计时器上进行。

　　(6) 按下"旋转"按钮,打开主体箱门检查箱内反应仪是否正常工作,谨防水气路和线路缠绕。

　　(7) 打开"灯电源",按下"灯启动"键,灯点亮,这是总时间和分时间同时计时。

　　(8) 阶段提示时间到,蜂蜜器提示,可进行取样,总工作时间到,灯电源自动关闭。

　　(9) 反应期间,最好不要打开箱门,如确需打开箱门,请佩戴护目镜进行操作。

　　(10) 实验结束后,关闭仪器电源,关冷却水,清理台面,打扫室内卫生,经教师检查后方可离开实验室。

附录三　环境化学实验室常用试剂的使用与管理

"试剂"应是指市售包装的化学试剂或化学药品。用试剂配成的各种溶液应称为某某溶液或试液。但这种称呼并不严格,常常是混用的。

试剂标准化的开端源于 19 世纪中叶,德国伊默克公司的创始人伊马纽尔·默克(Emanuel Merck)1851 年声明要供应保证质量的试剂,并在 1888 年出版了伊默克公司化学家克劳赫(Krauch)编著的《化学试剂纯度检验》。在伊默克公司的影响下,世界上其他国家的试剂生产厂家很快也出版了这类汇编。我国的化学试剂标准分国家标准、部颁标准和企业标准 3 种,在这 3 种标准中,部颁标准不得与国家标准相抵触;企业标准不得与国家标准和部颁标准相抵触。

一、试剂的分类

试剂规格又叫试剂级别或试剂类别。我国试剂的规格基本上按纯度划分,共有高纯、光谱纯、基准、分光纯、优级纯、分析纯和化学纯 7 种。国家和主管部门颁布质量指标的主要是优级纯、分析纯和化学纯 3 种。

(1)优级纯,属一级试剂,标签颜色为绿色。这类试剂的杂质很低,主要用于精密的科学研究和分析工作,相当于进口试剂"G. R."(保证试剂)。

(2)分析纯,属二级试剂,标签颜色为红色。这类试剂的杂质含量低,主要用于一般的科学研究和分析工作,相当于进口试剂的"A. R."(分析试剂)。

(3)化学纯,属三级试剂,标签颜色为蓝色。这类试剂的质量略低于分析纯试剂,用于一般的分析工作。相当于进口试剂"C. P."(化学纯)。

除上述试剂外,还有许多特殊规格的试剂,如指示剂、生化试剂、生物染色剂、色谱用试剂及高纯工艺用试剂等。

环境化学实验中一般都用分析纯试剂配制溶液,较少使用化学纯试剂。标准溶液和标定剂通常都用分析纯或优级纯试剂。微量元素分析一般用分析纯试剂配制溶液,用优级纯试剂或纯度更高的试剂配制标准溶液。光谱分析用的标准物质须用光谱纯试剂(S. P.,spectroscopicpure),其中几乎不含能干扰待测元素光谱的杂质。不含杂质的试剂是没有的,即使是极纯粹的试剂,对某些特定的分析,不一定符合要求,在选用试剂时应当加以注意。不同级别的试剂价格有时相差很大。因此,不需要用高一级的试剂时就不用。

二、化学试剂使用及管理

环境化验实验所需的化学试剂及试剂溶液种类繁多,化学试剂大多数具有一定的度性及危险性,对其加强管理不仅是保证分析数据质量的需要,也是确保安全的需要。实验室用化学试剂共分 8 类:爆炸品,压缩气体和液化气体,易燃液体,易燃固体、自燃物品和遇湿易燃物品,氧化剂和有机过氧化物,有毒品,放射性物品,腐蚀品。化验室只宜存放少量短期内需用的试剂。化学试剂存放时应按照酸、碱、盐、单质、指示剂、溶剂、有毒试剂等分别存放时要分类,无机物可按酸、碱、盐分类;盐类试剂很多,可先按阳离子顺序排列,同一阳离子的盐类再按阴离子顺序排列,或可按周期表金属元素顺序排列,例如钾盐、钠盐等;有机物可按官能团分类,如烃、醇、酚、酮、酸等。另外也可以按应用分类如基准物、指示剂、色谱固定液等。强酸、强碱、强氧化剂、易燃品、剧毒品、易臭和易挥发试剂应单独存放于阴凉、干燥、通风之处,特别是易燃品和剧毒品应放在危险品库或单独存放。试剂橱中更不得放置氨水和盐酸等挥发性试剂,否则会使全橱试剂都遭污染。

1. 属于危险品化学试剂

(1) 易爆和不稳定物质:过氧化氢、有机过氧化物等。

(2) 氧化性物质:氧化性酸、过氧化氢等。

(3) 可燃性物质:除易燃的气体、液体、固体,还包括在潮气中会生成可燃气体的物质。如碱金属的氧化物、碳化钙及接触空气自燃的物质如白磷等。

(4) 剧毒物质:氰化钾、三氧化二砷等。

2. 实验室试剂存放要求

(1) 易燃易爆试剂应储存于铁柜中,柜的顶部有通风口。严禁在化验室存放20 L的瓶装易燃液体。易燃易爆试剂不要放在冰箱内(防爆冰箱除外)。

(2) 相互混合或接触后可以产生剧烈反应、燃烧、爆炸、放出有毒气体的两种以上的化合物称为不相容化合物,不能混放。这种化合物多为强氧化性物质与还原性物质。

(3) 腐蚀性试剂宜放在塑料或搪瓷的盘或桶中,以防因瓶子破裂造成事故。

(4) 要注意化学试剂的存放期限,一些试剂在存放过程中会逐渐变质,甚至形成危害物。醚类、四氢呋喃、二氧六环、烯烃、液体石蜡等在见光条件下若接触空气可形成过氧化物,放置越久越危险。乙醚、异丙醚、丁醚、四氢呋喃、二氧六环等若未加阻化剂(对苯二酚、苯三酚、硫酸亚铁等),存放期不得超过一年。

(5) 药品柜和试剂溶液均应避免阳光直晒及靠近暖气等热源。要求避光的试剂应装于棕色瓶中或用黑纸或黑布包好存于柜中。

(6) 发现试剂瓶上的标签掉落或将要模糊时应立即贴好标签。无标签或标签无法辨认的试剂都要当成危险物品重新鉴别后小心处理,不可随便乱扔,以免引起严重后果。

(7) 剧毒品应锁在专门的毒品柜中,建立双人登记签字领用制度。

三、一般试剂的配制和使用

试剂的配制,按具体的情况和实际需要的不同,有粗配和精配两种方法。

1. 试剂的粗配

一般实验用试剂,没有必要使用精确浓度的溶液,使用近似浓度的溶液就可以得到清单的结果。如盐酸、氢氧化钠和硫酸亚铁等溶液。这些物质都不稳定,或易于挥发吸潮,或易于吸收空气中的CO_2,或易被氧化而使其物质的组成与化学式不相符。用这些物质配制的溶液就只能得到近似浓度的溶液。在配制近似浓度的溶液时,只要用一般的仪器就可以。例如用粗天平来称量物质,用量筒来量取液体。通常只要一位或两位有效数字,这种配制方法叫粗配。近似浓度的溶液要经过用其他标准物质进行标定,才可间接得到其精确的浓度。如酸、碱标准液,必须用无水碳酸钠、苯二甲酸氢钾来标定才可得到其精确的浓度。这样的溶液可用粗配的方法

2. 试剂的精配

有时候,则必须使用精确浓度的溶液。例如在制备定量分析用的试剂溶液,即标准溶液时,就必须用精密的仪器如分析天平、容量瓶、移液管和滴定管等,并遵照实验要求的准确度和试剂特点精心配制。通常要求浓度具有四位有效数字。这种配制方法叫精配。如重铬酸盐、碱金属氧化物、草酸、草酸钠、碳酸钠等能够得到高纯度的物质,它们都具有较大的分子量,贮藏时稳定,烘干时不分解,物质的组成精确地与化学式相符合,可以直接得到标准溶液。

试剂配制的注意事项和安全常识,定量分析中都有详细的论述,可参考有关的书籍。

附录四　环境样品采集与保存

一、水样的采集和保存

为了能够真实反映水体的质量,除了分析方法标准化和操作程序规范化之外,特别要注意水样的采集和保存。首先,采集的样品要代表水体的质量。其次,采样后易发生变化的成分应在现场测定,带回实验室的样品,在测试之前要妥善保存,确保样品在保存期间不发生明显的物理、化学、生物变化。

采样的地点、时间和采样频率,应根据监测目的,水质的均一性,水质的变化,采样的难易程度,所采用的分析方法,有关的环境保护法规、条例、规范,以及人力、物力等因素综合考虑。

1. 环境水样的采集

(1) 样品容器的准备

样品容器必须是抗破裂、清洗方便、密封性均好,更为重要的是容器材质的选择应符合以下几条原则。

① 容器材质应化学稳定性好,不会释放出待测物质,且在贮存期内不会与水样发生物理、化学反应。

② 对光敏感的组分,应具有避光作用。

③ 用于微生物检验用的容器能耐受高温灭菌。

④ 测定有机及生物项目的贮样容器应选用硬质(硼硅)玻璃容器。

⑤ 测定金属、放射性及其他无机项目的贮样容器可选用高密度聚乙烯或硬质(硼硅)玻璃容器。

⑥ 测定溶解氧及生化需氧量(BOD_5)应使用专用贮样容器。

⑦ 容器在使用前应根据水样的测定项目和分析方法的要求,选择相应的洗涤方法清洗,避免洗涤剂残留干扰待测组分的测定。

(2) 河流采样断面和采样点的设置

① 采样断面的选择

在选择河流采样断面时,首先应注意其代表性,通常需要考虑以下情况。

(a) 污染源对水体水质影响较大的河段,一般设置三种断面:对照断面、控制断面和削减断面。

(ⅰ) 对照断面:反映进入本地区河流水质的初始情况。布设在进入城市、工厂排污区的上游,不受该污染区影响的地点。

(ⅱ) 控制断面:布设在排污区的下游及能反映本污染区污染状况的地点。根据河段被污染的情况,可布设一个或多个控制断面。

(ⅲ) 削减断面:布设在控制断面下游,污染物达到充分稀释与一定程度的自净。

　　(b) 在大支流或特殊水质的支流汇合之前,靠近汇合点的主流与支流上以及汇合点的下游(在已充分混合的地点)布设断面。

　　(c) 在流程途中遇有湖泊、水库时,应尽量靠近流入口和流出口设置断面。

　　(d) 一些特殊地点或地区,如饮用水源,生态保护区等应视其需要布设断面。

　　(e) 水质变化小或污染源对水体影响不大的河流,可仅布设一个断面。

　　(f) 避开死水及回水区,选择河段顺直、河岸稳定、水流平缓、无急流遄滩且交通方便处。

　　(g) 尽量与水文断面相结合。

　　(h) 出入国际河流、重要省际河流等水环境敏感水域,在出入本行政区界处应布设断面。

　　② 断面垂线与采样点设置

　　根据河流常年平均水面宽度,断面垂线一般按附表4-1规定设置:

附表 4-1

水面宽	垂线数	备　注
≤50 m	1 条(中泓)	① 垂线应设在过水断面内,避开岸边污染带
50~100 m	2 条(左右近岸 1/3 河宽处)	② 对无排污河流或有充分数据说明断面上水质均匀,可适当减少垂线数
>100 m	3 条(左中右)	

　　垂线上采样点应根据常年平均水深和水质情况,按附表4-2规定设置。

附表 4-2

水深	采样点数	备　注
≤5 m	一点(水面下 0.5 m 处)	① 水深不足 1 m,在 1/2 水深处
5~10 m	二点(水面下 0.5 m 与水底上 0.5 m)	② 有充分数据说明垂线上水质均匀,可适当减少点数
>10 m	三点(水面下 0.5 m,1/2 水深处及水底上 0.5 m 处)	

　　(3) 湖泊、水库采样断面和采样点的设置

　　① 在湖泊(水库)主要出入口、中心区、滞流区、饮用水源地、鱼类产卵区和浏览区等应设置断面。

　　② 注意排污口汇入处,视其污染物扩散情况在下游100~1 000 m处设置1~5条断面或半断面。

　　③ 峡谷型水库,应在水库上游、中游、近坝区及库尾与主要库湾回水区布设采样断面。

　　④ 湖泊(水库)无明显功能分区的,可采用网络法均匀布设网络大小依湖、库面积而定。

　　⑤ 湖泊(水库)的采样断面应与断面附近水流方向垂直。

　　(4) 海洋采样断面和采样点的设置

　　海洋污染调查布点,应考虑以下原则:

　　① 一般近岸较密,远岸较疏。在主要入海河口、大型厂矿排污口、渔场和养殖场、重点风

景游览区、海上石油开发区较密,对照区较疏。

②采样点力求形成断面,如断面与岸线垂直,河口区的断面与径流扩散方向一致或垂直,开阔海区纵横面呈网格状,港湾断面则视地形、潮流、航道的具体情况布设。

布点方法可分为:方格状布点,海上污染源不很集中,而是沿岸均有分布,可采用棋盘式方格布点;扇形布点,有主要污染河流入海,污染呈辐射状由沿岸入海河口向近海扩散,可围绕一个中心,沿若干条辐射线作扇形布点;重点区域布点,对有污染源的入海河口及港口可加密采样点,一般两点之间不超过 500 m。

(5) 采样器的选择

水样采集应尽可能选择符合技术要求的采样器。采样器应有足够强度,且使用灵活、方便可靠,与水样接触部分应采用惰性材料,如不锈钢、聚四氟乙烯等制成。采样器在使用前,应先用洗涤剂洗去油污,用自来水冲净,再用 10% 盐酸洗刷,自来水冲洗洁净后备用。根据当时当地情况,可选用以下类型的水质采样器。

①桶、瓶等简单容器采样器,可采集表层水,一般把采样器沉至水面下 0.3~0.5 m 处采集。

②直立式采样器,适用于水流平缓、水深较浅的河流、湖泊、水库的水样采集。

③横式采样器,与铅鱼联用,用于水深流急的河流水样采集。

④有机玻璃采水器,由桶体、带轴的两个半圆上盖和活动底板等组成,主要用于水生生物样品的采集,也适用于除细菌指标与油类以外水质样品的采集。

⑤自动采样器,利用定时关启的电动采样泵轴取水样,或利用水面与表层水面的水位差产生的压力采样,或可随流速变化自动按比例采样等。此类采样器适用于采集时间或空间混合积分样,但不适用于油类、pH、溶解氧、电导率、水温等项目的测定。

(6) 地下水的采样井布设与采集

①在布设地下水采样井之前,应收集本地区有关资料,包括区域自然水文地质单元特征、地下水补给条件、地下水流向及开发利用、污染源及污水排放特征、城镇及工业区分布、土地利用与水利工程状况等。

②在下列地区应布设采样井:以地下水为主要供水水源的地区,饮用型地方病(如高氟病)高发地区,污水灌溉区、垃圾堆积处理场地区及地下水回灌区,污染严重区域等。

③平原(含盐地)地区地下水采样井布设密度一般为 1 眼/200km²,重要水源地或污染严重地区可适当加密;沙漠区、山丘区、岩溶山区等可根据需要,选择典型代表区布设采样井。

④采样井布设方法与要求为:一般水资源质量监测及污染控制井根据区域水文地质单元状况,视地下水主要补给来源,可在垂直于地下水流的上方向,设置一至多个背景值监测井;根据本地区地下水流向及污染源分布状况,采用网格法或放射法布设;多级深度井应沿不同深度布设数个采样点。

(7) 废水样品的采集

首先要调查生产工艺,废水排放情况,然后按以下原则确定采样点位置。

①在车间或车间设备出口布采样点,目的是监测一类污染物,如汞、镉、砷、铅和各种有毒有机物。

② 在工厂排污口布点,目的是监测二类污染物,如悬浮物、硫化物、挥发酚、石油类、铜、锌、氟、苯胺类等。

③ 在废水处理设施的进水处和出水处布点,掌握排水水质和废水处理效果。

(8) 采样频率

① 河流采样时间与频次应符合以下要求:

(a) 大流域主要河流干流和全国重点基本站等,采样频次每年不得少于 12 次,每月中旬采样。

(b) 一般中小河流基本站采样频次每年不得少于 6 次,丰、平、枯水期各 2 次。

(c) 流经城市或工业区污染较为严重的河段,采样频次每年不得少于 12 次,每月采样 1 次。在污染河段有季节差异时,采样频次与时间可按污染季节和非污染季节适当调整,但全年监测不得少于 12 次。

(d) 供水水源地等重要水域采样频次每年不得少于 12 次,采样时间根据具体要求确定。

(e) 河流水系的背景断面每年采样 3 次,按丰、平、枯水期各 1 次,交通不便处酌情减少,但每年必须有 1 次。

② 湖泊(水库)采样频率和时间应符合以下要求:

(a) 设有全国重点基本站或具有向城市供水功能的湖泊(水库),每月采样一次,全年 12 次。

(b) 一般湖泊(水库)水质站全年采样 3 次,丰、平、枯水期各一次。

(c) 污染严重的湖泊(水库),全年采样不得少于 6 次,隔月一次。

③ 同一河流(湖泊、水库)应力求水质、水量及时间同步采样。

④ 在河流、湖泊(水库)最枯水位和封冻期,应适当增加采样频次。

⑤ 地下水的采样时间与频次应符合以下要求:背景井点每年采样一次;全国重点基本站点每年采样两次,丰、枯水期各一次;地下水污染严重的控制井,每季度采样一次;在以地下水作生活饮用水源的地区每月采样一次;专用监测井按设置目的与要求确定。

2. 水样的保存

水样采集后,应尽快分析,如放置过久,则水中某些成分会发生变化,供理化分析用的水样允许存放时间为:洁净水,72 h;轻度污染水,48 h;污染水,12 h。不能及时运输或尽快分析的水样,则应根据不同监测项目的要求,采取适宜的保存方法。

附表 4-3　常用水样保存技术

	待测项目	容器类别	保存方法	可保存时间	建议
物理与化学分析	pH	P/G			现场直接测试
	酸度/碱度	P/G	在 2 ℃~5 ℃暗处冷藏	24 h	水样注满容器
	嗅	G		12 h	
	电导率	P/G	在 2 ℃~5 ℃冷藏	24 h	
	色度	P/G	在 2 ℃~5 ℃暗处冷藏	24 h	

待测项目		容器类别	保存方法	可保存时间	建议
物理与化学分析	悬浮物	P/G			单独定容采样
	浊度	P/G			现场直接测试
	臭氧	G			
	余氯	P/G	NaOH 固定	6 h	最好现场分析
	二氧化碳	P/G		24 h	水样注满容器
	溶解氧		现场固定并存放暗处		碘量法加 1 mL 1 mol/L 硫酸锰溶液与 2 mL 1 mol 碱性碘化钾
	油脂/油类/碳氢化合物/石油及衍生物	G	现场萃取冷冻至 −20 ℃	24 h 数月	
	离子型表面活性剂	G	在 2 ℃~5 ℃下冷藏硫酸酸化至 pH<2	48 h	
	非离子型表面活性剂	G	加入 40%（体积分数）的甲醛，使样品含 1% 甲醛，在 2 ℃~5 ℃冷藏	1 个月	水样注满容器
	砷	P/G	加 H_2SO_4，使 pH<2 加碱调节使 pH=12	数月	不能用硝酸酸化
	硫化物	G	每 100 mL 水样加 2 mL 2 mol/L 醋酸锌溶液，再加 2 mL 2 mol/L NaOH 溶液并冷藏	24 和	必须现场固定
	总氰化物	P	用 NaOH 调节，使 pH>12	24 h	
	高锰酸钾指数/化学需氧量	G	在 2 ℃~5 ℃暗处冷藏加 H_2SO_4，使 pH<2	尽快 1 周	
	生化需氧量	G	在 2 ℃~5 ℃暗处冷藏	尽快	
	凯氏氮、氨氮	P/G	加 H_2SO_4 酸化，使 pH<2，并在 2 ℃~5 ℃冷藏	尽快	

待测项目		容器类别	保存方法	可保存时间	建议
物理与化学分析	硝酸盐氮	P/G	酸化至 pH<2,并在 2℃～5℃冷藏	尽快	
	亚硝酸盐氮	P/G	在 2℃～5℃冷藏	尽快	
	有机氯农药	G	在 2℃～5℃冷藏	一周	
	有机磷农药	G	在 2℃～5℃冷藏	24 h	
	酚	P	用 $CuSO_4$ 抑制生化作用,并用 H_3PO_4 酸化,或用 NaOH 溶液调节使 pH>12	24 h	
	叶绿素 a	BG	在 2℃～5℃冷藏,过滤后冷冻滤渣	24 h 一个月	
	汞	P/G		2 周	
	镉、铅、铜、铝、锰、锌、镍、总铁、总铬	P/BG	硝酸酸化使 pH<2	1 个月	
	六价铬	P/G	用 NaOH 调节,使 pH=7～9		
	钙、镁、总硬度	P/BG	过滤后滤液酸化,使 pH<2	数月	酸化时不要用 H_2SO_4
	氟化物	P	中性样品	数月	
	氯化物	P/G		数月	
	总磷	BG	用 H_2SO_4 酸化,使 pH<2		
	硒	G/BG	用 NaOH 调节,使 pH>11	数月	
	硫酸盐	P/G	在 2℃～5℃冷藏	一周	

续　表

	待测项目	容器类别	保存方法	可保存时间	建议
微生物与生物学分析	细菌总数/大肠菌总数/沙门氏菌等	灭菌容器G	在2℃～5℃冷藏	尽快	
	鉴定和计数:底栖类无脊椎动物	P/G	加入70%(体积分数)乙醇或加入40%(体积分数)中性甲醛使水样含2%～5%的甲醛或转入防腐溶液,含70%乙醇、40%甲醛与甘油(体积分数),比例为100∶2∶1	1年	
	浮游植物浮游动物	G	加40%(体积分数)甲醛,成为4%(体积分数)的福尔马林溶液,或1份体积样品加入100份卢戈耳溶液	1年	卢戈耳溶液:150 g KI,100 g I₂,10 mL乙酸配成水溶液

注:P—聚乙烯;G—玻璃;BG—硼硅玻璃。

二、底质(沉积物)样品的采集和保存

1. 布点

底质调查往往是与水质调查同时进行的,因此,其布点方法基本可参考水质的布点原则。但底质采样时还要考虑沉积环境与水力学的关系。一般来说,在水流急的地方,水力搬运强,沉积物少且颗粒较粗。在水流缓慢的地方,水力搬运弱,沉积物多,颗粒较细,吸附能力强,污染的程度也可能较重,这点在分析底质污染时必须特别注意。

采样点的数目根据底质污染调查的要求而定。如作概况调查,河流在排污口下游50～1 000 m的范围内,视水流及淤泥堆积情况由密而疏地设置5～10个采样点。对海域和湖泊来说,按调查范围的大小和污染程度均匀地设置若干个有代表性的采样点,但在排污口附近密度应加大。如作详细调查,河流应在排污口下游按10～50 m的方格布点,海洋与湖泊则按300～500 m的方格网设置采样点,河口淤泥区采样点也应加密。

2. 底质(沉积物)的采样

底质采样方法有表层采样和柱状采样。采集表层底泥的工具有蚌式采泥器和三角筒采泥器。

(1) 蚌式采样器

它是一对蚌斗式的铁勺,以绳子挂于活钩上,采样时将采泥器沉于水底,当铁勺与水底接

触后,放松挂绳,活钩即自行脱落。当向上提拉时,绳即将铁钩拉紧,因重力关系,铁勺自行夹拢,使底泥夹在勺中。多余的水由铁勺的小孔流出。待拉离水面后,将底泥倾入一定容器内。蚌式采泥器适宜采集表层松软的底质。

（2）三角筒采样器

它是由不锈钢制成的三角筒,筒口呈向外倾斜的锯齿,三角筒采样器是在船低速航行时以拖曳的方式刮取表层样品。三角筒采泥器适用于沙质底泥及淤质底泥的取样,采样深度为数厘米。

（3）柱状采样器

适用于采集海底或湖底以下一定深度的柱状样品,在海洋调查中广泛采用的是重力活塞采样器。采样时,用绞车使采样器以常速降至离海底 3～5 m 处,然后全速降至海底,立即停车。此后再慢速提升,离底后快速提至水面。测量样管打入沉积物中的深度,然后把样分层按顺序放在样板上,待用。

3. 样品的处理及保存

（1）将一部分湿样装入 150 mL 的广口瓶中,加入少量 10% 醋酸锌溶液,放入冰箱保存,以备分析硫化物。

（2）一部分试样盛入 500 mL 广口瓶或塑料袋中,置冰箱内,以备其他污染物分析用。

（3）将湿样放入搪瓷盘中,在室内常温下风干,或放入 40 ℃～60 ℃恒温箱中烘干,冷却后,磨碎,装入广口玻璃瓶中作分析用。

（4）当样品不能立即进行分析,可用如下方法进行风干贮存:用离心机或滤纸过滤脱水,脱水后的样品放入搪瓷盘或玻璃皿中铺成薄层,置于通风处风干。风干样品,先用硬木棍碾碎,然后用玛瑙研钵研细,过 100 目尼龙筛,置于事先编号的广口瓶中备用。

（5）柱状样品,用不锈钢刀按 10 cm 长切成削段,将样柱表面刮去,并沿纵向剖成三份,按表层样的相应方法处理。

三、大气样品的采集和保存

1. 采样点的布设

大气污染监测的目的,一是进行大气污染现状的环境监测,又称常规监测;二是了解污染影响的监测,简称污染源监测。

（1）常规监测的布点

① 功能分区布点法:一个城市或一个区域可以按功能分为工业区、居民区、交通稠密区、商业繁华区、文化区、清洁区、对照区等,一般多数点布设在工业区。其次是交通稠密区,对照区至少设 1～2 个点,其他区可根据实际情况确定。功能区布点便于分析污染原因与环境质量的关系。

② 方格坐标平均布点:这种布点适宜于平原城市或区域大气污染调查。每个方格为正方形,可先在地图上均匀描绘。实地面积视所测区域的大小和调查精度,一般为 1～9 平方公里设一方格,采样点在方格中央,也可设在方格的角上[附图 4-1(a)]。

常规监测的采样点一旦定下来后,就要相对稳定,一般不再改变地点。如要更换原来样点,一定要有足够的对照实验,以求得新、老点之间的显著性差异及相关系数,确保资料的可比性。

(2) 污染源监测的布点

污染源监测的布点一般有同心圆布点、扇形布点和叶脉布点。同心圆布点是以污染源为原点,呈小于45°夹角的射线上采样[附图 4-1(b)]。扇形布点是以污染源为顶点,在污染源下风方向半圆内划分小于30°夹角的射线上布点,上风向设对照点[图 4-1(c)]。叶脉形分布点要严格选择主导风向与主方向一致,并在污染源上风向布设1~2个对照点[附图 4-1(d)]。

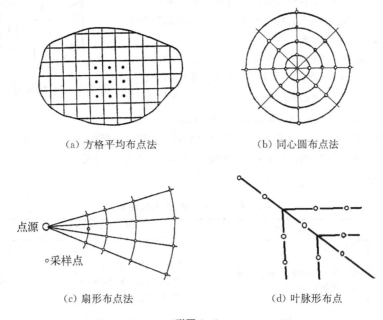

(a) 方格平均布点法　　　　　　(b) 同心圆布点法

(c) 扇形布点法　　　　　　(d) 叶脉形布点

附图 4-1

2. 大气样品的采集

(1) 按空气污染防治要求,颗粒物可分为如下几类。

① 降尘:大气中粒径大于 10 μm 的固体颗粒称为降尘。降尘采样分短期(连续一周)采样和长期(连续 1 个月)采样。短期采样用培养皿或铝薄板。长期采样用集尘罐,它是一个直径大于 15 cm,高度为 30~40 cm 的玻璃、塑料或不锈钢圆筒。筒内装有滤膜(干法)或吸收溶液(湿法)。采样时把集尘罐放在 1.5 m 高的支架上,将支架置于离地 5~15 m 高处,以收集降尘。

② 总悬浮颗粒物(TSP):用标准大容量颗粒采样器(流量为 1.1~1.7 m³/min)或中流量采样器(流量为 0.05~0.15 m³/min)在滤膜上所收集到的颗粒物的总量。其粒径,绝大多数在 100 μm 以下,其中多数在 10 μm 以下。它是分散在大气中的各种粒子的总称,也是目前大气质量评价中的一个通用的重要污染物指标。采样时采集器被放置在具有三角形盖子的方形金属筒中(附图 4-2),玻璃纤维编织的滤纸上收集飘尘的总量最好在 2~70 μg/m³ 之间。

③ 飘尘(IP)：飘尘指大气中粒径小于 10 μm 的颗粒物，它能在大气中长期悬浮而不沉降，并能随呼吸进入人体。飘尘通常使用带有 10 μm 以上的颗粒物切割器的大容量采集器来采集，一次采样时间一般为 24 h。

(2) 气体(气态、蒸汽污染物及雾态气溶胶)采样

① 直接采样法：用容器(玻璃瓶、塑料袋、橡皮球胆、注射器等)直接采集含有污染物的空气。这类方法适用于大气中污染物浓度较高，且不易被固体吸附剂或液体吸收剂所吸附的气体。用此法测得的结果为大气中污染物的瞬时浓度或短时间内的平均浓度。

② 富集采样法：使大量空气通过固体吸附剂或液体吸收剂，以吸收阻留污染物，把原来大气中浓度较低的污染物富集起来。这类方法测得的结果是采样时间内的平均浓度。按富集方法不同可分为固体吸附法和溶液吸收法。

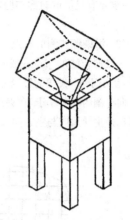

附图 4-2　大流量采样器

(a) 固体吸附法：一些气体、液体或液体中溶解质吸附在固体物质的表面，属于这类固体物质的有活性炭、硅胶、活性铝土和分子筛等。固体吸附剂的性能列于附表 4-4。该法适宜于采集挥发性气体。

附表 4-4　各种吸附剂的性能

吸附剂	制备和性能	吸附气体种类
活性炭	由坚实材料(椰壳)烧制成碳，具有很强的吸附能力	醋酸、二硫化碳、苯、盐酸、氨、二氧化硫、四氯化碳、丙酮、乙醇、乙醛、氯仿、甲酸，在低温下还能吸附惰性气体
硅胶	由硅酸胶体溶液凝结而成，或硬化了的多孔二氧化硅玻璃状体	硫化氢、二氧化硫和水汽
活性铝土	多孔颗粒状吸附剂	通常与化学试剂同时起作用
分子筛	孔径均匀，一定大小的气体分子通过才能被吸收	二氧化碳、乙炔、二氧化硫

(b) 溶液吸收法：使空气样品以气泡形式通过溶液，以增加接触面积，采样效率由气泡大小、气泡通过溶液的时间或样品通过溶液的流量、溶液浓度、反应速度来决定。一般吸收液浓度大，气泡小，气泡通过溶液时间长能使气体与溶液充分反应，提高采样效率。

提供这种采样方法使用的吸收管有以下几种类型：普通气泡吸收管[附图 4-3(a)]、多孔玻璃板吸收管[附图 4-3(b)]、小型冲击吸收管[附图 4-3(c)]、螺旋吸收管[附图 4-3(d)]和泡沫填充吸收管[附图 4-3(e)]。这些吸收管都具有较好的性能，吸收效率可达 90%，它

们的性能见附表 4-5。

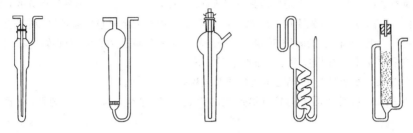

　(a) 气泡吸收管　(b) 多孔玻板吸收管　(c) 冲击式吸收　(d) 螺旋吸收管　(e) 泡沫填充吸收管

附图 4-3

附表 4-5　几种常用吸收管性能

吸收管类型	吸收溶液体积/mL	采样流量/(L/min)	备注
普通气泡吸收管	5~10	0.1~1	简单,气流接触时间短
多孔玻璃吸收管	5~10	0.2~1	易使用,气流接触好
小型冲击式吸收管	5~10	1~3	——
螺旋吸收管	5~10	0.05~0.5	低流量有效
微球填充柱吸收管	5~10	0.5~2	低流量效果好,阻力可变

　　对于空气分析来说,最好的吸收容器是多孔玻璃板吸收管,因为气体经过多孔玻板后形成很小的气泡,大大增加了气流接触面积,从而提高了吸收效果。

　　3. 大气样品的保存

　　大气采样后,一般要求立即分析,否则应将样品收入 4 ℃的冰箱中保存。对于吸收在采样管中的富集样品,封闭管口,在长时期内成分可保持不变。如用活性炭采集空气中的苯蒸气,2 个月内含量稳定不变。近年来,此法已被视为标准管气体样品的制备、保存和传递的有效方法。

四、土壤及背景值样品的采集和保存

　　1. 采样点的布设

　　从环境保护角度出发,可从两方面来研究土壤:一是研究污染地区的土壤,二是研究区域土壤各种组分的背景值。它们在布点方面的要求有些不同。

　　(1) 污染区土壤布点

　　为了解土壤中污染物的含量分布,在了解污染源、污染方式以及污染历史和现状的基础上,全面考虑土壤类型、成土母质、地形、植被和农作物等情况后布设采样点。采样点的布设方式有对角线法、梅花形法、棋盘式法和蛇形法等。如田块不大,形状规则,面积在 2~3 亩以内,常用对角线法和梅花形法布点。如田块形状不规则,地形有变化,或面积较大,可用棋盘法或蛇形法,力求采样点分布能代表主要土壤类型及其污染程度。

（2）土壤背景值调查布点原则

土壤背景值是指一个较大地区内具有代表性的、未受污染的土壤类型各种组分的自然含量。因此，调查布点时，首先要在1∶500 000地形图上划出土壤调查区域范围，利用土壤图件估计每种土类（或亚类）的面积，确定布点网络的大小和每种土类大致布点数，并在图上标上预定的采样点，按一定顺序编号。布点原则如下：

① 以主要土壤类型为主，考虑成土母质及地貌单元的不同。

② 使所布点位对相同土类具有尽量大的代表意义，注意点位相对均匀性，剖面的典型性。

③ 根据各主要土类所占面积比例大小确定采样点多少。

④ 力求远离已知的污染源。

⑤ 满足统计学需要，布点时主要考虑土类，也可布点到亚类甚至土属，但样点不少于5～10个。

2. 样品的采集

采集土壤样品进行化学和物理分析测定，为土壤污染的调查和研究提供基础数据。土壤样品的代表性与采样误差的控制直接相关。

（1）采样点

在了解污染源、污染方式以及污染历史和现状的基础上，全面考虑土壤的类型、成土母质、地形、天然植被或农作物等情况安排采样点。同时要采集未受污染的土壤作为对照。

污染物在土壤中的分布，既有因距离污染源的远近而引起的水平差异，还有因时间和其他因素的不同而造成的垂直差异，因而还要根据土壤剖面层次分层采集土样。土壤剖面分层要考虑到各类土壤的发生层次，并考虑土壤不同的机械组成、结构、有机质含量等，选择最有代表性的、均匀的层次部位采集土样。有时为了完整地反映污染物在剖面中的分布特点，采取连续采样法。例如表层土以每5 cm为一单元分层，心土和底土以每5或10 cm为一单元分层，进行连续采样。一般先取底层土样，再向上逐层取样。

采集土壤样品的时间和数量，视采集的对象和目的而定。如为测定某种农药残留量，要在当年施用这种农药前采集，或者在作物成熟时，与植物样品同时采集。由于研究目的的不同，对土壤样品的采集也有不同的要求。如研究土壤物理性质，要求采取原状土样，即所采土样应保持其自然结构和水分状态。研究土壤水分和农作物产量的关系，要求在各个生长期采集深2～3 m处的土壤样品。为研究土壤形态特征，要求采样层次间界线清楚，能观察到各发生层的结构、质地、新生体、地下水位等。研究土壤化学性质用的土样，只要求在特征深度处能采到足够数量（如1～2 kg）的样品，而不必保持原来的形状。

（2）采样器

土壤采样器有许多种类，采样方法随采样工具而不同。常用的采样工具有3种类型：小土铲、环刀和普通土钻。

采集农地或荒地表层土壤样品，可用小型铁铲。土铲在任何情况下都可使用，但比较费工，多点混合采样，往往嫌它费工而不用。研究土壤一般物理性质，如土壤容重、孔隙率和持水特性等，可利用环刀。环刀为两端开口的圆筒，下口有刃，圆筒的高度和直径均为5 cm左右。最常用的采样工具是土钻。土钻分手工操作和机械操作两类。手工操作的土钻式样甚多，有采集浅层土样的矮柄土钻，观察 1 m 左右土层内剖面特征的螺丝头土钻，后者进土省力，尤其适用于观察地下水位变化，但采集土样量小。采集供化学分析或不需原状土的物理分析用的土样时，用开口式土钻。采集不破坏土壤结构或形状的原状土样，用套筒式土钻。机械采土钻由马达带动，使钻体进入一定深度的土壤，然后将土柱提上，平放观察，按需要切割采样。土柱直径可以用不同直径的钻体控制，如 5 cm，10 cm 或更粗。机械钻效率高，可节省人力，但不及手工钻灵活、轻便。

土壤样品的采集根据分析目的不同而有差异。如果是研究土壤背景值，需按土壤发生层次采样。在选好的土壤剖面位置下，挖 1 m×1.5 m 长方形土坑，深度要求达到母质。然后根据颜色、结构、机械组成、有机质含量等划分发生层次。用小土铲在最有代表性的均匀层次部位，自下而上逐层取样。如为了研究大气颗粒物对附近耕地的影响或土壤农药残留量，一般取耕作层 20 cm 左右的土壤，也可采到犁底层。

不同取土工具带来的差异主要是由于上下土体不一致造成的。这也说明采样时应注意采土深度、上下土体保持一致。所有土样都要在标签上记录采样地点、土壤类型、采样深度、采样日期等。

3. 样品的制备

除了测定游离挥发酚等项目需用新鲜土样外，多数项目需用风干土样。把野外采回的土样，倒在塑料薄膜或纸上，在半干状态把土块压碎，除去残根等杂物，铺成薄层，在阴凉处使其慢慢风干。

风干土样用硬木棍碾碎，研碎土样时，只能用木棍滚压，不能用榔头锤打。土样用硬木棍碾碎后，过 2 mm 尼龙筛，大于 2 mm 沙粒应计算其占整个土样的百分数。将小于 2 mm 的土样，反复四分法取样，样品进一步用玛瑙研钵研细，通过过 100 目尼龙筛，装入广口瓶中备用。

五、生物样品的采集和保存

1. 水生生物采样

水体受到污染后，引起水体中各种理化因子的变化，从而影响到生态系统的改变。因此，分析水体中水生生物的种类、数量组成，可以评价水体污染的程度。

(1) 浮游生物

① 采样工具

网具：浮游生物网有定性网和定量网。定性网由黄铜环及缝在环上的圆锥形筛绢网袋构成，末端有一浮游生物集中杯。网袋有三种规格分别为 25♯，20♯ 与 13♯。25♯ 网适用于拖取个体较小的浮游生物，网孔大小为 0.064 mm；13♯ 网用以拖取大型甲壳类浮游动物，网孔大小为 0.112 mm；一般情况下，采用网孔大小为 0.079 mm 的 20♯ 网具即可。

定量网的网前端有两个金属环，前小后大，两环间有一圈帆布，称为上锥部，其功能是减少由于拖网时浮游生物向外流失。此外，网身较定性网略长些。

采水器：定量采集除用定量网外，还需采集水样以测定水中浮游生物。采水器与河流、湖泊水样相同。

② 采样方法

定性采样:用筛绢网在观测点进行水平拖取。如在较大水体采样时,先把网束缚于船上,以慢速拖拽,时间一般为 10~20 min。如在坑塘等小水体中,可将采集网缚于长 2 m 的竹竿上,将网置于水中,使网口在水面下 50 cm 处,作"∞"形反复拖拽,速度为 20~30 cm/s,时间 3~5 min,然后把网提出抖动,待水滤去,打开网头集中杯,倒入贴有标签的标本瓶中。

定量采样:浮游动物用 20♯ 定量网垂直拖取,使网距水底 0.5 m,然后以 0.5 m/s 的速度均匀垂直上拖,按 $\pi r^2 h$(r 为网口半径,h 为拖取深度)推算出水的体积。

浮游植物用采水器按水样采集方法采水 1 000 mL。当水深小于 2 m,可在距水面 0.5 m 处采集水样;水深为 2~3 m,可分别在距水面 0.5 m 和距水底 0.5 m 各采水样一份;水深大于 3 m,在中间隔 1.5 m 左右加采一份水样。

③ 样品保存

如需观察活体标本,应力求迅速,且不允许沾有固定液。如不立即进行活体观察,则需将它用碘液(鲁哥氏液)或 4% 甲醛固定。

定量水样应先沉淀,吸去上清液,水样定容到 30 mL 保存。

(2) 着生藻类的采样

用浮游生物进行监测,受采样工具、水样浓缩等因素影响,较为复杂。近年来,国内外采用着生藻类来评价水体污染。通过测定人工基质(挂片)上着生藻类种类和数量评定水质状况。采样时可将载玻片固于挂片架上,挂片架可拴在航标、船及其他水体固着物上,挂片经两周,刮下载玻片上着生的藻类,用固定液固定保存。

(3) 底栖动物的采样

常规采集底栖动物与采底泥一样,也是用蚌式采泥器,只是底栖动物采样时,应计算单位体积泥样中的生物量。

目前国内外还用人工基质采样器,这种采样不受河流底质的限制,能采到未成熟的昆虫、苔藓虫、腔肠动物和其他大型无脊椎动物。它是一个圆柱形铁丝笼,用 8♯ 和 12♯ 铁丝编成。直径 16~18 cm,高 18~20 cm,网孔面积为 4~5 cm²,底部铺一层 40 目尼龙筛绢,里面装满干净的长为 6~8 cm 的卵石,共重 5~6 kg。用尼龙绳固定在桥墩、航标和木柱上,放置深度为 2 m 左右,两周后取出。把卵石倒入盛有半满水的桶内,用毛刷洗净卵石和筛绢上附着物。

样品经洗净、遴选,然后保存于 70%~75% 酒精中。

2. 植物样品的采集和保存

(1) 样品采集

在了解污染情况及环境因素影响的基础上,选择采样区及对照样区。在已选好的样区做成样方,草木及农作物样区为 1 m×1 m,灌木植被 2 m×2 m,乔木群落 10 m×10 m。在样方区内选择优势种的植物分别采集根、茎、叶。对于农作物、蔬菜及草本植物,在各样区内采 5~10 个样品。对于灌木和乔木群落则应按草木、灌木、乔木分层采样并编号。在采集分析样品的同时对优势种还应采集标本以作鉴定植物科、属之用。

(2) 样品保存与处理

将采好的样品装入布袋,并附上编好号的样品标签。同时还必须填好采样登记表。

分析样品用四分法或八分法选取,需用新鲜样品测定时,应将样品充分洗净、捣碎供分析用。其余样品可在通风干燥处晾干,去掉灰尘、杂物、脱壳、磨碎,通过 1 mm 筛孔贮存于有磨口广口玻璃瓶中备用。

六、样品采集的质量控制与质量保证

实验样品数据的可靠性不仅依靠样品前处理和后期的仪器分析质量控制,还要依靠样品采集的质量控制。在样品分析前的质量保证与质量控制是十分重要的。

采样的质量保证包括:采样、样品处理、样品运输和样品储存的质量控制。要确保采集的样品在空间与时间上具有合理性和代表性,符合真实情况。同时,采样过程的质量保证最根本的是保证样品真实性,既满足时空要求,又保证样品在分析之前不发生物理化学性质的变化。

样品采集的质量控制方法如下。

(1) 具有有关的样品采集的文件化程序和相应的统计技术。

(2) 要加强采样技术管理,严格执行样品采集规范和统一的采样方法。

(3) 建立并保证切实贯彻执行的有关样品采集管理的规章制度。

(4) 采样人员能掌握和熟练运用采样技术、样品保存、处理和贮运等技术,保证采样质量。

(5) 建立采样质量保证责任制度和措施,确保样品不变质、不损坏、不混淆,保证其真实、可靠、准确和有代表性。

(6) 质量保证一般采用现场空白、运输空白、现场平行样和现场加标样或质控样及设备、材料空白等方法对采样进行跟踪控制。

(7) 现场采样质量保证作为质量保证的一部分,它与实验室分析和数据管理质量保证一起,共同确保分析数据具有一定的可信度。

(8) 现场加标样或质控样的数量,一般控制在样品总量的 10% 左右,但每批样品不少于 2 个。

(9) 设备、材料空白是指用纯水浸泡采样设备及材料作为样品,这些空白用来检验采样设备、材料的玷污状况。

(10) 采取防污染措施和手段。

附录五　我国环境标准选编

一、水质标准

水是人类重要资源及一切生物生存的基本物质之一,水质污染是环境污染中最主要方面之一。目前我国已经颁布的水质标准主要如下。

(1) 水环境质量标准:地表水环境质量标准(GB 3838—2002),地下水质量标准(GB/T 14848—93),海水水质标准(GB 3097—1997),生活饮用水卫生标准(GB 5749—2006),渔业水质标准(GB 11607—92),农田灌溉用水水质标准(GB 5084—2005)等。

(2) 排放标准:污水综合排放标准(GB 8987—1996),城镇污水处理厂污染物排放标准(GB 18918—2002),医疗机构水污染物排放标准(GB 18466—2005)和一批工业水污染物排放标准,如造纸工业水污染物排放标准(GB 3544—2008),制糖工业水污染物排放标准(GB 21909—2008),石油炼制工业水污染物排放标准(GB 31570—2016),纺织染整工业水污染物排放标准(GB 4287—2012)等。

1. 地表水环境质量标准

我国最新的地表水环境质量标准为国家环保总局于 2002 年 4 月 28 日发布的 GB 3838—2002,该标准代替原《地面水环境质量标准》(GB 3838—88)和《地表水环境质量标准》(GHZBl—1999)。我国最早的《地面水环境质量标准》(GB 3838—83)于 1983 年首次发布,现标准是对上述标准的第三次修订,并于 2002 年 6 月 1 日实施。

地表水环境质量标准的作用是防治水污染,保护地表水水质,保障人体健康,维护良好的生态系统。标准项目分为地表水环境质量标准基本项目、集中式生活饮用水地表水源地补充项目和集中式生活饮用水地表水源地特定项目。其中地表水环境质量标准基本项目适用于全国江河、湖泊、运河、渠道、水库等具有使用功能的地表水水域;集中式生活饮用水地表水源地补充项目和特定项目适用于集中式生活饮用水地表水源地一级保护区和二级保护区;集中式生活饮用水地表水源地特定项目由县级以上地方环保部门根据本地区水质特点和环境管理的需要进行选择。

该标准项目共计 109 项,其中地表水环境质量标准基本项目 24 项,集中式生活饮用水地表水源地补充项目 5 项,集中式生活饮用水地表水源地特定项目 80 项。

该标准依据地表水水域环境功能和保护目标,将地表水划分为五类,并针对相应的地表水水域功能将地表水环境质量标准基本项目标准值分为五类,不同功能类别分别执行相应类别的标准值。水域功能分类如下。

(1) Ⅰ类:主要适用于源头水、国家自然保护区。

(2) Ⅱ类:主要适用于集中式生活饮用水地表水源地一级保护区、珍稀水生生物栖息地、鱼虾类产卵场、仔稚幼鱼的索饵场等。

（3）Ⅲ类：主要适用于集中式生活饮用水地表水源地二级保护区、鱼虾类越冬场、洄游通道、水产养殖区等渔业水域及游泳区。

（4）Ⅳ类：主要适用于一般工业用水区及人体非直接接触的娱乐用水区。

（5）Ⅴ类：主要适用于农业用水区及一般景观要求水域。

附表 5-1　地表水环境质量标准基本项目标准限值　　　　　　mg/L

序号	分类　标准值　项目		Ⅰ类	Ⅱ类	Ⅲ类	Ⅳ类	Ⅴ类
1	水温/℃		人为造成的环境水温变化应限制在：周平均最大温升≤1　周平均最大温降≤2				
2	pH		6～9				
3	溶解氧	≥	饱和率90%（或7.5）	6	5	3	2
4	高锰酸盐指数	≤	2	4	6	10	15
5	化学需氧量（COD)	≤	15	15	20	30	40
6	五日生化需氧量（BOD₅)	≤	3	3	4	6	10
7	氨氮（NH₃-N)	≤	0.15	0.5	1.0	1.5	2.0
8	总磷（以 P 计）	≤	0.02(湖)，0.01(库)	0.1(湖)，0.025(库)	0.2(湖)，0.05(库)	0.3(湖)，0.1(库)	0.4(湖)，0.2(库)
9	总氮（湖、库，以 N 计）	≤	0.2	0.5	1.0	1.5	2.0
10	铜	≤	0.01	1.0	1.0	1.0	1.0
11	锌	≤	0.05	1.0	1.0	2.0	2.0
12	氟化物（以 F⁻ 计）	≤	1.0	1.0	1.0	1.5	1.5
13	硒	≤	0.01	0.01	0.01	0.02	0.02
14	砷	≤	0.05	0.05	0.05	0.1	0.1
15	汞	≤	0.000 05	0.000 05	0.000 1	0.001	0.001
16	镉	≤	0.001	0.005	0.005	0.005	0.01
17	铬（Ⅵ）	≤	0.01	0.05	0.05	0.05	0.1
18	铅	≤	0.01	0.01	0.05	0.05	0.1
19	氰化物	≤	0.005	0.05	0.02	0.2	0.2

序号	分类 标准值 项目		Ⅰ类	Ⅱ类	Ⅲ类	Ⅳ类	Ⅴ类
20	挥发酚	≤	0.002	0.002	0.005	0.01	0.1
21	石油类	≤	0.05	0.05	0.05	0.5	1.0
22	阴离子表面活性剂	≤	0.2	0.2	0.2	0.3	0.3
23	硫化物	≤	0.05	0.1	0.2	0.5	1.0
24	粪大肠菌群/(个/L)	≤	200	2 000	10 000	20 000	40 000

附表5-2　集中式生活饮用水地表水源地补充项目标准限值　　　mg/L

序号	项目	标准值
1	硫酸盐(以S计)	250
2	氯化物(以Cl计)	250
3	硝酸盐(以N计)	10
4	铁	0.3
5	锰	0.1

附表5-3　集中式生活饮用水地表水源地特定项目标准限值　　　mg/L

序号	项目	标准值	序号	项目	标准值
1	三氯甲烷	0.06	14	苯乙烯	0.02
2	四氯化碳	0.002	15	甲醛	0.9
3	三溴甲烷	0.1	16	乙醛	0.05
4	二氯甲烷	0.02	17	丙烯醛	0.1
5	1,2-二氯乙烷	0.03	18	三氯乙醛	0.01
6	环氧氯丙烷	0.02	19	苯	0.01
7	氯乙烯	0.005	20	甲苯	0.7
8	1,1-二氯乙烯	0.03	21	乙苯	0.3
9	1,2-二氯乙烯	0.05	22	二甲苯①	0.5
10	三氯乙烯	0.07	23	异丙苯	0.25
11	四氯乙烯	0.04	24	氯苯	0.3
12	氯丁二烯	0.002	25	1,2-二氯苯	1.0
13	六氯丁二烯	0.000 6	26	1,4-二氯苯	0.3

续　表

序号	项目	标准值	序号	项目	标准值
27	三氯苯②	0.02	54	环氧七氯	0.000 2
28	四氯苯③	0.02	55	对硫磷	0.003
29	六氯苯	0.05	56	甲基对硫磷	0.002
30	硝基苯	0.017	57	马拉硫磷	0.05
31	二硝基苯④	0.5	58	乐果	0.08
32	2,4-二硝基甲苯	0.000 3	59	敌敌畏	0.05
33	2,4,6-三硝基甲苯	0.5	60	敌百虫	0.05
34	硝基氯苯⑤	0.05	61	内吸磷	0.03
35	2,4-二硝基氯苯	0.5	62	百菌清	0.01
36	2,4-一氯苯酚	0.093	63	甲萘威	0.05
37	2,4,6-三氯苯酚	0.2	64	溴氰菊酯	0.02
38	五氯酚	0.009	65	阿特拉津	0.003
39	苯胺	0.1	66	苯并(a)芘	2.8×10^{-6}
40	联苯胺	0.000 2	67	甲基汞	1.0×10^{-6}
41	丙烯酰胺	0.000 5	68	多氯联苯⑥	2.0×10^{-5}
42	丙烯腈	0.1	69	微囊藻毒素-LR	0.001
43	邻苯二甲酸二丁酯	0.003	70	黄磷	0.003
44	邻苯二甲酸二(2-乙基己基)酯	0.008	71	钼	0.07
45	水合肼	0.01	72	钴	1.0
46	四乙基铅	0.000 1	73	铍	0.002
47	吡啶	0.2	74	硼	0.5
48	松节油	0.2	75	锑	0.005
49	苦味酸	0.5	76	镍	0.02
50	丁基黄原酸	0.005	77	钡	0.7
51	活性氯	0.01	78	钒	0.05
52	滴滴涕	0.001	79	钛	0.1
53	林丹	0.002	80	铊	0.000 1

注:① 二甲苯:指对-二甲苯、间-二甲苯、邻-二甲苯。
② 三氯苯:指 1,2,3-三氯苯、1,2,4-三氯苯、1,3,5-三氯苯。
③ 四氯苯:指 1,2,3,4-四氯苯、1,2,3,5-四氯苯、1,2,4,5-四氯苯。
④ 二硝基苯:指对-二硝基苯、间-二硝基苯、邻-二硝基苯。
⑤ 硝基氯苯:指对-硝基氯苯、间-硝基氯苯、邻-硝基氯苯。
⑥ 多氯联苯:指 PCB-1016,PCB-1221,PCB-1232,PCB-1242,PC-1248,PCB-1254,PCB-1260。

2. 生活饮用水卫生标准

我国现行的生活饮用水卫生标准(GB 5749—2006)是由中华人民共和国卫生部在原有标准(GB 5749—85)的基础上改进,并于 2007 年 7 月 1 日起正式施行的。该标准的作用是为贯彻"预防为主"的方针,向居民供应符合卫生要求的生活饮用水,保障人民的身体健康。标准适用于城乡供生活饮用的集中式给水(包括各单位自备的生活饮用水)和分散式给水。该标准除规定了生活饮用水水质的控制项目和标准限值外,还对集中式供水的供水设施、设备、管网等提出了卫生要求。对水源地的选择、水源卫生防护、水质检测提出了具体要求。

新标准具有以下三个特点。一是加强了对水质有机物、微生物和水质消毒等方面的要求。新标准中的饮用水水质指标由原标准的 35 项至 106 项,增加了 71 项。其中,微生物指标由 2 项增至 6 项;饮用水消毒剂由 1 项增至 4 项;毒理指标中无机化合物由 10 项增至 21 项;毒理指标中有机化合物由 5 项增至 53 项;感官性状和一般理化指标由 15 项增至 20 项;放射性指标仍为 2 项。二是统一了城镇和农村饮用水卫生标准。三是实现饮用水标准与国际接轨。新标准水质项目和指标值的选择,充分考虑了我国实际情况,并参考了世界卫生组织的《饮用水水质准则》,参考了欧盟、美国、俄罗斯和日本等国饮用水标准。

附表 5-4　水质常规指标及限值

指　标	限　值
1. 微生物指标①	
总大肠菌群(MPN/100mL 或 CFU/100mL)	不得检出
耐热大肠菌群(MPN/100mL 或 CFU/100mL)	不得检出
大肠埃希氏菌(MPN/100mL 或 CFU/100mL)	不得检出
菌落总数(CFU/mL)	100
2. 毒理指标	
砷(mg/L)	0.01
镉(mg/L)	0.005
铬(Ⅵ,mg/L)	0.05
铅(mg/L)	0.01
汞(mg/L)	0.001
硒(mg/L)	0.01
氰化物(mg/L)	0.05
氟化物(mg/L)	1.0
硝酸盐(以 N 计,mg/L)	10 地下水源限制时为 20
三氯甲烷(mg/L)	0.06

续　表

指　　标	限　　值
四氯化碳(mg/L)	0.002
溴酸盐(使用臭氧时,mg/L)	0.01
甲醛(使用臭氧时,mg/L)	0.9
亚氯酸盐(使用二氧化氯消毒时,mg/L)	0.7
氯酸盐(使用复合二氧化氯消毒时,mg/L)	0.7
3. 感官性状和一般化学指标	
色度(铂钴色度单位)	15
浑浊度(NTU-散射浊度单位)	1 水源与净水技术条件限制时为 3
臭和味	无异臭、异味
肉眼可见物	无
pH (pH 单位)	不小于 6.5 且不大于 8.5
铝(mg/L)	0.2
铁(mg/L)	0.3
锰(mg/L)	0.1
铜(mg/L)	1.0
锌(mg/L)	1.0
氯化物(mg/L)	250
硫酸盐(mg/L)	250
溶解性总固体(mg/L)	1 000
总硬度(以 $CaCO_3$ 计,mg/L)	450
耗氧量(COD_{Mn}法,以 O_2 计,mg/L)	3 水源限制,原水耗氧量＞6 mg/L 时为 5
挥发酚类(以苯酚计,mg/L)	0.002
阴离子合成洗涤剂(mg/L)	0.3
4. 放射性指标[②]	指导值
总 α 放射性(Bq/L)	0.5
总 β 放射性(Bq/L)	1

① MPN 表示最可能数;CFU 表示菌落形成单位。当水样检出总大肠菌群时,应进一步检验大肠埃希氏菌或耐热大肠菌群;水样未检出总大肠菌群,不必检验大肠埃希氏菌或耐热大肠菌群。
② 放射性指标超过指导值,应进行核素分析和评价,判定能否饮用。

附表 5-5 饮用水中消毒剂常规指标及要求

消毒剂名称	与水接触时间	出厂水中限值	出厂水中余量	管网末梢水中余量
氯气及游离氯制剂 （游离氯,mg/L）	至少 30 min	4	≥0.3	≥0.05
一氯胺（总氯,mg/L）	至少 120 min	3	≥0.5	≥0.05
臭氧（O₃,mg/L）	至少 12 min	0.3		0.02 如加氯,总氯≥0.05
二氧化氯（ClO₂,mg/L）	至少 30 min	0.8	≥0.1	≥0.02

附表 5-6 水质非常规指标及限值

指　　　标	限　　值
1. 微生物指标①	
贾第鞭毛虫（个/10 L）	<1
隐孢子虫（个/10 L）	<1
2. 毒理指标	
锑（mg/L）	0.005
钡（mg/L）	0.7
铍（mg/L）	0.002
硼（mg/L）	0.5
钼（mg/L）	0.07
镍（mg/L）	0.02
银（mg/L）	0.05
铊（mg/L）	0.0001
氯化氰（以 CN⁻ 计,mg/L）	0.07
一氯二溴甲烷（mg/L）	0.1
二氯一溴甲烷（mg/L）	0.06
二氯乙酸（mg/L）	0.05
1,2-二氯乙烷（mg/L）	0.03
二氯甲烷（mg/L）	0.02
三卤甲烷（三氯甲烷、一氯二溴甲烷、二氯一溴甲烷、三溴甲烷的总和）	该类化合物中各种化合物的实测浓度与其各自限值的比值之和不超过 1

续 表

指 标	限 值
1,1,1-三氯乙烷(mg/L)	2
三氯乙酸(mg/L)	0.1
三氯乙醛(mg/L)	0.01
2,4,6-三氯酚(mg/L)	0.2
三溴甲烷(mg/L)	0.1
七氯(mg/L)	0.000 4
马拉硫磷(mg/L)	0.25
五氯酚(mg/L)	0.009
六六六(总量,mg/L)	0.005
六氯苯(mg/L)	0.001
乐果(mg/L)	0.08
对硫磷(mg/L)	0.003
灭草松(mg/L)	0.3
甲基对硫磷(mg/L)	0.02
百菌清(mg/L)	0.01
呋喃丹(mg/L)	0.007
林丹(mg/L)	0.002
毒死蜱(mg/L)	0.03
草甘膦(mg/L)	0.7
敌敌畏(mg/L)	0.001
莠去津(mg/L)	0.002
溴氰菊酯(mg/L)	0.02
2,4-滴(mg/L)	0.03
滴滴涕(mg/L)	0.001
乙苯(mg/L)	0.3
二甲苯(mg/L)	0.5
1,1-二氯乙烯(mg/L)	0.03

续　表

指　标	限　值
1,2-二氯乙烯(mg/L)	0.05
1,2-二氯苯(mg/L)	1
1,4-二氯苯(mg/L)	0.3
三氯乙烯(mg/L)	0.07
三氯苯(总量,mg/L)	0.02
六氯丁二烯(mg/L)	0.000 6
丙烯酰胺(mg/L)	0.000 5
四氯乙烯(mg/L)	0.04
甲苯(mg/L)	0.7
邻苯二甲酸二(2-乙基己基)酯(mg/L)	0.008
环氧氯丙烷(mg/L)	0.000 4
苯(mg/L)	0.01
苯乙烯(mg/L)	0.02
苯并[a]芘(mg/L)	0.000 01
氯乙烯(mg/L)	0.005
氯苯(mg/L)	0.3
微囊藻毒素-LR(mg/L)	0.001
3. 感官性状和一般化学指标	
氨氮(以 N 计,mg/L)	0.5
硫化物(mg/L)	0.02
钠(mg/L)	200

　　3. 污水综合排放标准

　　我国目前的污水综合排放标准 GB 8978—1996 于 1998 年 1 月 1 日实施,代替 1988 年施行的污水综合排放标准 GB 8978—88。

　　该标准按照污水排放去向,分年限规定了 69 种水污染物最高允许排放浓度及部分行业最高允许排水量。该标准适用于现有单位水污染物的排放管理,以及建设项目的环境影响评价、建设项目环境保护设施设计、竣工验收及其投产后的排放管理。

　　按照国家综合排放标准与国家行业排放标准不交叉执行的原则,对已制定有针对的排放标准的行业如造纸工业、船舶工业执行各自的专门标准,其他水污染物排放执行本标准。在该标准颁布后,新增加国家行业水污染物排放标准的行业,按其适用范围执行相应的国家水污染物行业标准,不再执行该标准。

标准分为三级,针对地表水环境质量标准(GB 3838)规定的不同的水域类别执行不同的标准,如:对排入 GB 3838Ⅲ类水域(划定的保护区和游泳区除外)和排入 GB 3097 中二类海域的污水,执行一级标准;排入 GB 3838 中Ⅳ、Ⅴ类水域和排入 GB 3097 中三类海域的污水,执行二级标准;排入设置二级污水处理厂的城镇排水系统的污水,执行三级标准。

标准将排放的污染物按其性质及控制方式分为两类:第一类污染物,不分行业和污水排放方式,也不分受纳水体的功能类别,一律在车间或车间处理设施排放口采样,其最高允许排放浓度必须达到本标准要求(采矿行业的尾矿坝出水口不得视为车间排放口);第二类污染物,在排污单位排放口采样,其最高允许排放浓度必须达到本标准要求。

标准按年限规定了第一类污染物和第二类污染物最高允许排放浓度及部分行业最高允许排水量,分别为:1997 年 12 月 31 日之前建设(包括改、扩建)的单位,水污染物的排放必须同时执行附表 5-7、附表 5-8、附表 5-9 的规定;1998 年 1 月 1 日起建设(包括改、扩建)的单位,水污染物的排放必须同时执行附表 5-7、附表 5-10、附表 5-11 的规定。

附表 5-7　第一类污染物最高允许排放浓度　　　　mg/L

序号	污染物	最高允许排放浓度
1	总汞	0.05
2	烷基汞	不得检出
3	总镉	0.1
4	总铬	1.5
5	六价铬	0.5
6	总砷	0.5
7	总铅	1.0
8	总镍	1.0
9	苯并(a)芘	0.000 03
10	总铍	0.005
11	总银	0.5
12	总 α 放射性	1Bq/L
13	总 β 放射性	10Bq/L

附表 5-8　第二类污染物最高允许排放浓度

（1997 年 12 月 31 日之前建设的单位）　　　　　　mg/L

序号	污染物	适用范围	一级标准	二级标准	三级标准
1	pH	一切排污单位	6~9	6~9	6~9
2	色度（稀释倍数）	染料工业	50	180	—
		其他排污单位	50	80	
		采矿、选矿、选煤工业	100	300	
		脉金选矿	100	500	
3	悬浮物（SS）	边远地区沙金选矿	100	800	
		城镇二级污水处理厂	20	30	
		其他排污单位	70	200	400
		甘蔗制糖、苎麻脱胶、湿法纤维板工业	30	100	600
4	五日生化需氧量（BOD₅）	甜菜制糖、酒精、味精、皮革、化纤浆粕工业	30	150	600
		城镇二级污水处理厂	20	30	
		其他排污单位	30	60	300
		甜菜制糖、焦化、合成脂肪酸、湿法纤维板、染料、洗毛、有机磷农药工业	100	200	1 000
		味精、酒精、医药原料药、生物制药、苎麻脱胶、皮革、化纤浆粕工业	100	300	1 000
		石油化工工业（包括石油炼制）	100	150	500
5	化学需氧量（COD）	城镇二级污水处理厂	60	120	—
6	石油类	其他排污单位	100	150	500
7	动植物油	一切排污单位	10	10	30
8	挥发酚	一切排污单位	20	20	100

序号	污染物	适用范围	一级标准	二级标准	三级标准
9	总氰化合物	一切排污单位	0.5	0.5	2.0
		电影洗片（铁氰化合物）	0.5	5.0	5.0
10	硫化物	其他排污单位	0.5	0.5	1.0
11	氨氮	一切排污单位	1.0	1.0	2.0
		医药原料药、染料、石油化工工业	15	50	
		其他排污单位	15	25	
12	氟化物	黄磷工业	10	20	20
		低氟地区（水体含氟量＜0.5 mg/L）	10	10	20
13	磷酸盐（以 P 计）	其他排污单位	0.5	1.0	—
14	甲醛	一切排污单位	—	—	
15	苯胺类	一切排污单位	1.0	2.0	5.0
16	硝基苯类	一切排污单位	2.0	3.0	5.0
17	阴离子表面活性剂（LAS）	合成洗涤剂工业	5.0	15	20
		其他排污单位	5.0	10	20
18	总铜	一切排污单位	5.0	1.0	2.0
19	总锌	一切排污单位	2.0	5.0	5.0
20	总锰	合成脂肪酸工业	2.0	5.0	5.0
		其他排污单位	2.0	2.0	5.0
21	彩色显影剂	电影洗片	2.0	3.0	5.0
22	显影剂及氧化物总量	电影洗片	3.0	6.0	6.0
23	元素磷	一切排污单位	0.1	0.3	0.3
24	有机磷农药（以 P 计）	一切排污单位	不得检出	0.5	0.5

序号	污染物	适用范围	一级标准	二级标准	三级标准
25	粪大肠菌群数	医院*、兽医院及医疗机构含病原体污水	500 个/L	1 000 个/L	5 000 个/L
		传染病、结核病医院污水	100 个/L	500 个/L	1 000 个/L
26	总余氯(采用氯化消毒的医院污水)	医院*、兽医院及医疗机构含病原体污水	<0.5**	>3(接触时间≥1 h)	>2(接触时间≥1 h)
		传染病、结核病医院污水	<0.5**	>6.5(接触时间≥1.5 h)	>5(接触时间≥1.5 h)

注:*指 50 个床位以上的医院。

　　**加氯消毒后须进行脱氯处理,达到本标准。

附表 5-9　部分行业最高允许排水量
(1997 年 12 月 31 日之前建设的单位)

序号	行业类别			最高允许排水量或最低允许水重复利用率
1	矿山工业	有色金属系统选矿		水重复利用率 75%
		其他矿山工业采矿、选矿、选煤等		水重复利用率 90%(选煤)
		脉金选矿	重选	16.0 m³/t(矿石)
			浮选	9.0 m³/t(矿石)
			氰化	8.0 m³/t(矿石)
			碳浆	8.0 m³/t(矿石)
2	焦化企业(煤气厂)			1.2 m³/t(焦炭)
3	有色金属冶炼及金属加工			水重复利用率 80%
4	石油炼制工业(不包括直排水炼油厂)加工深度分类: A.燃料型炼油 B.燃料+润滑油型炼油厂 C.燃料+润滑油型+炼油化工型炼油厂 (包括加工高含硫原油页岸油和石油添加剂生产基地的炼油厂)			A>500 万 t,1.0 m³/t(原油)250 万~500 万 t,1.2 m³/t(原油)<250 万 t,1.5 m³/t(原油)
				B>500 万 t,1.5 m³/t(原油)250 万~500 万 t,2.0 m³/t(原油)<250 万 t,2.0 m³/t(原油)
				C>500 万 t,2.0 m³/t(原油)250 万~500 万 t,2.5 m³/t(原油)<250 万 t,2.5 m³/t(原油)

续　表

序号	行业类别		最高允许排水量或 最低允许水重复利用率
5	合成洗涤剂 工业	氯化法生产烷基苯	200.0 m³/t(烷基苯)
		裂解法生产烷基苯	70.0 m³/t(烷基苯)
		烷基苯生产合成洗涤剂	10.0 m³/t(产品)
6	合成脂肪酸工业		200.0 m³/t(产品)
7	湿法生产纤维板工业		30.0 m³/t(板)
8	制糖工业	甘蔗制糖	10.0 m³/t(甘蔗)
		甜菜制糖	4.0 m³/t(甜菜)
9	皮革工业	猪盐湿皮	60.0 m³/t(原皮)
		牛干皮	100.0 m³/t(原皮)
		羊干皮	150.0 m³/t(原皮)
10	发酵 酿造 工业	酒精 工业　以玉米为原料	150.0 m³/t(酒精)
		以薯类为原料	100 m³/t(酒精)
		以糖蜜为原料	80.0 m³/t(酒精)
		味精工业	600.0 m³/t(味精)
		啤酒工业(排水量不包括麦芽 水部分)	16.0 m³/t(啤酒)
11	铬盐工业		5.0 m³/t(产品)
12	硫酸工业(水洗法)		15.0 m³/t(硫酸)
13	苎麻脱胶工业		500 m³/t(原麻)或750 m³/t(精干麻)
14	化纤浆粕		本色:150 m³/t(浆)漂白:240 m³/t(浆)
15	粘胶纤维工业(单 纯纤维)	短纤维(棉型中长纤 维、毛型中长纤维)	300 m³/t(纤维)
		长纤维	800 m³/t(纤维)
16	铁路货车洗刷		5.0 m³/辆
17	电影洗片		5 m³/1 000 m(35 mm的胶片)
18	石油沥青工业		冷却池的水循环利用率95%

附表 5‑10　第二类污染物最高允许排放浓度

（1998 年 1 月 1 日后建设的单位）　　　　　　　　mg/L

序号	污染物	适用范围	一级标准	二级标准	三级标准
1	pH	一切排污单位	6～9	6～9	6～9
2	色度（稀释倍数）	一切排污单位	50	80	—
3	悬浮物（SS）	采矿、选矿、选煤工业	70	300	—
		脉金选矿	70	400	—
		边远地区沙金选矿	70	800	—
		城镇二级污水处理厂	20	30	—
		其他排污单位	70	150	400
4	五日生化需氧量（BOD_5）	甘蔗制糖、苎麻脱胶、湿法纤维板、染料、洗毛工业	20	60	600
		甜菜制糖、酒精、味精、皮革、化纤浆粕工业	20	100	600
		城镇二级污水处理厂	20	30	—
		其他排污单位	20	30	300
5	化学需氧量（COD）	甜菜制糖、合成脂肪酸、湿法纤维板、染料、洗毛、有机磷农药工业	100	200	1 000
		味精、酒精、医药原料药、生物制药、苎麻脱胶、皮革、化纤浆粕工业	100	300	1 000
		石油化工工业（包括石油炼制）	60	120	—
		城镇二级污水处理厂	60	120	500
		其他排污单位	100	150	500
6	石油类	一切排污单位	5	10	20
7	动植物油	一切排污单位	10	15	100
8	挥发酚	一切排污单位	0.5	0.5	2.0
9	总氰化合物	一切排污单位	0.5	0.5	1.0
10	硫化物	一切排污单位	1.0	1.0	1.0

序号	污染物	适用范围	一级标准	二级标准	三级标准
11	氨氮	医药原料药、染料、石油化工工业	15	50	—
		其他排污单位	15	25	—
12	氟化物	黄磷工业	10	15	20
		低氟地区(水体含氟量<0.5 mg/L)	10	20	30
		其他排污单位	10	10	20
13	磷酸盐(以P计)	一切排污单位	0.5	1.0	—
14	甲醛	一切排污单位	1.0	2.0	5.0
15	苯胺类	一切排污单位	1.0	2.0	5.0
16	硝基苯类	一切排污单位	2.0	3.0	5.0
17	阴离子表面活性剂(LAS)	一切排污单位	5.0	10	20
18	总铜	一切排污单位	0.5	1.0	2.0
19	总锌	一切排污单位	2.0	5.0	5.0
20	总锰	合成脂肪酸工业	2.0	5.0	5.0
		其他排污单位	2.0	2.0	5.0
21	彩色显影剂	电影洗片	1.0	2.0	3.0
22	显影剂及氧化物总量	电影洗片	3.0	3.0	6.0
23	元素磷	一切排污单位	0.1	0.1	0.3
24	有机磷农药(以P计)	一切排污单位	不得检出	0.5	0.5
25	乐果	一切排污单位	不得检出	1.0	2.0
26	对硫磷	一切排污单位	不得检出	1.0	2.0
27	甲基对硫磷	一切排污单位	不得检出	1.0	2.0
28	马拉硫磷	一切排污单位	不得检出	5.0	10

序号	污染物	适用范围	一级标准	二级标准	三级标准
29	五氯酚及五氯酚钠（以五氯酚计）	一切排污单位	5.0	8.0	10
30	可吸附有机卤化物（AOX）（以 Cl 计）	一切排污单位	1.0	5.0	8.0
31	三氯甲烷	一切排污单位	0.3	0.6	1.0
32	四氯化碳	一切排污单位	0.03	0.06	0.5
33	三氯乙烯	一切排污单位	0.3	0.6	1.0
34	四氯乙烯	一切排污单位	0.1	0.2	0.5
35	苯	一切排污单位	0.1	0.2	0.5
36	甲苯	一切排污单位	0.1	0.2	0.5
37	乙苯	一切排污单位	0.4	0.6	1.0
38	邻二甲苯	一切排污单位	0.4	0.6	1.0
39	对二甲苯	一切排污单位	0.4	0.6	1.0
40	间二甲苯	一切排污单位	0.4	0.6	1.0
41	氯苯	一切排污单位	0.2	0.4	1.0
42	邻二氯苯	一切排污单位	0.4	0.6	1.0
43	对二氯苯	一切排污单位	0.4	0.6	1.0
44	对硝基氯苯	一切排污单位	0.5	1.0	5.0
45	2,4-二硝基氯苯	一切排污单位	0.5	1.0	5.0
46	苯酚	一切排污单位	0.3	0.4	1.0
47	间甲酚	一切排污单位	0.1	0.2	0.5
48	2,4-二氯酚	一切排污单位	0.6	0.8	1.0
49	2,4,6-三氯酚	一切排污单位	0.6	0.8	1.0
50	邻苯二甲酸二丁酯	一切排污单位	0.2	0.4	2.0
51	邻苯二甲酸二辛酯	一切排污单位	0.3	0.6	2.0
52	丙烯腈	一切排污单位	2.0	5.0	5.0
53	总硒	一切排污单位	0.1	0.2	0.5

续　表

序号	污染物	适用范围	一级标准	二级标准	三级标准
54	粪大肠菌群数	医院*、兽医院及医疗机构含病原体污水	500 个/L	1 000 个/L	5 000 个/L
		传染病、结核病医院污水	100 个/L	500 个/L	1 000 个/L
55	总余氯(采用氯化消毒的医院污水)	医院*、兽医院及医疗机构含病原体污水	<0.5**	>3(接触时间≥1 h)	>2(接触时间≥1 h)
		传染病、结核病医院污水	<0.5**	>6.5(接触时间≥1.5 h)	>5(接触时间≥1.5 h)
56	总有机碳(TOC)	合成脂肪酸工业	20	40	—
		苎麻脱胶工业	20	60	—
		其他排污单位	20	30	—

注:其他排污单位指除在该控制项目中所列行业以外的一切排污单位。

＊ 50 个床位以上的医院。

＊＊ 加氯消毒后必须进行脱氯处理,达到本标准。

附表 5-11　部分行业最高允许排水量

(1998 年 1 月 1 日后建设的单位)

序号	行业类别			最高允许排水量或最低允许排水重复利用率
1	矿山工业	有色金属系统选矿		水重复利用率 75%
		其他矿山工业采矿、选矿、选煤等		水重复利用率 90%(选煤)
		脉金选矿	重选	16.0 m³/t(矿石)
			浮选	9.0 m³/t(矿石)
			氰化	8.0 m³/t(矿石)
			碳浆	8.0 m³/t(矿石)
2	焦化企业(煤气厂)			1.2 m³/t(焦炭)
3	有色金属冶炼及金属加工			水重复利用率 80%

序号	行业类别			最高允许排水量或最低允许排水重复利用率
4	石油炼制工业(不包括直排水炼油厂)加工深度分类: A. 燃料型炼油厂 B. 燃料+润滑油型炼油厂 C. 燃料+润滑油型+炼油化工型炼油厂(包括加工高含硫原油页岩油和石油添加剂生产基地的炼油厂)		A	>500万 t,1.0 m³/t(原油) 250万~500万 t,1.2 m³/t(原油) <250万 t,1.5 m³/t(原油)
			B	>500万 t,1.5 m³/t(原油) 250万~500万 t,2.0 m³/t(原油) <250万 t,2.0 m³/t(原油)
			C	>500万 t,2.0 m³/t(原油) 250万~500万 t,2.5 m³/t(原油) <250万 t,2.5 m³/t(原油)
5	合成洗涤剂工业	氯化法生产烷基苯		200.0 m³/t(烷基苯)
		裂解法生产烷基苯		70.0 m³/t(烷基苯)
		烷基苯生产合成洗涤剂		10.0 m³/t(产品)
6	合成脂肪酸工业			200.0 m³/t(产品)
7	湿法生产纤维板工业			30.0 m³/t(板)
8	制糖工业	甘蔗制糖		10.0 m³/t
		甜菜制糖		4.0 m³/t
9	皮革工业	猪盐湿皮		60.0 m³/t
		牛干皮		100.0 m³/t
		羊干皮		150.0 m³/t
10	发酵、酿造工业	酒精工业	以玉米为原料	100.0 m³/t
			以薯类为原料	80.0 m³/t
			以糖蜜为原料	70.0 m³/t
		味精工业		600.0 m³/t
		啤酒行业(排水量不包括麦芽水部分)		16.0 m³/t

续　表

序号	行业类别		最高允许排水量或 最低允许排水重复利用率
11	铬盐工业		5.0 m³/t(产品)
12	硫酸工业(水洗法)		15.0 m³/t(硫酸)
13	苎麻脱胶工业		500 m³/t(原麻)
			750 m³/t(精干麻)
14	粘胶纤维工业单纯纤维	短纤维(棉型中长纤维、毛型中长纤维)	300.0 m³/t(纤维)
		长纤维	800.0 m³/t(纤维)
15	化纤浆粕		本色:150 m³/t(浆);漂白:240 m³/t(浆)
16	制药工业医药原料药	青霉素	4 700 m³/t(氰霉素)
		链霉素	1 450 m³/t(链霉素)
		土霉素	1 300 m³/t(土霉素)
		四环素	1 900 m³/t(四环素)
		洁霉素	9 200 m³/t(洁霉素)
		金霉素	3 000 m³/t(金霉素)
		庆大霉素	20 400 m³/t(庆大霉素)
		维生素 C	1 200 m³/t(维生素 C)
		氯霉素	2 700 m³/t(氯霉素)
		新诺明	2 000 m³/t(新诺明)
		维生素 B_1	3 400 m³/t(维生素 B_1)
		安乃近	180 m³/t(安乃近)
		非那西汀	750 m³/t(非那西汀)
		呋喃唑酮	2 400 m³/t(呋喃唑酮)
		咖啡因	1200 m³/t(咖啡因)

续　表

序号	行业类别		最高允许排水量或 最低允许排水重复利用率
17	有机磷农药工业	乐果*	700 m³/t(产品)
		甲基对硫磷(水相法)**	300 m³/t(产品)
		对硫磷(P_2S_5 法)**	500 m³/t(产品)
		对硫磷($PSCl_3$法)**	550 m³/t(产品)
		敌敌畏(敌百虫碱解法)	200 m³/t(产品)
		敌百虫	40 m³/t(产品)(不包括三氯乙醛生产废水)
		马拉硫磷	700 m³/t(产品)
18	除草剂工业	除草醚	5 m³/t(产品)
		五氯酚钠	2 m³/t(产品)
		五氯酚	4 m³/t(产品)
		2-甲基-4-氯苯氧基乙酸	14 m³/t(产品)
		2,4-D	4 m³/t(产品)
		丁草胺	4.5 m³/t(产品)
		绿麦隆(以 Fe 粉还原)	2 m³/t(产品)
		绿麦隆(以 Na_2S 还原)	3 m³/t(产品)
19	火力发电工业		3.5 m³(MW·h)
20	铁路货车洗刷		5.0 m³/辆
21	电影洗片		5 m³/1 000 m(35 mm 胶片)
22	石油沥青工业		冷却池的水循环利用率95%

注：＊产品按 100％浓度计。
＊＊不包括 P_2S_5、$PSCl_3$、PCl_3 原料生产废水。

二、大气质量标准

我国已颁发的大气标准主要有：

(1) 大气环境质量标准：环境空气质量标准(GB 3095—2012)和室内空气质量标准(GB/T 18883—2002)。

(2) 排放标准：大气污染物综合排放标准(GB 16297—1996)，以及一批行业大气污染物排放标准，如火电厂大气污染物排放标准(GB 3223—2011)，炼铁工业大气污染物排放标准(GB 28663—2012)，炼钢工业大气污染物排放标准(GB 28664—2012)，砖瓦工业大气污染物排放标准(GB 29620—2013)，轻型汽车污染物排放限值及测量方法(中国第五阶段)(GB

18352.5—2013),锅炉大气污染物排放标准(GB 13271—2014),石油炼制工业污染物排放标准(GB 31570—2015)等。

1. 环境空气质量标准(GB 3095—2012)

我国现行的环境空气质量标准最早于 1996 年颁布施行,该标准的目的是改善环境空气质量,防止生态破坏,创造清洁适宜的环境,保护人体健康。标准规定了环境空气质量功能区划分、标准分级、污染物项目、取值时间及浓度限值,采样与分析方法及数据统计的有效性规定。适用于全国范围的环境空气质量评价。

标准规定环境空气质量按功能区分类管理,不同功能区执行不同的标准等级。三类功能区分别为:一类区为自然保护区、风景名胜区和其他需要特殊保护的地区;二类区为城镇规划中确定的居住区、商业交通居民混合区、文化区、一般工业区和农村地区;三类区为特定工业区。针对三类功能区将环境空气质量标准分为三级:一类区执行一级标准;二类区执行二级标准;三类区执行三级标准。

标准规定了各项污染物不允许超过的浓度限值,见附表 5 - 12。

附表 5 - 12 各项污染物的浓度限值(GB 3095—1996)

污染物名称	取值时间	浓度限值			浓度单位
		一级标准	二级标准	三级标准	
二氧化硫 (SO_2)	年平均	0.02	0.06	0.10	mg/m³ (标准状态)
	日平均	0.05	0.15	0.25	
	1 h平均	0.15	0.50	0.70	
总悬浮颗粒物 (TSP)	年平均	0.08	0.20	0.30	
	日平均	0.12	0.30	0.50	
可吸入颗粒物 (PM_{10})	年平均	0.04	0.10	0.15	
	日平均	0.05	0.15	0.25	
氮氧化物 (NO_x)	年平均	0.05	0.05	0.10	
	日平均	0.10	0.10	0.15	
	1 h平均	0.15	0.15	0.30	
二氧化氮 (NO_2)	年平均	0.04	0.04	0.08	
	日平均	0.08	0.08	0.12	
	1 h平均	0.12	0.12	0.24	
一氧化碳 (CO)	日平均	4.00	4.00	6.00	
	1 h平均	10.00	10.00	20.00	
臭氧(O_3)	1 h平均	0.12	0.16	0.20	

续　表

污染物名称	取值时间	浓度限值			浓度单位
		一级标准	二级标准	三级标准	
铅 (Pb)	季平均	1.50			$\mu g/m^3$ (标准状态)
	年平均	1.00			
苯并[a]芘 B[a]P	日平均	0.01			
氟化物 (F)	日平均	7[①]			$\mu g/(dm^3 \cdot d)$
	小时平均	20[①]			
	月平均	1.8[②]	3.0[③]		
	植物生长季 平均	1.2[②]	2.0[③]		

注:① 适用于城市地区。
② 适用于牧业区和以牧业为主的半农半牧区,蚕桑区。
③ 适用于农业和林业区。

　　2012 年,为加快推进我国大气污染治理,切实保障人民群众身体健康,环保部批准发布了新的《环境空气质量标准》(GB 3095—2012)。新标准增加了 $PM_{2.5}$ 的限值,为确保新标准的正确实施,环保部要求对新大气质量标准进行分期实施,具体时间要求如下:

　　2012 年,京津冀、长三角、珠三角等重点区域以及直辖市和省会城市;

　　2013 年,113 个环境保护重点城市和国家环保模范城市;

　　2015 年,所有地级以上城市;

　　2016 年 1 月 1 日,全国实施新标准。

附表 5－13　环境空气污染物浓度限值 (GB 3095—2012)

序号	污染物项目	平均时间	浓度限值		单位
			一级	二级	
1	二氧化硫(SO₂)	年平均	20	60	$\mu g/m^3$
		24 小时平均	50	150	
		1 小时平均	150	500	
2	二氧化氮(NO₂)	年平均	40	40	
		24 小时平均	80	80	
		1 小时平均	200	200	

续 表

序号	污染物项目	平均时间	浓度限值 一级	浓度限值 二级	单位
3	一氧化碳(CO)	24 小时平均	4	4	mg/m³
		1 小时平均	10	10	
4	臭氧(O₃)	日最大 8 小时平均	100	160	μg/m³
		1 小时平均	160	160	
5	颗粒物(粒径小于等于 10 μm)	年平均	40	70	
		24 小时平均	50	150	
6	颗粒物(粒径小于等于 2.5 μm)	年平均	15	35	
		24 小时平均	35	75	
7	总悬浮颗粒物(TSP)	年平均	80	200	
		24 小时平均	120	300	
8	氮氧化物(NO)	年平均	50	50	
		24 小时平均	100	100	
		1 小时平均	250	250	
9	铅(Pb)	年平均	0.5	0.5	
		季平均	1	1	
10	苯并[a]芘(BaP)	年平均	0.001	0.001	
		24 小时平均	0.002 5	0.002 5	

2. 室内空气质量标准(标准号:GB/T18883—2002)

由于人们在室内生活和工作的时间远大于在室外的时间,而室内由于装饰材料、人的日常活动及各种家具设备的使用而造成室内空气污染影响着人们的身体健康。为有效控制室内空气污染,国家质量监督检验检疫总局、国家环保总局和卫生部于 2002 年 12 月 18 日发布了室内空气质量标准(GB/T18883—2002)。室内空气质量标准限值见附表 5-14。

附表 5－14　室内空气质量标准

序号	参数类别	参数	单位	标准值	备注
1	物理性	温度	℃	22～28	夏季空调
				16～24	冬季采暖
2		相对湿度	％aa	40～80	夏季空调
				30～60	冬季采暖
3		空气流速	m/s	0.3	夏季空调
				0.2	冬季采暖
4		新风量①	m^3/h	300	
5	化学性	二氧化硫 SO_2	mg/m^3	0.50	1 h 均值
6		二氧化氮 NO_2	mg/m^3	0.24	1 h 均值
7		一氧化碳 CO	mg/m^3	10	1 h 均值
8		二氧化碳 CO_2	％	0.10	日平均值
9		氨 NH_3	mg/m^3	0.2	1 h 均值
10		臭氧 O_3	mg/m^3	0.16	1 h 均值
11		甲醛 HCHO	mg/m^3	0.1	1 h 均值
12		苯 C_6H_6	mg/m^3	0.11	1 h 均值
13		甲苯 C_7H_8	mg/m^3	0.2	1 h 均值
14		二甲苯 C_8H_{10}	mg/m^3	0.20	1 h 均值
15		苯并[a]芘 B(a)P	mg/m^3	1	日平均值
16		可吸入颗粒 PM_{10}	mg/m^3	0.15	日平均值
17		总挥发性有机物 TVOC	mg/m^3	0.6	8 h 均值
18	生物性	菌落总数	Cfu/m^3	2 500	依据仪器定
19	放射性	氡^{222}Rn	Bq/m^3	400	年平均值（行动水平②）

注：① 新风量要求≥标准值，除温度、相对湿度外的其他参数要求≤标准值；
② 行动水平即达到此水平建议采取干预行动以降低室内氡浓度。

三、土壤环境质量标准

我国已颁发的土壤环境质量标准主要有：土壤环境质量农用地土壤污染风险管控标准（GB 15618—2018），土壤环境质量建设用地土壤污染风险管控标准（GB36600—2018），食用农产品产地环境质量评价标准（HJ 332—2006）和温室蔬菜产地环境质量评价标准（HJ 333—2006）。

我国的土壤环境质量标准于 1995 年颁布施行标准号 GB15618－1995。制定该标准的目的是为贯彻《中华人民共和国环境保护法》,防止土壤污染,保护生态环境,保障农林生产,维护人体健康。该标准按土壤应用功能、保护目标和土壤主要性质,规定了土壤中污染物的最高允许浓度指标值及相应的监测方法。标准适用于农田、蔬菜地、茶园、果园、牧场、林地、自然保护区等地的土壤。

标准根据土壤应用功能和保护目标,划分为三类：Ⅰ类主要适用于国家规定的自然保护区(原有背景重金属含量高的除外)、集中式生活饮用水源地、茶园、牧场和其他保护地区的土壤,土壤质量基本保持自然背景水平；Ⅱ类主要适用于一般农田、蔬菜地、茶园、果园、牧场等土壤,土壤质量基本上对植物和环境不造成危害和污染；Ⅲ类主要适用于林地土壤及污染物容量较大的高背景值土壤和矿产附近等地的农田土壤(蔬菜地除外)。土壤质量基本上对植物和环境不造成危害和污染。

标准分为三级：一级标准为保护区域自然生态,维持自然背景的土壤环境质量的限制值；二级标准为保障农业生产,维护人体健康的土壤限制值；三级标准为保障农林业生产和植物正常生长的土壤临界值。各类土壤环境质量执行标准的级别规定为：Ⅰ类土壤环境质量执行一级标准；Ⅱ类土壤环境质量执行二级标准；Ⅲ类土壤环境质量执行三级标准。三级标准的限值见附表 5－15。

附表 5－15 土壤环境质量标准值 mg/kg

级别		一级	二级			三级
土壤 pH		自然背景	＜6.5	6.5～7.5	＞7.5	＞6.5
镉		≤0.20	≤0.30	≤0.60	≤1.0	
汞		≤0.15	≤0.30	≤0.50	≤1.0	≤1.5
砷	水田	≤15	≤30	≤25	≤20	≤30
	旱地	≤15	≤40	≤30	≤25	≤40
铜	农田等	≤35	≤50	≤100	≤100	≤400
	果园	—	≤150	≤200	≤200	≤400
铅		≤35	≤250	≤300	≤350	≤500
铬	水田	≤90	≤250	≤300	≤350	≤400
	旱地	≤90	≤150	≤200	≤250	≤300
锌		≤100	≤200	≤250	≤300	≤500
镍		≤40	≤40	≤50	≤60	≤200
六六六		≤0.05	≤0.50			≤1.0
滴滴涕		≤0.05	≤0.50			≤1.0

注：① 重金属(铬主要是＋3 价)和砷均按元素量计,适用于阳离子交换量＞5 cmol(＋)/kg 的土壤,若阳离子交换量≤5 cmol(＋)/kg,其标准值为表内数值的半数。

② 六六六为四种异构体总量,滴滴涕为四种衍生物总量。

③ 水旱轮作地的土壤环境质量标准,砷采用水田值,铬采用旱地值。

为适应我国土壤环境形势的新变化、新问题和新要求,土壤环境质量标准自 2006 年开始修订,新标准于 2018 - 08 - 01 颁布实施,新标准取消了原标准中对土壤的分级分类方法,根据土壤主要利用方式分别出台了"农用地土壤污染风险管控标准(GB 15618—2018)"和"建设用地土壤污染风险管控标准(GB 36600—2018)"。农用地土壤质量标准中污染物浓度分别设置了风险筛选值(附表 5 - 16)和风险管制值(附表 5 - 17),其中风险筛选值指农用地土壤中污染物含量等于或低于该值的,对农产品质量安全、农作物生长或土壤生态环境的风险低,一般情况下可以忽略;超过该值的,可能存在风险,应当加强土壤环境监测和农产品协同监测,原则上应当采取安全利用措施。风险管制值是指当农用地土壤中污染物含量超过该值的,食用农产品不符合质量安全标准等农用地土壤污染风险高,原则上应当采取严格管控措施。

附表 5 - 16　农用地土壤污染风险筛选值(GB 15618—2018) mg/kg

基本项目(必测项目)						
序号	污染物项目[①②]		风险筛选值			
			pH≤5.5	5.5<pH≤6.5	6.5<pH≤7.5	pH >7.5
1	镉	水田	0.3	0.4	0.6	0.8
		其他	0.3	0.3	0.3	0.6
2	汞	水田	0.5	0.5	0.6	1.0
		其他	1.3	1.8	2.4	3.4
3	砷	水田	30	30	25	20
		其他	40	40	30	25
4	铅	水田	80	100	140	240
		其他	70	90	120	170
5	铬	水田	250	250	300	350
		其他	150	150	200	250
6	铜	果园	150	150	200	200
		其他	50	50	100	100
7	镍		60	70	100	190
8	锌		200	200	250	300
其他项目(选测项目)						
序号	污染物项目		风险筛选值			
1	六六六总量[③]		0.10			
2	滴滴涕总量[④]		0.10			
3	苯并[a]芘		0.55			

续　表

i. 重金属和类金属砷均按元素总量计。
ii. 对于水旱轮作地,采用其中较严格的风险筛选值。
iii. 六六六总量为 α-六六六、β-六六六、γ-六六六、δ-六六六四种异构体的含量总和。
iv. 滴滴涕总量为 p,p′-滴滴伊、p,p′-滴滴滴、o,p′-滴滴涕、p,p′-滴滴涕四种衍生物的含量总和。

附表 5-17　农用地土壤污染风险控制值(GB 15618—2018)

mg/kg

序号	污染物项目①②	风险筛选值			
		pH≤5.5	5.5<pH≤6.5	6.5<pH≤7.5	pH>7.5
1	镉	1.5	2.0	3.0	4.0
2	汞	2.0	2.5	4.0	6.0
3	砷	200	150	120	100
4	铅	400	500	700	1 000
5	铬	800	850	1 000	1 300

　　在修订农用地土壤标准之外,同时发布的还有《建设用地土壤污染风险筛选指导值(GB 36600—2018),规定了建设用地土壤环境功能分类、污染物项目及污染风险筛选和管制值。标准中根据建设用地保护对象暴露情况的不同,分为第一类用地:包括城市建设用地中的居住用地,公共管理与公共服务用地中的中小学用地、医疗卫生用地和社会福利设施用地,以及公园绿地中的社区公园或儿童公园用地等;第二类用地:包括城市建设用地中的工业用地,物流仓储用地,商业服务业设施用地,道路与交通设施用地,公用设施用地,公共管理与公共服务用地,以及绿地与广场用地等。这其中包括85种(45种基本项目和40各其他项目)土壤污染物的风险筛选和管制值,以及监测、实施、监督等要求,适用于筛查建设用地土壤污染风险、启动建设用地土壤污染风险评估。

附表 5-18　建设用地土壤污染风险筛选值和管制值(基本项目)(GB 36600—2018)

mg/kg

序号	污染物项目	CAS 编号	筛选值		管制值	
			第一类用地	第二类用地	第一类用地	第二类用地
重金属和无机物						
1	砷	7440-38-2	20①	60①	120	140
2	镉	7440-43-9	20	65	47	172
3	铬(六价)	18540-29-9	3.0	5.7	30	78

序号	污染物项目	CAS编号	筛选值		管制值	
			第一类用地	第二类用地	第一类用地	第二类用地
重金属和无机物						
4	铜	7440－50－8	2 000	18 000	8 000	36 000
5	铅	7439－92－1	400	800	800	2 500
6	汞	7439－97－6	8	38	33	82
7	镍	7440－02－0	150	900	600	2 000
挥发性有机物						
8	四氯化碳	56－23－5	0.9	2.8	9	36
9	氯仿	67－66－3	0.3	0.9	5	10
10	氯甲烷	74－87－3	12	37	21	120
11	1,1-二氯乙烷	75－34－3	3	9	20	100
12	1,2-二氯乙烷	107－06－2	0.52	5	6	21
13	1,1-二氯乙烯	73－35－4	12	66	40	200
14	顺-1,2-二氯乙烯	156－59－2	66	596	200	2 000
15	反-1,2-二氯乙烯	159－60－5	10	54	31	163
16	二氯甲烷	75－09－2	94	616	300	2 000
17	1,2-二氯丙烷	78－87－5	1	5	5	47
18	1,1,1,2-四氯乙烷	630－20－6	2.6	10	26	100
19	1,1,2,2-四氯乙烷	79－34－5	1.6	6.8	14	50
20	四氯乙烯	127－18－4	11	53	34	183
21	1,1,1-三氯乙烷	71－55－6	701	840	840	840
22	1,1,2-三氯乙烷	79－00－5	0.6	2.8	5	15
23	三氯乙烯	79－01－6	0.7	2.8	7	20
24	1,2,3-三氯丙烷	96－18－4	0.05	0.5	0.5	5
25	氯乙烯	75－01－4	0.12	0.43	1.2	4.3
26	苯	71－43－2	1	4	10	40

续 表

序号	污染物项目	CAS编号	筛选值		管制值	
			第一类用地	第二类用地	第一类用地	第二类用地
挥发性有机物						
27	氯苯	108-90-7	68	270	200	1 000
28	1,2-二氯苯	95-50-1	560	560	560	560
29	1,4-二氯苯	106-46-7	5.6	20	56	200
30	乙苯	100-41-4	7.2	28	72	280
31	苯乙烯	100-42-5	1 290	1 290	1 290	1 290
32	甲苯	108-88-3	1 200	1 200	1 200	1 200
33	间二甲苯＋对二甲苯	108-38-3, 106-42-3	163	570	500	570
34	邻二甲苯	95-47-6	222	640	640	640
半挥发性有机物						
35	硝基苯	98-95-3	34	76	190	760
36	苯胺	62-53-3	92	260	211	663
37	2-氯酚	95-57-8	250	2256	500	4500
38	苯并[a]蒽	56-55-3	5.5	1.5	55	151
39	苯并[a]芘	50-32-8	0.55	1.5	5.5	15
40	苯并[b]荧蒽	205-99-2	5.5	15	55	151
41	苯并[k]荧蒽	207-08-9	55	151	550	1500
42	䓛	218-01-9	490	1293	4900	12900
43	二苯并[a,h]蒽	53-70-3	0.55	1.5	5.5	15
44	茚并[1,2,3-cd]芘	193-39-5	5.5	15	55	151
45	萘	91-20-3	25	70	255	700

注:① 具体地块土壤中污染物检测含量超过筛选值,但等于或者低于土壤环境背景值(见3.6)水平的,不纳入污染地块管理。

附表 5 - 19 建设用地土壤污染风险筛选值和管制值（其他项目）（GB 36600—2018）

mg/kg

序号	污染物项目	CAS 编号	筛选值		管制值	
			第一类用地	第二类用地	第一类用地	第二类用地
重金属和无机物						
1	锑	7440 - 36 - 0	20	180	40	360
2	铍	7440 - 41 - 7	15	29	98	290
3	钴	7440 - 48 - 4	20①	70①	190	350
4	甲基汞	22967 - 92 - 6	5.0	45	10	120
5	钒	7440 - 62 - 2	165	752	330	1500
6	氰化物	57 - 12 - 5	22	135	44	270
挥发性有机物						
7	一溴二氯甲烷	75 - 27 - 4	0.29	1.2	2.9	12
8	溴仿	75 - 25 - 2	32	103	320	1030
9	二溴氯甲烷	124 - 48 - 1	9.3	33	93	330
10	1,2-二溴乙烷	106 - 93 - 4	0.07	0.24	0.7	2.4
半挥发性有机物						
11	六氯环戊二类名	77 - 47 - 4	1.1	5.2	2.3	10
12	2,4-二硝基甲苯	121 - 14 - 2	1.8	5.2	18	52
13	2,4-二氯酚	120 - 83 - 2	117	843	234	1690
14	2,4,6-三氯酚	88 - 06 - 2	39	137	78	560
15	2,4-二硝基酚	51 - 28 - 5	78	562	156	1130
16	五氯酚	87 - 86 - 5	1.1	2.7	12	27
17	邻苯二甲酸二(2-乙基已基)酯	117 - 81 - 7	42	121	420	1 210
18	邻苯二甲酸丁基苄酯	85 - 68 - 7	312	900	3 120	9 000
19	邻苯二甲酸二正辛酯	117 - 84 - 0	390	2 812	800	5 700
20	3,3'-二氯联苯胺	91 - 94 - 1	1.3	3.6	13	36

续 表

序号	污染物项目	CAS 编号	筛选值		管制值	
			第一类用地	第二类用地	第一类用地	第二类用地
有机农药类						
21	阿特拉津	1912 - 24 - 9	2.6	7.4	26	74
22	氯丹②	12789 - 03 - 6	2.0	6.2	20	62
23	p,p′-滴滴滴	72 - 54 - 8	2.5	7.1	25	71
24	p,p′-滴滴伊	72 - 55 - 9	2.0	7.0	20	70
25	滴滴涕③	50 - 29 - 3	2.0	6.7	21	67
26	敌敌畏	62 - 73 - 7	1.8	5.0	18	50
27	乐果	60 - 51 - 5	86	619	170	1 240
28	硫丹④	115 - 29 - 7	234	1 687	470	3 400
29	七氯	76 - 44 - 8	0.13	0.37	1.3	3.7
30	α-六六六	319 - 84 - 6	0.09	0.3	0.9	3
31	β-六六六	319 - 85 - 7	0.32	0.92	3.2	9.2
32	γ-六六六	58 - 89 - 9	0.62	1.9	6.2	19
33	六氯苯	118 - 74 - 1	0.33	1	3.3	10
34	灭蚁灵	2385 - 85 - 5	0.03	0.09	0.3	0.9
多氯联苯、多溴联苯和二噁英类						
35	多氯联苯(总量)⑤	—	0.14	0.38	1.4	3.8
36	3,3′,4,4′,5-五氯联苯(PCB 126)	57 465 - 28 - 8	4×10^{-5}	1×10^{-4}	4×10^{-4}	1×10^{-3}
37	3,3′,4,4′,5,5′-六氯联苯(PCB 169)	32 774 - 16 - 6	1×10^{-4}	4×10^{-4}	1×10^{-3}	4×10^{-3}
38	二噁英类(总毒性当量)	—	1×10^{-5}	4×10^{-5}	1×10^{-4}	4×10^{-4}
39	多溴联苯(总量)	—	0.02	0.06	0.2	0.6
石油烃类						
40	石油烃(C_{10}-C_{40})	—	826	4 500	5 000	9 000

注:① 具体地块土壤中污染物检测含量超过筛选值,但等于或者低于土壤环境背景值(见3.6)水平的,不纳入污染地块管理。

② 氯丹为 α-氯丹、γ-氯丹两种物质含量总和。

③ 滴滴涕总量为 o,p′-滴滴涕、p,p′-滴滴涕两种物质含量总和。

④ 硫丹为 α-硫丹、β-硫丹两种物质含量总和。

⑤ 多氯联苯(总量)为 PCB77、PCB81、PCB105、PCB114、PCB118、PCB123、PCB126、PCB156、PCB157、PCB167、PCB169、PCB189 十二种物质含量总和。

图书在版编目（CIP）数据

环境化学实验/顾雪元，艾弗逊主编. —2版. —
南京：南京大学出版社，2020.7（2022.7 重印）
ISBN 978-7-305-23310-4

Ⅰ.①环…　Ⅱ.①顾…　②艾…　Ⅲ.①环境化学—化
学实验　Ⅳ.①X13-33

中国版本图书馆 CIP 数据核字（2020）第 105734 号

出版发行　南京大学出版社
社　　址　南京市汉口路22号　　　　邮编　210093
出 版 人　金鑫荣

书　　名　环境化学实验（第二版）
主　　编　顾雪元　艾弗逊
责任编辑　刘　飞　　　　　　　　编辑热线　025-83592146

照　　排　南京开卷文化传媒有限公司
印　　刷　广东虎彩云印刷有限公司
开　　本　787×960　1/16　　印张 18　　字数 343 千
版　　次　2020 年 7 月第 2 版　　2022 年 7 月第 2 次印刷
ISBN　978-7-305-23310-4
定　　价　49.00 元

网　　址：http://www.njupco.com
官方微博：http://weibo.com/njupco
微信服务号：njuyuexue
销售咨询热线：(025)83594756